土壤消毒原理与应用

曹坳程　王久臣　主编

科学出版社

北京

内 容 简 介

本书分成 13 章,其中第一章主要论述溴甲烷基础知识及相关公约行动;第二章主要论述土传病害的发生与危害;第三章主要论述土传病原菌的分离及鉴定方法;第四章主要论述土壤中线虫的分离、鉴定及研究技术;第五章主要论述土壤消毒技术;第六章主要论述熏蒸剂的土壤消毒技术;第七章主要论述非熏蒸剂土壤消毒技术;第八章主要论述土传病害生物防治;第九章主要论述种子及种苗消毒技术;第十章主要论述控制土壤熏蒸剂散发损失技术;第十一章主要论述熏蒸剂在土壤中的归趋;第十二章主要论述熏蒸土壤中的氮循环;第十三章主要论述土壤消毒设备;附件为危险化学品安全管理条例。

本书结合编者实际的土壤消毒经验并借鉴国外先进经验技术,详细地介绍了溴甲烷替代的相关知识背景与项目背景,系统地介绍了溴甲烷的替代品及使用技术,为广大科技工作者、高等院校师生和农业技术推广人员提供了理论指导和技术支撑。

图书在版编目 (CIP) 数据

土壤消毒原理与应用/曹坳程,王久臣主编. —北京:科学出版社,2015.3

ISBN 978-7-03-043846-1

Ⅰ. ①土… Ⅱ. ①曹… ②王… Ⅲ. ①土壤消毒-研究 Ⅳ. ①S472

中国版本图书馆CIP数据核字(2015)第054912号

责任编辑: 李秀伟 田明霞 / 责任校对: 郑金红

责任印制: 赵 博 / 封面设计: 北京图阅盛世文化传媒有限公司

科学出版社 出版

北京东黄城根北街 16 号
邮政编码: 100717
http://www.sciencep.com

北京凌奇印刷有限责任公司印刷
科学出版社发行 各地新华书店经销

*

2015 年 3 月第 一 版 开本: 787×1092 1/16
2020 年 5 月第四次印刷 印张: 15
字数: 330 000

定价: 92.00元

(如有印装质量问题,我社负责调换)

《土壤消毒原理与应用》编写委员会

主　　编：曹坳程　王久臣

副 主 编：李　园　王秋霞　李雄亚　张艳萍

参编人员（按姓氏笔画排序）：

王卿梅	毛连纲	冯　洁	朱宏宇	刘　翌
刘万松	刘晓漫	刘鹏飞	李成玉	李俊霖
杨午滕	沈　锦	欧阳灿彬	周　玮	赵洪海
徐　进	郭美霞	黄　波	黄　洁	蒋细良
谢红薇	管大海	颜冬冬	薛　琳	

前　言

　　土壤消毒是一种高效、快速杀灭土壤中真菌、细菌、线虫、杂草、土传病毒、地下害虫、啮齿动物的技术，能很好地解决高附加值作物连续种植中的重茬问题，并显著提高作物的产量和品质，无农药残留问题。商业化土壤消毒应用的有化学消毒技术、物理消毒技术和生物熏蒸技术。在 1993 年前，全世界土壤消毒主要采用溴甲烷（即甲基溴）土壤熏蒸技术。

　　溴甲烷是一种多用途、广谱熏蒸剂，用于土壤消毒可以有效防治真菌、细菌、病毒、昆虫、螨类、线虫、啮齿动物及杂草等。此外，还用于仓库、建筑物以及装运前的空间熏蒸。虽然溴甲烷是一种优良的熏蒸剂，但溴甲烷是一种显著的消耗臭氧层物质（ODS），在 1992 年 11 月哥本哈根召开的《关于消耗臭氧层物质的蒙特利尔议定书》缔约国第 4 次会议上，溴甲烷被列入受控物质。在 1997 年 9 月蒙特利尔召开的第 9 次大会上决定：发达国家于 1995 年将溴甲烷消费量冻结在 1991 年的水平，1999 年将溴甲烷的消费减少 25%，2001 年减少 50%，2003 年减少 75%，2005 年全面淘汰溴甲烷。而发展中国家在 2002 年将溴甲烷的消费量冻结在 1995～1998 年的平均水平，2005 年减少 20%，2015 年全面淘汰溴甲烷。装运前检疫熏蒸及必要用途豁免。

　　为了淘汰溴甲烷，全世界开展了溴甲烷替代技术研究，商业化应用的技术包括新型熏蒸剂的应用，因地制宜地开展高温消毒、生物熏蒸、抗性品种、轮作、土传病害的综合防治技术以及无土栽培等避免使用熏蒸剂的技术。

　　在蒙特利尔议定书多边基金和意大利政府的资助下，中国政府于 2008 年 5 月启动了"农业行业甲基溴淘汰项目"，该项目由联合国工业发展组织作为国际执行机构，环境保护部作为国内牵头单位，由农业部具体实施，以河北、山东两省为主要项目区，通过开展农业溴甲烷替代技术的培训、示范、宣传和推广，已成功完成了草莓、黄瓜、番茄、辣椒、茄子和部分生姜的溴甲烷替代工作。

　　本书基于作者的实际经验和参考国内外的文献，全面介绍了土壤消毒技术的原理及商业化应用的技术，由于作者的水平有限，书中难免有不妥之处，敬请读者批评指正，以利后续版本中改正和补充。

作　者

2015 年 3 月

目 录

第一章　溴甲烷基础知识及相关公约行动

甲基溴（methyl bromide），又名溴甲烷，分子式为 CH_3Br。纯品在常温下为无色的气体，工业品（含量99%）经液化装入钢瓶中，为无色或带有淡黄色的液体，沸点3.6℃，熔点-93℃。

按我国农药毒性分级标准，溴甲烷属高毒农药，大鼠急性经口半数致死量（50% lethal dose，LD_{50}）为100 mg/kg，急性吸入 LD_{50} 为3120 mg/kg，在试验条件下，未见致癌作用。溴甲烷对人体有害，直接暴露下，能导致人眼和皮肤刺激，神经系统破坏，甚至死亡。由于溴甲烷属高毒农药，且本身无味，为安全起见，溴甲烷中均加入2%氯化苦作为警戒剂，商品名为溴灭泰。

溴甲烷是一种卤代烃类熏蒸剂，在常温下蒸发成比空气重的气体，同时具有强大的扩散性和渗透性，可有效杀灭土壤中的真菌、细菌、土传病毒、昆虫、螨类、线虫、杂草、啮齿动物等。广泛应用于土壤、仓库和运输工具消毒，建筑物熏蒸，以及植物检疫等。

溴甲烷作为熏蒸剂具有下列显著优点：①生物活性高、作用迅速，很低浓度可快速杀死绝大多数生物；②沸点低，低温下即可气化，不受环境温度限制；③化学性质稳定及水溶性小，应用范围广，可熏蒸含水量较高的物品；④穿透能力强，能穿透土壤、农产品、木器等，杀灭位于深层的有害生物；⑤使用多年后，有害生物的抗性上升很慢；⑥用于土壤消毒，可减少地下部病虫害的发生，并可减少氮肥的用量，显著提高农产品的产量及品质。因此，溴甲烷自20世纪40年代开始应用以来，一直是世界上应用最广泛的熏蒸剂。据联合国报告，1991年，全球溴甲烷在受控用途的年用量为644 180 t，2005年，用量降低到20 752 t[2006年溴甲烷技术选择委员会（MBTOC）评估报告]。

溴甲烷土壤消毒的施药方法主要有3种：①小罐"冷法"施药法（图1-1），溴甲烷小罐重681 g，放在一硬物上，然后搭建小拱棚，盖上塑料薄膜，四周用土埋实。然后隔着塑料薄膜将溴甲烷小罐压向开罐器，溴甲烷即释放出来。②大钢瓶"热法"施药法（图1-2），

图1-1　罐装溴甲烷"冷法"施药法

先将分布带铺设好，然后用一根防腐蚀管道接到分布带上，另一端连接到加热器中，加热器另一端连接到溴甲烷钢瓶上，然后用塑料薄膜埋好，四周用土压实，在确认没有泄漏后，将加热器温度加热到80℃，然后轻轻打开溴甲烷钢瓶阀门，溴甲烷将通过分布带施入土壤中。③注射施药法，采用专用的施药器（图1-3），将溴甲烷注射到土壤中，目前中国尚未采用这项技术。

图1-2　钢瓶溴甲烷"热法"施药法　　　　图1-3　注射溴甲烷机械

一、溴甲烷对臭氧层的破坏

1. 臭氧层的概念

在平流层中，一部分氧气分子可以吸收小于240 μm波长的太阳光中的紫外线，并分解形成氧原子。这些氧原子与氧分子相结合生成臭氧，其中离地22～25 km臭氧浓度值达到最高，称其为臭氧层。

2. 臭氧层的作用

臭氧层是人类赖以生存的保护伞，主要有3个作用。其一为保护作用，臭氧层能够吸收太阳光中波长300 μm以下的紫外线、一部分UV-B（波长290～300 μm）和全部的UV-C（波长＜290 μm）。其中UV-B对地球上几乎所有形式的生物都有伤害，在封锁太阳辐射的过程中，臭氧本身也会发生相应的分解，这些分解的产物又可以成为下一步臭氧形成的必要原料。这种臭氧的生成与分解循环使地球上的人类和动植物免受UV-B的伤害。所以臭氧层犹如一件宇宙服保护着地球上的生物得以生存繁衍。其二为加热作用，臭氧吸收太阳光中的紫外线并将其转换为热能加热大气，由于大气温度结构在高度50 km左右有一个峰，地球上空15～50 km存在着升温层。正是由于臭氧的存在才有平流层的存在，而地球以外的星球因不存在臭氧和氧气，所以也就不存在平流层。大气的温度结构对大气的循环具有重要的影响，这一现象的起因也来自臭氧的高度分布。其三为温室气体的作用，在对流层上部和平流层底部，即在气温很低的这一高度，臭氧的作用同样非常重要。如果这一高度的臭氧减少，则会产生使地面气温下降的动力。因此，臭氧的高度分布及变化极其重要。

3. 过多的 UV-B 对人类的影响

臭氧层耗减产生的直接结果就是太阳光中的 UV-B 辐射量达到地面的数量增加。适量的紫外线照射对人体的健康是有益的，它能增强肾上腺机能，提高免疫力，促进磷钙代谢，增强人体对环境污染物的抵抗力。但是长期反复照射过量紫外线将引起细胞内的 DNA 改变，细胞的自身修复能力减弱，免疫机能减退，皮肤发生弹性组织变性、角质化以致皮肤癌变，以及诱发眼球晶体发生白内障等。对陆生植物的生理和进化过程都会产生影响，可能间接地影响植物形态的改变和植物各部位物质的分配，对植物的竞争平衡、食草动物、植物致病菌和生物地球化学循环等都有潜在影响。已有确凿的证据证明，UV-B 辐射对水生生态系统有害。同时，臭氧层的破坏还会使城市环境恶化，引起光化学烟雾污染。因平流层臭氧损耗而使阳光紫外线辐射的增加会加速建筑、喷绘、包装及电线电缆等所用材料，尤其是聚合物材料的降解和老化变质，全球每年由这一破坏作用造成的损失达数十亿美元。

4. 溴甲烷对臭氧层的破坏作用

在平流层当溴甲烷吸收高能的太阳辐射后，它就会释放一个具有高度反应态的溴自由基。这个溴自由基通过结合臭氧分子中的一个氧原子进而形成溴的单氧化物和一个氧分子的方式来攻击臭氧分子。在接下来的一系列连锁反应中，溴不断地破坏其他的臭氧分子（图1-4）。这一过程扰乱了平流层中臭氧自然的生成-分解循环，并且促使臭氧的破坏速度大于它的修复速度，最终结果就是臭氧层的防护作用被削弱。

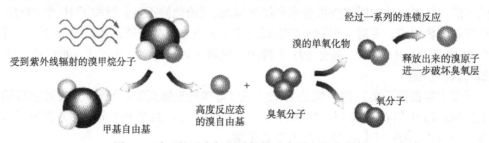

图 1-4　溴甲烷对臭氧层破坏的示意图（另见彩图）

尽管溴甲烷的应用程度比不上氯氟烃，但它对臭氧层的破坏性更大。高比例用于熏蒸的溴甲烷使这一过程成为人为排放物进入大气层的最为重要的全球来源。凭借这一过程及使用的方法，溴甲烷的排放量可以占到30%～85%。1994 年，联合国环境规划署溴甲烷替代技术委员会估计，在全球范围内，用于熏蒸过程的溴甲烷的平均排放为64%。排放主要发生在熏蒸过程中的 3 个阶段。

1）处理过程中的泄漏。

2）处理完后，通风或者是揭膜过程中。

3）处理后，当溴甲烷被土壤颗粒或者是其他物质吸收后，慢慢地被释放出来。

二、保护臭氧层国际公约

1976 年,联合国环境规划署(UNEP)理事会第 1 次讨论了臭氧层破坏问题。在 UNEP 和世界气象组织(WMO)设立臭氧层协调委员会(CCOL)定期评估臭氧层破坏后,1977 年召开了臭氧层专家会议。1985 年 3 月由 21 个国家的政府和欧洲共同体签署了《维也纳公约》。《维也纳公约》敦促缔约国保护人类健康和环境不受臭氧消耗效应的影响,参与国政府加强在研究、观测和信息交流方面的合作。该公约缔约国承诺针对人类改变臭氧层的活动采取普遍措施以保护人类健康和环境。《维也纳公约》是一项框架性协议,不包含法律约束的控制和目标。截至 2014 年 12 月 31 日,共有 197 个缔约国签署了该公约。中国于 1989 年 9 月 11 日加入《维也纳公约》。

1987 年 9 月,由联合国环境规划署组织的"保护臭氧层公约关于含氯氟烃议定书全权代表大会"在加拿大蒙特利尔市召开。出席会议的有 36 个国家、10 个国际组织的 140 名代表和观察员,中国政府也派代表参加了会议。9 月 16 日,24 个国家签署了《关于消耗臭氧层物质的蒙特利尔议定书》(以下简称《议定书》)。《议定书》规定了各签约国限制受控物质——最初为 5 种氯氟烃(CFC)和 3 种哈龙(Halon)的生产和消费必须采取的步骤。《议定书》及作为其基础的《维也纳公约》是第一个保护大气层的全球性条约。截至 2014 年 12 月 31 日,共有 197 个缔约方签署了该公约。中国于 1991 年 6 月 14 日加入《议定书》。

《议定书》的修正与调整如下:

《伦敦修正案》。1990 年 6 月在伦敦会议所作的《伦敦修正案》采取了补充受控物质的方法,并对发展中国家提供技术和经济援助。《伦敦修正案》增加了 10 个 CFC、四氯化碳和三氯甲烷,并对受控物质的限制规定了期限。生效日期:1992 年 8 月 10 日。截至 2014 年 12 月 31 日,共有 197 个缔约方签署了该修正案,中国于 1991 年 6 月 14 日加入该修正案。

《哥本哈根修正案》。溴甲烷是 1992 年在《哥本哈根修正案》上被列为受控物质的。生效日期:1994 年 6 月 14 日。截至 2014 年 12 月 31 日,共有 197 个缔约方签署了该修正案。中国于 2003 年 4 月 22 日加入该修正案。

《蒙特利尔修正案》。《蒙特利尔修正案》规定了消耗臭氧层物质进出口的一些措施。该修正案要求缔约方对所有受控物质建立进出口许可证制度,还规定了在缔约方和非缔约方之间禁止溴甲烷贸易。《蒙特利尔修正案》于 1997 年 9 月 17 日在蒙特利尔签署,1999 年 11 月 10 日生效。截至 2014 年 12 月 31 日,共有 197 个缔约方签署了该修正案。中国于 2010 年 5 月 19 日加入该修正案。

《北京修正案》。《北京修正案》增加了一种新的受控物质即溴氯甲烷,要求从 2002 年起各缔约方禁止生产和消费(必要用途除外)此种物质。同时《北京修正案》第 1 次对氢氯氟烃(hydrochlorofluorocarbon, HCFC)的生产规定了控制条款。此外,《北京修正案》增加了很重要的一条,即禁止缔约方和非缔约方之间进行 HCFC 类物质贸易。《北京修正案》于 1999 年 12 月 3 日在北京签署,2002 年 2 月 25 日生效。截至 2013 年 2 月 15 日,共有 187 个缔约方签署了该修正案。中国于 2010 年 5 月 19 日加入该修正案。

三、中国保护臭氧层淘汰溴甲烷的行动

2003 年 4 月，中国政府正式签署《哥本哈根修正案》，成为世界上第 142 个签署该修正案的国家。

为顺利实施《议定书》规定的淘汰行动，蒙特利尔议定书多边基金执行委员会于第 41 次会议批准了中国的《甲基溴消费行业淘汰计划（消费一期）》，于第 44 次会议批准了中国的《甲基溴消费行业淘汰计划（消费二期）》。根据中国溴甲烷消费行业计划，2015 年前要淘汰 1087 t ODP 吨溴甲烷的消费。溴甲烷消费行业淘汰主要涉及粮食仓储、烟草及农业 3 个行业。

1. 粮食仓储行业溴甲烷的淘汰

中国粮食仓储行业淘汰溴甲烷项目从 2004 年年底正式启动，国家粮食局与环境保护部（原国家环保总局）于 2006 年 5 月签署了工作备忘录，由双方共同负责粮食仓储行业溴甲烷淘汰计划的实施和管理。经论证，粮食行业采用磷化氢膜下环流熏蒸技术和磷化氢与二氧化碳混合熏蒸技术作为溴甲烷替代技术。2007 年 1 月 1 日，粮食仓储行业全面淘汰溴甲烷的使用。

2. 烟草行业溴甲烷的淘汰

中国烟草行业淘汰溴甲烷项目从 2004 年年底正式启动，国家烟草专卖局与环境保护部于 2005 年 10 月签署了工作备忘录，由双方共同负责烟草行业溴甲烷淘汰计划的实施和管理。烟草上溴甲烷的替代技术较成熟，普遍采用的是漂浮育苗技术。2008 年 1 月 1 日，烟草行业全面淘汰溴甲烷的使用。

3. 农业行业溴甲烷的淘汰

中国农业行业溴甲烷淘汰项目于 2006 年启动，农业部与环境保护部于 2006 年 6 月签署了工作备忘录，由双方共同负责农业行业溴甲烷淘汰计划的实施和管理。2008 年农业部成立了农业行业溴甲烷淘汰项目管理办公室，由其负责实施农业行业溴甲烷淘汰，并在河北省和山东省成立了省级项目管理领导小组。

中国农业行业溴甲烷的淘汰进度如图 1-5 所示。截至 2013 年 1 月 1 日，中国已淘汰 597 t 溴甲烷的使用。

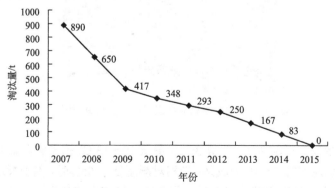

图 1-5　中国农业行业溴甲烷的淘汰进度示意图

第二章　土传病害的发生与危害

土传病害是指由土传病原物侵染引起的植物病害,属根病范畴。侵染病原包括真菌、细菌、放线菌、线虫等。其中以真菌为主,分为非专性寄生与专性寄生两类。非专性寄生是外生的根侵染真菌,如腐霉菌（*Pythium* spp.）引起苗腐和猝倒病、丝核菌引起苗立枯病。专性寄生是植物维管束病原真菌,典型的如尖孢镰刀菌（*Fusarium oxysporum*）、黄萎轮枝孢（*Verticillium albo-atum*）等引起的萎蔫、枯死。土传病害多发生在温室大棚中,危害最为严重的是瓜果类疫病、根腐病、枯萎病、绵腐病、绵疫病、菌核病、蔓枯病、苗期猝倒病、立枯病、灰霉病和多种细菌性病害等。

第一节　番茄土传病害的发生与危害

一、番茄晚疫病

英文名:tomato late blight。

异名:番茄疫病。

病原:致病疫霉菌 *Phytophthora infestans*（Mont.）de Bary,属鞭毛菌亚门真菌。

1）形态:菌丝有分枝,无色无隔,多核;孢囊梗无色,单根或多根成束,由气孔伸出;孢子囊顶生或侧生,卵形或近圆形,无色,顶端有乳突,基部具短柄,孢子囊中游动孢子少于 12 个（图 2-1）。

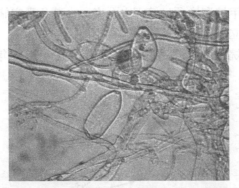

图 2-1　致病疫霉菌显微镜观察图（另见彩图）

2）特性:菌丝发育适温 24℃,最高 30℃,最低 10～13℃。孢子囊在温度为 18～22℃、相对湿度在 100%左右时 3～10 天成熟;当相对湿度低于 95%时,孢子囊迅速失去活力。当孢子落在持有水滴的寄主叶片表面时,孢子囊才能产生游动孢子或休止孢子萌发并产生芽管,开始侵染寄主;如果寄主叶片失去水滴,孢子则不能继续侵染。孢子囊萌发取决于温度，有两种方式。第 1 种方式：当温度低于 21℃时，孢子囊在 1～3 h 内产生 8 个游动孢子，游动孢子形成的适宜温度是 12℃。游动孢子在水膜中游动片刻后，失去鞭毛和内孢囊，不久又产生侵染栓侵入寄主体内。温度在 12～15℃时，游动孢子能迅速萌发，当温度升高至 21～24℃时，游动孢子能大量萌发并产生芽管。第 2 种方式：当温度在 21～30℃时，孢子囊能在 8～48 h 内直接萌发产生芽管而不产生游动孢子，最适宜的温度是 21℃。病原菌侵入叶片时直接通过表皮和外层表皮的细胞壁，侵入后在细胞间生长，并在叶肉细胞内产生吸器，侵染 2～3 h 后出现褪绿病斑，在侵染 5～7 h 时病症较为明显。病症出现后不久，孢囊柄从气孔里伸出，并产生孢子囊，此孢子囊可以作为再次侵染的侵染源。

寄主：番茄、马铃薯、茄子。

危害：番茄的主要病害，流行性很强、破坏性很大。常造成 20%～30%的减产。

分布：全国主要番茄产区。

危害症状：叶、茎、果均可受害，但以叶片和青果受害严重。

1）叶部：叶片多从植株下部叶尖或叶缘开始发病，以后逐渐向上部叶片和果实蔓延。初为暗绿色水浸状不整形病斑，病健交界处无明显界限，扩大后转为褐色。空气潮湿时，病斑会迅速扩展，叶背病斑边缘可见一层白色霉状物。空气干燥时病斑呈绿褐色，后变暗褐色并逐渐干枯。

2）茎部：茎部受害，病斑由水渍状变暗褐色至黑褐色，稍向下凹陷、病茎组织变软，植株萎蔫，严重的病部折断造成茎叶枯死。

3）果实：果实受害，多从未着色前的青果近果柄处的果面开始，病斑呈不明显的油浸状大斑（图 2-2），逐渐向四周发展，后期逐渐变为深褐色，病斑稍凹陷，病果质硬不软腐，边缘不变红，潮湿时病斑表面产生一层白色霉状物。果实收后在储藏、运输、销售期间还可继续受害，受害严重时可引起番茄大量毁坏。

图 2-2　番茄晚疫病病果（另见彩图）
（http://www.lpny.gov.cn/news16/20120525/1666378.shtml）

侵染循环：病菌主要随病残体在土壤中越冬，也可以在冬季栽培的番茄及马铃薯块茎中越冬。条件适宜时，借气流或雨水传播到番茄植株上，从气孔或表皮直接侵入，在田间形成中心病株。病菌的菌丝在寄主细胞间或细胞内扩展蔓延，经 3～4 天潜育后，病部长出菌丝和孢子囊，并借风雨传播进行多次侵染。番茄生长的各个生育时期都受该病的危害，以幼苗期、结果期危害最重。

发生因素

1）环境因素：当白天气温 24℃以下，夜间 10℃以上，空气湿度在 95%以上，或有水膜存在时，发病重。持续时间越长，发病越重。当温度有利于发病时，降雨的早晚、雨日的多少、雨量的大小及持续时间的长短是决定该病发生和流行的重要条件。一般 3 月出现中心病株，4 月中下旬流行。此时如遇春寒天气，温度低、日照少，病害会更加严重。棚室栽培时，白天棚室气温在 22～24℃、夜间 10～13℃，相对湿度 95%以上持续 8 h，或叶面有水膜，最易形成侵染和发病。

2）栽培因素：地势低洼、排水不良，致田间湿度大，易诱发此病。棚室栽培时，种植密度过大，偏施氮肥，放风不及时，发病重。

二、番茄枯萎病

英文名：tomato *Fusarium* wilt。

异名：番茄半边枯、番茄萎蔫病。

病原：尖孢镰刀菌番茄专化型 *Fusarium oxysporum* Schl. f. sp. *lycopersici*（Sacc.）Snyder et Hansen，属半知菌亚门真菌。

1）形态：分生孢子有大小两型。①大型分生孢子镰刀形，有隔膜 3～5 个，多为 3 个，大小为（27～46）μm×（3～5）μm。②小型分生孢子长，无色，单孢，椭圆形，大小为（5～12）μm×（2.2～3.5）μm（图 2-3）。

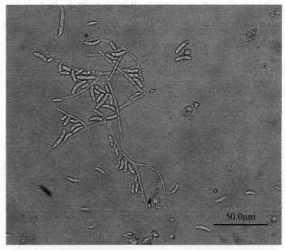

50.0μm

图 2-3　镰刀菌孢子与菌丝（另见彩图）

（http://www.fam.gov.cn/me/010.2012032656378.shtml）

2）特性：生育适温 27～28℃，最高 38℃，最低 5℃。

寄主：番茄、辣椒，茄子发病较轻。

危害：番茄的重要病害，发病率 15%～20%，严重时植株全部枯死。棚室番茄发生严重，对产量造成很大的损失。生产上易与番茄青枯病混淆。

分布：全国各地均有发生。

　　危害症状：枯萎病是一种土传病害，主要危害茎部维管束，在作物花期或结果期开始发病。发病初期植株中、下部叶片在中午时呈褐色萎蔫，早晚恢复正常，随病害发展，植株中、上部更多叶片开始发病萎蔫，但不脱落，至最后全株叶片萎蔫发黄，整株枯死（图2-4）。病症有时仅出现在茎的一边，或一片叶一边发黄而另一边正常。剖视茎、叶柄及果柄，可见其维管束均呈褐色。潮湿环境下，病株茎基部产生粉红色霉。病程进展较慢，15～30天才枯死，无乳白色黏液流出，有别于青枯病。

图2-4　番茄枯萎病症状（另见彩图）

　　侵染循环：以菌丝体或厚垣孢子随病残体在土壤中或附着在种子上越冬。一般从幼根或伤口侵入寄主，进入维管束，堵塞导管，产生有毒物质镰刀菌素，扩散后导致病株叶片黄枯而死。病菌通过水流或灌溉水传播蔓延。

　　发生因素：播带病种子可引起幼苗发病。土壤湿度过低或过高，不适宜植株生长，有利于发病。表土层浅，底土层板结，透水性能差的田块发病重。土壤线虫危害番茄根部造成伤口，易引起发病。连作地，移栽或中耕时伤根多，植株生长势弱的发病重。此外，酸性土壤及线虫取食造成伤口利于该病发生。

三、番茄绵腐病

　　英文名：tomato cottony leak。

　　病原：瓜果腐霉菌 *Pythium aphanidermatum*（Eds.）Fitzp.，属鞭毛菌亚门真菌。

　　1）形态：菌落呈放射状，主菌丝宽 6.2 μm，孢子囊球形或近球形，多间生，个别顶生或切生，大小为19～24 μm（图2-5）。

　　2）特性：温度10～30℃均可发病，但要求空气相对湿度在95%以上。菌丝生长适温32℃，最高36～40℃，最低4℃。

　　寄主：茄子、番茄、辣椒、黄瓜、莴苣、芹菜、洋葱、甘蓝等。

　　危害：番茄普通病害，零星发生。

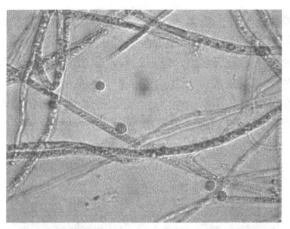

图2-5　瓜果腐霉菌孢子与菌丝体（另见彩图）

分布：全国各地均有发生。

危害症状：近地面果实易发病，成熟裂果发病重。果实发病后病斑呈水浸状、淡褐色，并迅速扩展、软化、发酵，密生白色霉层（图2-6）。病果多脱落，很快烂光。

图2-6　番茄绵腐病病果（另见彩图）
（由陕西省韩城市园艺站王纯老师提供）

侵染循环：病原菌在土壤中越冬，借雨水反溅传播。

发生因素：湿度成为番茄发生绵腐病的决定性因素。积水处番茄发病重，生理裂果多时发病也较重。主要发生在雨季。

四、番茄根结线虫病

英文名称：tomato root-knot nematode disease。

病原：多种根结线虫可侵染番茄。在我国侵染番茄的主要为南方根结线虫 *Meloidogyne incognita*、花生根结线虫 *M. arenaria*、爪哇根结线虫 *M. javanica* 和北方根结线虫 *M. hapla*，即世界上4种最常见的根结线虫。在我国北方保护地番茄生产中，南方根结线虫是优势种，其发生频率达95%以上。南方根结线虫雌成虫乳白色，梨形或柠檬形，长480~900 μm，宽250~660 μm，具颈；口针15~17 μm，口针基部球圆到横向伸长，背食道隙开口至口针基部球的距离（DGO）为2~5.5 μm；会阴花纹背弓高，近方形，线纹平滑到波浪形，无明显侧线，但线纹在侧区处有间断和分岔。雄成虫线状，长1000~2300 μm；头冠平到凹，具2~3条不完全环纹；口针基部球横向宽，DGO为1~4 μm；尾短，末端圆，扭曲90°。2龄幼虫呈细长蠕虫形，长300~500 μm（图2-7）。雌成虫将卵产在胶质卵囊中，每头雌虫可产卵300~800粒，卵囊露出根表或埋在根结组织内。其他3种根结线虫与南方根结线虫的比较见表2-1。

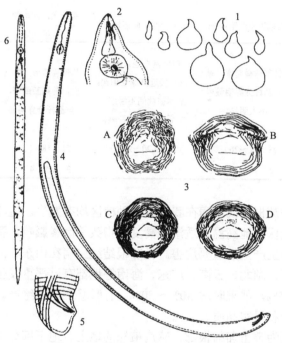

图2-7　根结线虫（仿 Nickle,1991）

1. 3龄和4龄幼虫及雌虫虫体；2. 雌虫前部；3. 会阴花纹（A. *M. incognita*, B. *M.arenari*, C. *M. javanic*, D. *M. hapla*）；

4. 雄虫虫体；5. 雄虫尾部；6. 2龄幼虫

表2-1　4种最常见根结线虫的主要形态比较

	项目	南方根结线虫	花生根结线虫	爪哇根结线虫	北方根结线虫
雌虫	口针形态	口针基部球圆到横向伸长，与基杆有明显界线	基球前缘后斜，与基杆渐融；有的前缘平，与基杆分界明显	基球横向宽，前缘凹陷，与基杆分界明显	纤细，基球小，与基杆分界明显
	口针大小/μm	16（15~17）	16（13~19）	16（14~18）	14（12~16）
	DGO/μm	3.6（2~5.5）	5（3.5~7）	3.4（2~5）	5（4~7）
	排泄孔位置	较靠前，常位于口针基球后0.7（0~2）个口针长度内	较靠后，常位于口针基球后1.7（1.4~2.1）个口针长度处	较靠后，常位于基球后1.3（0.6~2）个口针长度处	通常靠后，位于基球后1.7（0.8~3.2）个口针长度处

	项目	南方根结线虫	花生根结线虫	爪哇根结线虫	北方根结线虫
雌虫	会阴花纹	背弓高，近方形，线纹平滑到波浪形，无明显侧线，但线纹在侧区处有间断和分岔。变化中等	背线和腹线相交处背线向尾端的方向弯曲，常在两侧形成肩状突起；侧区有短的不规则侧线或其他不规则变化。变化最大	背弓圆、中等高度，有明显侧线，无或有很少线纹通过侧线；存在同心圆式"E"形会阴花纹。变化较小	线纹通常细，背线和腹线相交处不规则，常有向后延伸而横穿尾端的侧线或侧沟；刻点总是存在，局限于尾端或扩展到其他部位；有时形成翼。变化小
	头区形态	头冠顶中凹陷或平	头冠低，向后倾斜	头冠宽，前端圆，头区宽低	头冠较窄而头冠与虫体分界明显
雄虫	口针形态	口针基球横向宽，基球与基杆分界明显或不太明显	口针基杆通常圆柱形，接近基球处加宽；基球彼此间不缢缩，向后倾斜与基杆融合	基球扁圆形，横向宽，前端凹或平，与基杆分界明显	基杆圆柱形或向后渐粗，但基杆与基球连接处常又变窄；基球圆，彼此分离且与基杆分界明显
	口针大小/μm	23（21～26）	22.5（20～25.5）	21（18～23）	18.5（16.5～22）
	DGO/μm	2.7（1～4）	5.5（4～7）	3（1.5～4.5）	4.7（3～7）

分布与危害：番茄根结线虫病在我国番茄种植区均有发生。近年来随着保护地蔬菜种植面积的扩大，受保护地高温、适湿和高复种指数等因素影响，番茄根结线虫病呈严重发生势态，为番茄生产上的重要病害。番茄根结线虫病在山东、河南、河北、北京、辽宁、黑龙江、江苏、湖北、云南、广东、海南等地都有过严重发生和流行的报道。一般年份减产 10%～15%，严重时达 30%～50%，有时甚至造成绝产。发病田块植株生长缓慢，严重影响产量和果实品质。

危害症状：主要为害番茄的根部，感病植株的地上、地下部分均有明显的症状。

地上部症状：发病初期症状不明显，中、后期地上部分生长不良，植株矮小，叶色暗淡、发黄、变小，结实少而小。整园呈点片缺肥状。中度发病，晴天中午气温高时，地上植株萎蔫，早晚可恢复；严重发病时，植株萎蔫不能恢复，甚至提早枯死（图2-8 A）。

图 2-8　番茄根结线虫的症状（另见彩图）

A. 地上部症状；B、C. 根部症状

地下部症状：病株主根衰退，侧根和须根上形成大小不同的被称为虫瘿或根结的瘤状物。根结大小、形状不一，与线虫和寄主种类及发育时期有关。最初的根结微微肿胀，后发展为小如绿豆粒至大如樱桃的瘿瘤，可呈短链状串生；有时数个根结融合成洋姜、甘薯、萝卜等形状的膨大结节体。有时在根结上再生小根。根结初期为肉根色，表面光滑；后期颜色变深，质地粗糙，出现坏死和腐烂。根结上可见卵块，卵块初为透明后变褐而不透明，油菜籽大小但不规则；剖解根结可见线虫的雌虫，乳白色、小米粒状（图2-8 B、图2-8C）。

由于根系受害后异常肿大，产生的膨胀压力可使上部地面出现裂缝。

侵染循环：根结线虫多以卵和2龄幼虫随病残体在土壤中越冬，可存活1～3年。条件适宜时，越冬卵孵化产生2龄幼虫，通过水膜中的短距离移动到达番茄根部，直接侵入幼根。经过3次脱皮后，变为成虫（图2-9）。雄成虫通常离开根而进入土壤，很快死掉。雌成虫则虫体膨大，固着在根内继续取食为害。线虫在取食过程中刺激头部周围细胞膨大，变成一胞多核的巨型细胞，而根组织细胞不正常地生长，导致根表形成根结。多数种类可进行孤雌生殖，将卵产在胶质卵囊中，卵囊外露或埋在根结组织中。卵孵化后又产生2龄幼虫，如果卵囊外露，则通常进入土壤后进行再侵染；如果卵囊在根结内，则可直接再侵染；后期则入土与未孵化的卵一起越冬。

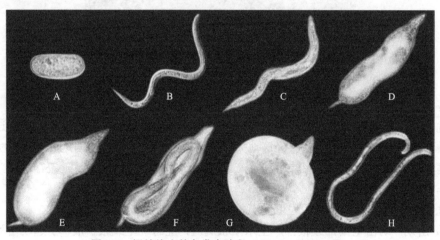

图 2-9　根结线虫的各发育阶段（Abad et al., 2009）

A. 卵；B. 2龄幼虫；C. 2龄幼虫末期；D. 3龄幼虫；E. 雌性4龄幼虫；F. 雄性4龄幼虫；G. 成熟雌虫；H. 成熟雄虫

发病条件：根结线虫病发育的适宜温度为20～30℃，高于40℃或低于5℃很难发育。南方根结线虫和爪哇根结线虫对低温敏感，最适致病温度通常为25～30℃或更高；花生根结线虫可适应的温度范围很宽；北方根结线虫则较耐低温，但高温对其发育不利。通常在适温范围内，温度越高线虫完成1代所需时间越短，最短只需要20～25天。番茄品种抗病、土壤过度干燥、长期积水或过度潮湿均不利于发病。一般在砂质土壤上发病重。棚室栽培，重茬严重，且可控条件导致土壤温度提升和湿度适中，如果品种感病，则导致番茄根结线虫病猖獗为害。

五、番茄疫霉根腐病

英文名：tomato *Phytophthora* root rot。

病原：寄生疫霉 *Phytophthora parasitica* Dast.，属鞭毛菌亚门真菌。菌丝生于主细胞内或细胞间，直径 3～9 μm。孢子囊顶生或间生，卵圆形或球形；厚坦孢子球形，黄色（图 2-10）。

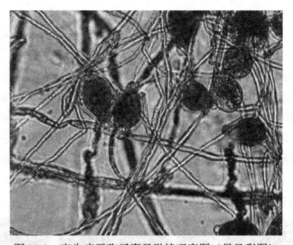

图 2-10　寄生疫霉孢子囊显微镜观察图（另见彩图）

（http://www.padil.gov.au/thai-bio/Pest/Main/140458/30913）

寄主：番茄、烟草等 90 多种植物。

危害：番茄疫霉根腐病是一种土传病害。随着大棚番茄种植面积逐年上升、连作严重，番茄疫霉根腐病发病迅猛。轻病地大棚病株率 20%～40%，重病地 70%～80%，不少发病地块毁种绝收，严重影响番茄生产。该病发病快、周期短、蔓延流行迅速，给防治工作带来很大困难。

危害症状：苗期和成株期均可受害，以苗期与花果盛期为主。

1）苗期：幼苗茎基部或根部产生水渍状病斑，继而绕茎或根扩展，引起幼苗死亡或茎基部缢缩呈线状而使幼苗倒地死亡。

2）成株期：初期在茎基部或根部产生长条形水渍状褐色病斑，地上部无明显症状。病斑逐渐扩大，稍凹陷，地上部长势弱，开始萎蔫，植株下部叶片先由叶尖开始逐渐变黄，后期病斑绕茎基部或根部一周，致地上部枯萎，下部叶片枯黄，上部叶片仍呈绿色。纵剖茎基或根部，木质部呈水渍状深褐色（图 2-11），变色部分不向上发展，最后根茎腐烂，不长新根，使整株枯死。高温条件下病部产生白色棉絮状稀疏的霉状物。结果期发病可引起绵疫病。该病发生蔓延速度快，土壤湿度大时 4～5 天可扩展到全棚，有别于腐霉根腐病。

侵染循环：以卵孢子或厚坦孢子在病残体上越冬，通过灌溉水或雨水传播蔓延。大棚番茄 5 月中旬初见病株，6 月上、中旬为发病盛期。如果灌水迟、量少，高峰期可推迟 20～30 天，植株从发病到枯死 7～15 天。

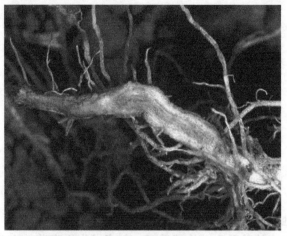

图 2-11　番茄疫霉根腐病危害根症状（另见彩图）
（http://www.ipm.ucdavis.edu/）

发生因素

1）品种抗病性：番茄疫霉根腐病的发生程度与品种的抗病性关系密切。'毛粉 802'、'强丰'、'L402'发病轻，'早丰'、'西粉 3 号'发病较重。

2）环境：高温、高湿有利于病害的发生与流行。棚内温度在 28～31℃，相对湿度90%以上时极易发生流行。夏季土温过高也易引起发病。

3）栽培：新建大棚种植番茄，疫霉根腐病不发生或发生很轻，具有 3 年以上番茄栽培历史或与茄子、辣椒接茬种植的大棚番茄发病重，而与蒜、韭菜轮作或间作套种的发病轻。毁种绝收的大多是 5 年以上连茬种植番茄、辣椒、茄子。绝收的大棚普遍表现为发病早、始发病株率高。高垄栽培发病轻，平畦栽培发病重。在适温条件下，凡灌水量大或大水漫灌、灌水次数多的发病重，小水浅灌的发病轻。棚室栽培，中午高温时灌水发病重，早晚灌水发病轻。灌水后或遇连阴天未能及时放风、排湿的发病重；反之，发病轻。

六、番茄立枯病

英文名：tomato *Rhizoctonia* rot。

病原：立枯丝核菌 *Rhizoctonia solani* Kühn，属半知菌亚门真菌。有性阶段为丝核薄膜革菌 *Pellicularia filamentosa*（Pat.）Rogers，属担子菌亚门真菌。

1）形态：菌丝无色，老菌丝黄褐色，分枝基部缢缩。菌核近球形，直径 0.1～0.5 mm，无色，后为黑褐色（图 2-12）（George, 2005）。

2）特性：病菌腐生性强，在土壤中可存活 2～3 年。病原 5～40℃均可生长，25～30℃生长良好。

寄主：寄主范围极广，危害 50 科 200 余种植物。

危害：在重茬年限长和温室小气候条件下，番茄立枯病易暴发流行，造成大量死苗，田块死株率达 30%～40%，发病重的可达 80%，造成毁灭性损失。

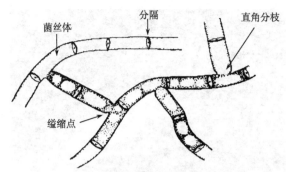

图 2-12 立枯丝核菌菌丝 （George, 2005）

分布：全国各地均有发生。

危害症状：刚出土幼苗及大苗均能受害，但多发生于育苗的中后期。发病幼苗茎基部产生椭圆形暗褐色病斑，早期病苗白天萎蔫，夜晚恢复，病斑逐渐凹陷，扩大后绕茎一周使茎基部缢缩变细，地上部的茎叶萎蔫干枯，整株死亡，不倒伏，呈立枯状（图 2-13）。大苗或成株受害，使茎基部呈溃疡状，在湿度大时，病部产生淡褐色稀疏丝状体。地上部变黄、萎蔫，以致死亡。

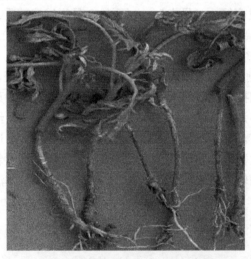

图 2-13 番茄立枯病病株（另见彩图）

侵染循环：该病原菌不产生孢子，主要以菌丝体传播和繁殖。病菌在土壤中或病残体中越冬，通过雨水、流水、农具及堆肥传播。在适宜条件下，可直接侵入寄主。在秋棚内 10 月上旬开始发病，10 月中下旬至 11 月上旬是发病高峰。

发生因素：①环境，气温在 15～21℃，尤其在 18℃以上时发病最多。②栽培，温暖多湿、播种过密、浇水过多、施用未腐熟肥料均有利于发病。

七、番茄黄萎病

英文名：tomato *Verticillium* wilt。

病原：大丽轮枝孢 *Verticillium dahliae* Kleb.，属半知菌亚门真菌。

1）形态：菌丝体无色，分生孢子梗长 110～200 μm，直立，分枝 1～5 个轮，轮枝长 10～35 μm。分生孢子椭圆形，单孢，无色，大小为（3～7）μm×（1.5～3）μm（图 2-14）（George, 2005）。

图 2-14　大丽轮枝菌（George, 2005）

2）特性：土壤中病菌可存活 6～8 年。病菌发育适温 19～24℃，最高 30℃，最低 5℃；菌丝、菌核 60℃经 10 min 致死。最适 pH 为 5.3～7.2。

寄主：锦葵科、茄科、豆科、葫芦科、菊科、大戟科、唇形科、藜科等 20 科 80 种植物。

危害：番茄生产特别是棚室栽培的重要病害，除了大幅度降低产量外，还严重降低番茄果实的品质，丧失其商品性。

危害症状：番茄的整个生育期都能侵染，但是多发生在番茄生长的后期。整个植株的叶片由下向上逐渐变黄，黄色斑驳首先出现在侧脉之间，沿着叶脉扩大，轮廓清晰，成为"V"形黄斑，经常表现为一片叶的半边正常而半边变黄枯死，或者整个植株半边的叶片正常而另半边的叶片变黄枯死，之后植株下部叶片明显枯死，发病重的植株结果小或不能结果。剖开病株茎部，维管束变浅变褐，病株并不迅速枯死，而是渐进落叶，表现为慢性地向上枯死，没有乳白色的黏液流出，有别于枯萎病（图 2-15）。

侵染循环：以休眠菌丝、厚垣孢子和微菌核随病残体在土壤中越冬，可在土壤中长期存活。病菌借风、雨、流水或人、畜及农具传到无病田。

发生因素：气温低、定殖时根部伤口愈合慢，利于病菌从伤口侵入。地势低洼、施用未腐熟的有机肥、灌水不当及连作地发病重。

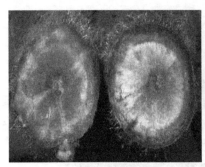

图 2-15　番茄黄萎病病茎和病叶（另见彩图）

（http://www.ipm.ucdavis.edu/）

八、番茄青枯病

英文名：tomato southern bacterial wilt。

异名：番茄细菌性枯萎病。

病原：青枯雷尔氏菌 *Ralstonia solanacearum* (Smith) Smith，属细菌。

1）形态：短杆状，单孢，两端圆，单生或双生，大小为（0.9～2.0）μm×（0.5～0.8）μm，极生鞭毛 1～3 根（图 2-16）。

2）特性：革兰氏染色阴性。10～40℃均可生长，发病的适宜温度为 20～30℃，耐 pH 6～8，最适 pH 6.6。

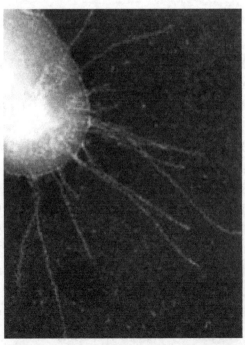

图 2-16　青枯假单胞杆菌形态图（另见彩图）

（http://www.genomenewsnetwork.org/articles/02_02/ralstonia.shtml）

寄主：番茄、辣椒、茄子、马铃薯、烟草、芝麻、花生等。

危害：高温多湿季节的重要病害，发病突然。温棚栽培主要危害秋延后或秋冬茬栽培番茄。青枯病发病急、蔓延快，发生严重时会造成植株成片死亡，使番茄严重减产甚至绝收。

分布：热带、亚热带地区均有发生。

危害症状：苗期一般不发病，定殖后植株长至 30 cm 高时开始发病。发病初期，顶部嫩梢及叶片白天蔫萎下垂，傍晚以后恢复正常，如此反复，几天后，全株叶片缺水蔫萎下垂，7 天左右植株枯死。田间湿度大时，致死时间长些，若遇上土壤干燥、气温增高，则病株蔫萎致死时间变短。植株枯死时仍然保持绿色，仅叶片色泽变淡，枝叶下垂（图 2-17）。发病株下部茎表皮变得粗糙，有时会长出不定根。用小刀横切茎部，可见维管束变成褐色，用手挤压切口处，可见到溢出污浊的菌液。发病中心株在田间呈不均匀多点分布，还会扩大侵染范围，感染相邻健康株。

图 2-17 番茄青枯病病茎和病株（另见彩图）
（http://baike.baidu.com/view/4899368.htm?fr=aladdin）

侵染循环：病原菌主要随病残体留在田间或在马铃薯块上越冬，无寄主时，病菌可在土中营腐生生活长达 14 个月，甚至 6 年之久，成为该病主要初侵染源。

发生因素

1）环境：高温高湿易诱发青枯病发生。连阴雨天过后天气转晴，易引起病害流行。

2）栽培：病菌适于在微酸性土壤中生存，当土壤含水量达到25%时，有利于诱发青枯病，土温25℃病菌开始活动，活动最盛，田间会出现发病高峰。幼苗不壮、多年连作、中耕伤根、低洼积水、控水过重和干湿不均，均可加重病害发生。

九、番茄菌核病

英文名：tomato stem rot。

病原：核盘孢菌 *Sclerotinia sclerotiorum*（Lib.）de Bary。

形态：子囊盘小，呈小杯状，浅肉色至褐色，单个或几个从菌核上生出，直径 0.5～1 cm，柄褐色细长，弯曲，长 3～5 cm，向下渐细，与菌核相连。菌丝体可以形成菌核，长柄的褐色子囊盘产生在菌核上。菌核形状多样，长 3～15 μm。子囊圆柱形，（120～

140）µm×11 µm，孢子通常 8 个，单行排列，椭圆形，（8～14）µm×（4～8）µm，侧丝细长，线形，无色，顶部较粗（图 2-18）（George, 2005）。

图 2-18　核盘孢菌（George, 2005）

　　危害：普通病害，部分老菜区棚室中发生。零星发生，引起植物坏死或烂果，对产量有明显影响。

　　危害症状：叶、果实、茎等均可被侵染（图 2-19）。

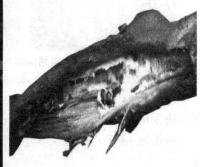

图 2-19　番茄菌核病病果和病茎（另见彩图）
（由陕西省韩城市园艺站王纯老师提供）

　　1）叶片：叶缘初呈水浸状，淡绿色，湿度大时长出少量白霉，病斑呈灰褐色，蔓延速度快，致叶枯死。

　　2）茎：多由叶柄基部侵入，病斑灰色稍凹陷，后期表皮纵裂，边缘水渍状，病斑长达株高的 4/5。除在茎表面形成菌核外，剥开茎部，可发现大量菌核，严重时植株枯死。

　　3）果实：始于果柄，并向果面蔓延，致未成熟果实似水烫过，菌核外生在果实上，大小 1～5 mm；花托上的病斑环状，包围果柄周围。

　　侵染循环：以菌核在土中或混在种子中越冬或越夏，是该病的初侵染源。菌核干燥条件下，存活 4～11 年。菌核遇适宜条件萌发，借风雨随种苗或病残体传播。病原首先侵入衰老叶和尚未脱落的花瓣，发病组织腐烂，再侵染，由病健部接触传染。

发生因素

1）发生时期：北方菌核多在 3～5 月萌发；南方则有两个时期，分别为 2～4 月和 10～12 月。

2）气候：当气温在 20℃左右，相对湿度在 85%以上时，发病严重。多雨季节易发病流行。

3）地势：病地连作、地势低洼、排水不良、偏施氮肥的地块发病较重。

十、番茄细菌性髓部坏死病

英文名：tomato bacterial pith necrosis。

病原：番茄髓部坏死病假单胞菌（皱纹假单胞菌）*Pseudomonas corrugata* Roberts et Scarlett，属非荧光假单胞细菌。菌落起皱，淡黄色，具多根极生鞭毛。

寄主：番茄、苜蓿。

危害症状：危害番茄茎和分枝，也危害叶、果。被害株多在青果期表现症状。

1）叶片：早发病植株叶片黄枯，迟发病植株叶片青枯；黑褐色病斑多在茎下部，也可在茎中部或分枝上发生，最后全株枯死。

2）茎部：发病初期嫩叶褪绿，发病重的植株上部褪绿和萎蔫，茎坏死，病茎表面先出现褐色至黑褐色斑，外部变硬。纵剖病茎可见髓部变成黑色或出现坏死。髓部发生病变的地方则长出很多不定根（图 2-20）。

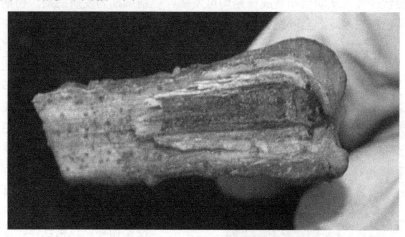

图 2-20　番茄细菌性髓部坏死病病茎（另见彩图）

3）果实：多从果柄开始变褐，直至全果褐腐、果皮质硬，挂于枝上。湿度大时从病茎伤口或叶柄脱落处溢出黄褐色菌脓。

病部坏死斑不形成溃疡症状，湿度大时菌脓从茎伤口和不定根溢出，病果上无鸟眼斑，有别于溃疡病；病茎髓部坏死处无腐臭味，有别于软腐病；叶片无斑点，有别于细菌性斑疹病。

侵染循环：病原菌随病残体在土壤中越冬，借雨水、灌溉水和农事活动传播，从伤口侵入。经常在第 1 个座果完成到成熟的绿果期发病。

发生因素：该病在田间随机分布。病害在田间发展速度很快，4～6 月遇夜低温或高湿天气容易发病。连作地、排水不良、氮肥过量的地块发病较重。

第二节　黄瓜土传病害的发生与危害

一、黄瓜枯萎病

英文名：cucumber *Fusarium* wilt。

异名：黄瓜萎蔫病、黄瓜死秧病。

病原：尖孢镰刀菌黄瓜专化型 *Fusarium oxysporum* Schl. f. sp. *cucumerinum* Owen.，属半知菌亚门真菌。据报道，此菌有生理分化，但国内各地多为同一菌系。分生孢子有大型和小型之分。小型分生孢子生于气生菌丝中，产生快，无色，单孢，椭圆形，大小为（7.5～20.0）μm×（2.5～5.0）μm。大型分生孢子镰刀形，无色，两端渐尖，有 1～5 个分隔，多为 3 个，大小为（27.5～45.0）μm×（5.5～10.0）μm。

寄主：黄瓜、西瓜、西葫芦、南瓜等。

危害：瓜类蔬菜的重要病害，发生普遍，发病率高，毁灭性强。减产 30%～50%，重者绝收。

分布：全国各地均有发生。

危害症状：黄瓜从幼苗期到成株期均可发病，以结瓜期为发病盛期。初期基部叶片褪绿，呈黄色斑块，逐渐全叶发黄，随之叶片由下向上凋萎，似缺水症状，中午凋萎，早晚恢复正常，3～5 天后，全株凋萎。病株的主根或侧根呈褐色腐烂，极易拔断，或瓜蔓基部近地面 3～4 节处开裂流胶，开始出现黄褐色条斑，在高湿环境下，病部常产生白色或粉红色霉状物，在已枯死病株茎上则更为明显，且不限于基部，可达中部，有时病部可溢出少许琥珀色胶质物。纵剖茎基部，维管束呈黄褐色至深褐色（图 2-21）。

侵染循环：以菌丝体、厚垣孢子或菌核在种子中和土壤中越冬，成为初侵染源。播种带菌的种子，苗期即发病。病菌从根部伤口或根毛顶端细胞间侵入，后进入维管束，发育繁殖堵塞导管。病菌产生毒素，引起植株中毒，失去输导作用，导致萎蔫。地上部的重复侵染主要是通过整枝或绑蔓引起的伤口侵入。

图 2-21　黄瓜感染枯萎病病菌后枯死（另见彩图）

发生因素

1）环境：土温在 8～34℃时病菌均可生长。当土温在 24～28℃、土壤含水量大、空气相对湿度高时，发病最快。土温低潜育期长。空气相对湿度 90%以上易发病。病菌发育和侵染适温为 24～25℃，最高 34℃，最低 4℃；土温 15℃潜育期 15 天，20℃ 9～10天，25～30℃ 4～6 天，适宜 pH 为 4.5～6。

2）栽培：秧苗老化、连作地、有机肥不腐熟、土壤过分干旱或排水不良和土壤偏酸均是发病的主要条件。

二、黄瓜根结线虫病

英文名称：tomato root-knot nematode disease。

病原：引起黄瓜根结线虫病的线虫种类有很多，主要为 4 种最常见的根结线虫。各地的优势种不一样，但在北方保护地黄瓜栽培中，优势种为南方根结线虫。病原线虫的形态特征参见番茄根结线虫病。

分布与危害：黄瓜根结线虫病是一种世界性分布的病害，也是世界上首次发现的植物根结线虫病。在中国，该病广泛分布于各黄瓜产区，随保护地栽培面积的扩大，危害日益严重。严重发病地块发病率高达 100%，一般可造成产量损失 20%～40%，重者 60%以上，甚至绝收。

症状

地上部症状：轻病株症状不明显，重者地上部生长缓慢，植株矮小，叶片黄化，结瓜小而少，似缺水缺肥状。中午气温高时，植株出现萎蔫，早晚气温低或浇水充足时又可恢复正常。随着病情的进一步加重，萎蔫持续而不可逆，植株枯萎、死亡（图 2-22）。

图 2-22 黄瓜根结线虫病地下部症状（另见彩图）

地下部症状：以侧根和须根受害严重，形成许多呈串珠状的根结。根结发展融合后造成根系肿大、畸形。根结之上可生出细短根。根结初为肉根色，后变为黄褐色，最后出现褐色坏死，常常腐烂严重。

发病规律：侵染循环，根结线虫以卵、2 龄幼虫在土壤、病残体或病组织内越冬，在土壤中一般可存活 1～3 年。条件适宜时卵孵化，以 2 龄幼虫侵染寄主根系，诱发巨型细胞和根结，并发育成成虫，产卵。卵产在胶质卵囊中，而多数卵囊埋在根结内而不外露。可进行再侵染。

　　发病条件：透气性好的沙壤土、25～30℃的土壤温度和40%的土壤持水量、连作年限长，均有利于线虫发育和病害发生。选用耐病砧木、土壤低洼黏重、长期缺水干燥或积水高湿，均不利于根结线虫活动，发病轻。

三、黄瓜疫病

　　英文名：cucumber *Phytophthora* blight。

　　病原：甜瓜疫霉菌 *Phytophthora melonis* Katsura，属鞭毛菌亚门真菌。

　　1）形态：菌丝无色，多分枝，幼菌丝无隔，老熟菌丝长出不规则球状体，内部充满原生质。孢囊梗从菌丝或球状体上长出，平滑，个别形成隔膜。孢子囊顶生，长椭圆形，大小为（36.4～71.0）μm×（23.1～46.1）μm。游动孢子近球形。藏卵器球形，淡黄色；雄器球形，无色；卵孢子黄褐色（图2-23）。

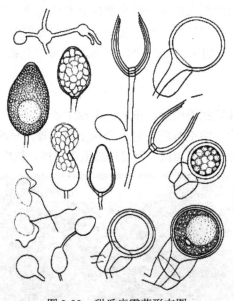

图 2-23　甜瓜疫霉菌形态图
（http://tupian.hudong.com）

　　2）特性：病菌生长发育适温28～32℃，最高37℃，最低9℃。

　　寄主：黄瓜、冬瓜、葫芦、瓠瓜、菜瓜、甜瓜、西瓜等。

　　危害：黄瓜疫病是一种重要病害，来势猛、蔓延快，常造成黄瓜大面积死亡，甚至毁种。发病田损失达15%～30%，严重地块损失可达50%以上。

　　分布：全国各地均有发生。

　　危害症状：此病苗期至成株期均可发生，主要危害茎基部（图2-24）。

　　1）茎基部：发病初期，茎基部呈暗绿色水渍状。苗期病部变软缢缩，呈丝线状，植株倒伏。成株期茎基病部稍缢缩，表皮腐烂，木质部外露，呈丝麻状。其上部叶片逐渐萎蔫，最后全株枯死。剖茎维管束不变色。

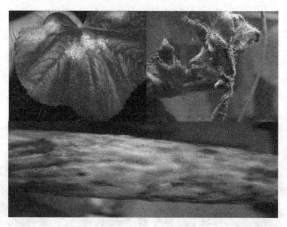

图 2-24　黄瓜疫病病叶、病株和病果（另见彩图）
（http://www.191.cn/read.php?tid=23804）

　　2）嫁接苗：①砧木南瓜病株上的所有叶片和幼瓜全部萎蔫，萎蔫症状由轻到重逐渐发生，接口以下的南瓜茎明显缢缩、变细、变软，但不腐烂，维管束也不变色；病株根系变成褐色，侧根数量很少，根毛收缩变成褐色。②接穗黄瓜上的症状首先在茎蔓顶端表现出症状，初为暗绿色水浸状萎蔫，最后干枯秃顶；然后是叶片上产生圆形或不规则形暗绿色水浸状病斑，边缘不明显，扩展很快；最后在茎节部产生暗绿色水浸状病斑，病斑上产生灰白色稀疏霉状物，病部腐烂、折断。

　　侵染循环：以子囊座、菌丝体、卵孢子及厚垣孢子随病残体在土中越冬，以子囊孢子进行初侵染，靠分生孢子进行再侵染。病菌主要借气流或雨水传播，经气孔、伤口或直接穿透寄主表皮侵入，潜育期 1～6 天。南方主要在春夏雨季流行，北方主要在夏末秋初的雨季发病。

　　发生因素：发病适温 23～28℃，低于 12℃或高于 36℃均不适于发病或发病缓慢。病菌产孢一般要求 85%以上湿度，萌发和侵入需有水滴存在。因此，温暖多湿的春夏季发病较重。此外，田园不洁、连茬、土壤过于黏重、长期潮湿、施用未经充分腐熟的有机肥等均有利于此病的发生和流行。

四、黄瓜立枯病

　　英文名：cucumber *Rhizoctonia* rot。

　　病原：立枯丝核菌 *Rhizoctonia solani* Kühn，属半知菌亚门真菌。有性阶段为丝核薄膜革菌 *Pellicularia filamentosa*（Pat.）Rogers，不多见（图 2-12）。

　　1）形态：初生菌丝无色，后为黄褐色，具隔，粗 8～12 μm，分枝基部缢缩，老菌丝常呈一连串桶形细胞。菌核近球形或无定形，0.1～0.5 mm，无色或浅褐至黑褐色。担孢子近圆形，大小为（6～9）μm×（5～7）μm。

　　2）特性：病菌生长发育适温 17～28℃，在 12℃以下或 30℃以上时受抑制。

寄主：黄瓜、番茄、茄子、辣椒、豆类等。

危害症状：危害幼苗、大苗，多发生在育苗的中、后期。幼苗茎基部产生椭圆形暗褐色病斑，带有轮纹，前期病苗白天萎蔫，夜晚恢复，病斑逐渐凹陷。湿度大时产生淡褐色蛛丝状霉，但不明显，病部没有白色棉絮状霉，这一点与猝倒病不同。病斑逐渐扩大后绕茎一周，木质外露，最后病部收缩干枯，叶片萎蔫不能恢复原状，幼苗不倒伏，逐渐干枯死亡（图2-25）。

图2-25　黄瓜立枯病病苗和病茎（另见彩图）

（http://www.nongyao001.com/insects/show-1130.html）

侵染循环：以菌丝体或菌核在土壤中或病残组织上越冬，腐生性较强，在土壤中可存活2~3年，病菌从伤口或表皮直接侵入幼茎、根部引起发病。病菌借雨水、灌溉水传播。

发生因素：多在床温较高或育苗后期发生。

五、黄瓜菌核病

英文名：cucumber *Sclerotinia* rot。

病原：核盘孢菌 *Sclerotinia sclerotiorum* （Lib.）de Bary，属子囊菌亚门真菌。

1）形态：菌核初为白色，老熟后变黑色鼠粪状，由菌丝体扭集在一起形成。子囊盘浅褐色，盘状或扁平状。子囊盘柄长 3~15 mm，伸出土面为乳白色，渐展开呈杯状。子囊盘成熟后子囊孢子呈烟雾状弹射。子囊棒棒状，无色，内生子囊孢子 8 个。子囊孢子单孢，无色，椭圆形，大小为（10~15）μm×（5~10）μm（图2-18）。

2）特性：菌丝生长及菌核形成最适温度 20℃，最高 35℃。

寄主：黄瓜、番茄、辣椒、莴苣、芹菜、菜豆、甘蓝、白菜等多种蔬菜。

危害：全生育期均能发生，棚室中危害重。引起烂瓜、烂蔓，产量损失很大。

分布：西北、华北、东北。

危害症状：从苗期至成株期均可被感染，主要危害幼瓜和茎蔓。瓜发病，从瓜蒂部的残花或柱头上开始向上发病，先呈水浸状湿腐，高湿时密生棉絮状霉（菌丝），后菌丝纠结成黑色菌核，黏附在病瓜部（图2-26），瓜腐烂后或干燥后脱落土中；茎蔓染病，初在近地面茎部或主侧枝分杈处，出现湿腐状病斑，高湿条件下，病部软腐，生棉絮状菌丝，病茎髓部腐烂中空或纵裂干枯，菌核黏附在病蔓上。此病的菌核一般附着在烂瓜、病蔓或烂叶等组织上，茎表皮纵裂，但木质部不腐败，因而不表现萎蔫，病部以上叶、蔓凋萎枯死。

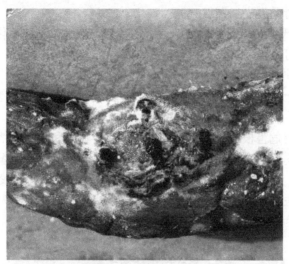

图 2-26　黄瓜菌核病病果（另见彩图）
（http://www.cnak.net/bccsjknew/cropcontent.aspx?id=1588）

侵染循环：菌核遗留在土中，或混杂在种子中越冬或越夏。菌核遇有适宜温湿度条件即萌发产出子囊盘，散出子囊孢子随气流传播蔓延，侵染衰老花瓣或叶片，长出白色菌丝，开始危害柱头或幼瓜。干燥条件下，存活 4～11 年，水田经 1 个月腐烂。5～20℃，菌核吸水萌发，产出子囊盘，为有性繁殖器官。南方 2～4 月及 11～12 月适其发病，北方 3～5 月发病多。

发生因素

1）环境：在各种影响黄瓜菌核病发生的因素中，湿度和保湿时间是该病发生的重要条件。相对湿度在 80%以上才能发病，而且湿度越高发病越重。保湿时间在 40 h 以上开始发病，保湿时间越长发病越严重。连续黑暗条件下发病重。病害的发生对温度条件要求不很严格，9～35℃温度条件下均可发病，以 20～25℃条件下发病最重。在保护地黄瓜生产中，低温、湿度大或多雨的早春或晚秋有利于该病的发生。

2）栽培：连作田块、排水不良的低洼地或偏施氮肥田块，以及通风透光不良、地温低、湿度大时，发病重、传播快。

第三节　生姜土传病害的发生与危害

一、姜瘟病

英文名：ginger blast。

异名：姜腐烂病、姜青枯病。

病原：青枯雷尔氏菌 *Ralstonia solanacearum*（Smith）Smith，属细菌。

1）形态：菌体短杆状单细胞，两端圆，单生或双生，大小为（0.9～2.0）μm×（0.5～

0.8）μm，极生鞭毛 1～3 根，在琼脂培养基上菌落圆形或不规则形，稍隆起，污白色或暗色至黑褐色，平滑具亮光（图 2-16）。

2）特性：革兰氏染色阴性。病菌能利用多种糖产生酸，不能液化明胶，能使硝酸盐还原。10～40℃均可生长，发病适宜温度为 20～30℃，耐 pH 6～8，最适 pH 为 6.6。

寄主：50 多个科的数百种植物。

危害：是生姜最为严重的一种病害，发病后一般减产 20%～30%，重者达 60%～80%，甚至失收。

危害症状：主要危害根、茎，大多在近地面的茎基部和地下根茎上半部先发病。病部初为水渍状，黄褐色，失去光泽，软化腐烂，仅留外皮。腐烂组织内变为白色黏稠汁液，且有恶臭气味。茎被害部位呈暗紫色，后变黄褐色，内部组织变褐腐烂。在腐烂过程中，由于根、茎失去吸收水分的机能，茎上端叶片出现变黄症状，严重时，叶片萎蔫卷曲，叶色由黄变为枯褐色，直至茎叶枯死（图 2-27）。

图 2-27　姜瘟病为害症状（另见彩图）

发生因素

1）寄主抗性：品种间抗性有差异。

2）环境：高温多湿、时晴时雨、土温变化剧烈易发病，形成流行。6～9 月，每降大雨后 1 周左右，田间即出现 1 次发病高峰。

3）栽培：植地连作、低洼、土质黏重、无覆盖物、多中耕锄草和偏施氮肥的发病重。

侵染循环：病菌在土壤及种姜内越冬，并可在土壤内存活两年。播种病姜后，在田间零星发病，通过流水和地下害虫传播，造成全田发病，蔓延十分迅速。病菌自伤口侵入，也可由茎、叶侵入维管束，向下扩展至根茎，并进入薄壁组织，造成组织崩溃和腐烂，全株死亡。温度高、湿度大的黏质土壤发病重。

二、姜枯萎病

英文名：ginger rhizome rot。

异名：姜根茎腐烂病。

病原：尖孢镰刀菌 *Fusarium oxysporum* f. sp. *zingiberi* 和茄镰孢 *Fusarium solani*（Martius）Apple et Wollenweber，均属半知菌亚门真菌。有大型和小型分生孢子。小型分生孢子无色，单孢或双孢，卵形至肾形；大型分生孢子无色，多孢，纺锤形至镰刀形。

危害症状：主要危害块茎部，表现为块茎腐烂变褐，植株枯萎状。发病块茎呈水渍状半透明状，挤压患部可以渗出清液，块茎表面长有菌丝体（图2-28）。

侵染循环：以菌丝体和厚垣孢子随病残体在土壤中越冬。带菌的堆肥、姜种块和病土产生主要菌源。病部产生的分生孢子，借雨水溅射传播，进行再侵染。

发生因素：植地连作、低洼排水不良、土质过于黏重或施用未充分腐熟的土杂肥，易发病。

三、姜腐霉病

图 2-28　姜枯萎病病茎（另见彩图）

英文名：ginger root rot。

异名：姜简囊腐霉根腐病。

病原：简囊腐霉菌 *Pythium monospermum* Pringsheim 和瓜果腐霉菌 *P. aphanidermatum*（Eds.）Fitzp.，均属鞭毛菌亚门真菌。

1）瓜果腐霉菌：菌丝体生长繁茂，呈白色棉絮状；菌丝无色，无隔膜，直径2.3～7.1 μm。菌丝与孢囊梗区别不明显。孢子囊丝状或分枝裂瓣状，或呈不规则膨大。大小为（63～725）μm×（4.9～14.8）μm。泡囊球形，内含6～26个游动孢子。藏卵器球形，直径14.9～34.8 μm，雄器袋状至宽棍状，同丝生或异丝生，多为1个。大小为（5.6～15.4）μm×（7.4～10）μm。卵孢子球形，平滑，不满器，直径14.0～22.0 μm（图2-29）。

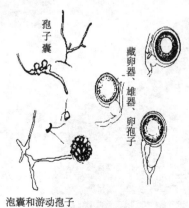

孢子囊

藏卵器、雄器、卵孢子

泡囊和游动孢子

图 2-29　瓜果腐霉菌形态图

（http://data.jinnong.cc/mspx/default.mspx?ChannelID=19106）

2）简囊腐霉菌：菌丛在马铃薯葡萄糖琼脂（potato dextrose agar，PDA）上为白色，稍呈絮状，菌丝无色，无隔，宽 2.5～5.6 μm，分枝。游动孢子囊与菌丝区别不明显，分瓣或不分瓣，长约 160 μm，宽 3～5 μm；泡囊中含游动孢子 3～23 个，游动孢子肾形、双鞭毛，休止时球形，直径 7～9.5 μm。藏卵器无色球形，顶生或间生，大小为 11～21 μm；雄器棍棒形，稍弯曲，同丝生或异丝生，每个藏卵器与 2～4 个雄器配合，雄器（5～11）μm×（3～7）μm；卵孢子无色，球形，满器，表面平滑，直径 10～20 μm（图 2-30）。

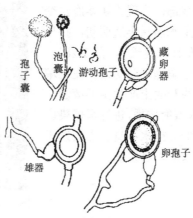

图 2-30　简囊腐霉菌形态图
（http://data.jinnong.cc/mspx/default.mspx?ChannelID=19106）

危害症状：病姜地上部茎叶变黄凋萎，逐渐死亡，地下根状茎褐变腐烂，先是植株下部叶片尖端及叶缘褪绿变黄，后扩展到整个叶片，且逐渐向上部叶片扩展，致整株黄化倒伏，剖开根部，根茎腐烂（图 2-31）。

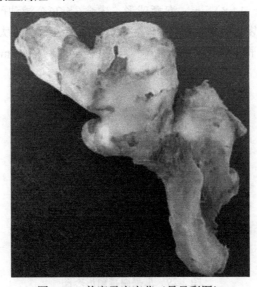

图 2-31　姜腐霉病病茎（另见彩图）

四、生姜根结线虫病

英文名称：ginger root-knot nematode disease。

异名：生姜癫皮病、疥皮病。

病原：在我国生姜的主产区山东省，生姜的根结线虫主要为南方根结线虫 *Meloidogyne incognita*，其次为北方根结线虫 *M. hapla*，其形态特征参见"黄瓜根结线虫病"。

发生和危害：生姜根结线虫病在我国生姜产区均有报道，在生姜主产区山东省发生和危害尤其严重。在种姜历史较短的新姜区，发病率一般为 10% 左右；种姜历史较长的老姜区，发病率可达 30%～50%，而个别年份重病地发病率可高达 90%，极大地影响了生姜产量和品质。同时，根结线虫病的发生可在很大程度上加重姜瘟病、枯萎病和腐霉病的发生。病姜在地窖储藏中可进一步发病，导致姜块腐烂，严重时引起烂窖（图 2-32）。

图 2-32　生姜根结线虫病株和病茎（另见彩图）

症状

地上部症状：生姜根结线虫病在田间一般呈点片状发生，严重者遍及整个姜地。发病后通常表现为生长不良、植株矮小、叶色变淡黄化，在株高、茎粗、分枝数上病株显著低于健株。

地下部症状：受根结线虫侵染后，生姜须根稀少，根尖变褐坏死；有时出现明显的根结，根结单个或呈念球状串生。根茎瘦小且无光泽，表面产生疣瘤状突起，酷似"蛤蟆皮"。疣突大小、形状不一，但通常表面粗糙、龟裂。疣突初为浅色，后因组织坏死而变褐凹陷，最后腐烂。剖开疣突，可见乳白色小米粒大小的雌虫和卵块。

发病规律：侵染循环，主要以卵和 2 龄幼虫在土壤中或病种姜内越冬。翌年条件适宜时（在山东省生姜露地栽培中，通常为 5 月中下旬）开始孵化，连同越冬的 2 龄幼虫对生姜进行初侵染。在植物组织内 2 龄幼虫发育成成虫并产卵，卵孵化后进入土壤，又可引起再侵染。在山东省生姜露地栽培中，发病始期通常为 7 月中旬；根结线虫 1 年可发生 4 代，温度越高，完成 1 代所需要的时间越短，1 代历时平均约为 35 天。

发病条件：砂质土壤发病重，黏质土壤发病轻；土壤温度和湿度适中（25～30℃，40%～60%）有利于线虫活动和病害发生，而土壤连续干燥或积水高湿，则不利于病害发生。生茬地种姜一般不发病，连作两年部分地块有零星发病，连作 3 年发病率可达 10%

以上，连作多年则导致病害严重发生。根结线虫病在生姜保护地栽培明显重于露地栽培。有调查发现，大量施用钾肥可加重病害发生。

第四节　草莓土传病害的发生与危害

一、草莓枯萎病

英文名：strawberry *Fusarium* wilt。

病原：尖孢镰刀菌草莓专化型 *Fusarium oxysporum* Schl. f. sp. *fragariae* Winks et Willams，属半知菌亚门真菌。

危害症状：多在苗期或开花至收获期发病。发病初期心叶变黄绿或黄色，有的卷缩或产生畸形叶，引起病株叶片失去光泽，植株生长衰弱，在 3 片小叶中往往有 1～2 片畸形或小叶化，且多发生在一侧。老叶呈紫红色萎蔫，后叶片枯黄至全株枯死。根部变褐后纵剖镜检可见很长的菌丝（图 2-33）。

图 2-33　草莓枯萎病病株（另见彩图）

侵染循环：主要以菌丝体和厚垣孢子随病残体遗落土中或在未腐熟的带菌肥料及种子上越冬。病土和病肥中存活的病原菌，成为第 2 年初侵染源。病原菌在病株分苗时进行传播蔓延。病原菌从根部自然裂口或伤口侵入，在根茎维管束内生长发育，通过堵塞维管束和分泌毒素，破坏植株正常输导机能而引起萎蔫。

发生因素：发病温度为 18～32℃，最适温度 30～32℃。连作、土质黏重、地势低洼、排水不良、地温低、耕作粗放、土壤过酸、施肥不足、偏施氮肥和施用未腐熟肥料，均能引起植株根系发育不良，使病害加重。土温 15℃以下不发病，高于 22℃病情加重。

二、草莓疫霉果腐病

英文名：strawberry *Phytophthora cactorum* rot。

病原：恶疫霉*Phytophthora cactorum*（Leb. et Cohn）Schroeter、柑橘褐腐疫霉*P.*

citrophthora（R. et　E. Smith）Leonian和柑橘生疫霉*P. citricola* Saw.，均属鞭毛菌亚门真菌。

危害症状：主要危害果实，从开花期至成熟期均可发病。幼果发病时病部变为黑褐色，后干枯，硬化，如皮革，故又称为革腐。成熟果发病，病部白腐软化（图 2-34），似开水烫伤。

图 2-34　草莓疫霉果腐病病果（另见彩图）

侵染循环：以卵孢子在土壤中越冬，第 2 年春天产生孢子囊，遇水释放游动孢子，借雨水或灌溉水传播，引起初侵染和再侵染。

发生因素：地势低洼、土壤黏重、偏施氮肥，发病重。

三、草莓根腐病

英文名：strawberry *Phytophthora fragariae* rot。

病原：草莓疫霉 *Phytophthora fragariae* Hickman，属鞭毛菌亚门真菌。

危害症状：主要危害根部，常见有急性型和慢性型两种。急性型多在春夏两季发生，雨后叶尖突然凋萎，不久呈青枯状，引起全株迅速枯死。慢性型定殖后至初冬均可发生，从下部叶开始，叶缘变成红褐色（图 2-35），逐渐向上凋萎，以致枯死。根的中心柱呈

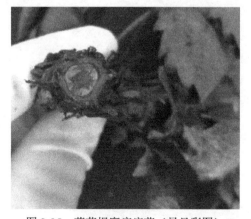

图 2-35　草莓根腐病病茎（另见彩图）

红色，定殖后在新生的不定根上症状最明显，发病初期不定根的中间部位表皮坏死，形成 1～5 mm 红褐色至黑褐色梭形长斑，病部不凹陷，病健交界明显，严重时病根木质部及髓坏死褐变，整条根干枯，地上部叶片变黄或萎蔫，最后全株枯死。

　　侵染循环：以卵孢子在地表病残体或土壤中越夏。卵孢子在土壤中可存活多年，条件适应时即萌发形成孢子囊，释放出游动孢子，侵入植物的根系或幼根。

　　发生因素：在田间也可通过病株土壤、水、种苗和农具带菌传播。发病后病部长出大量孢子囊，借灌溉水或雨水传播蔓延，进行再侵染。本病为低温域病害，地温高于 25℃则不发病或发病轻。一般春、秋多雨年份低洼排水不良或大水漫灌地块发病重。10 月中、下旬扣棚后，棚室在闷湿情况下极易发病；重茬连作地，植株长势衰弱，发病重。

参 考 文 献

段玉玺. 2011. 植物线虫学. 北京: 科学出版社

冯志新. 2001. 植物线虫学. 北京: 中国农业出版社

郭衍银, 徐坤, 王秀峰, 等. 2004. 生姜根结线虫病原鉴定及发生规律. 植物保护学报, 31(3): 241-246

刘维志. 2000. 植物病原线虫学. 北京: 中国农业出版社

张绍升. 1999. 植物线虫病害诊断与治理. 福州: 福建科学技术出版社

赵洪海. 2000. 中国部分地区根结线虫的种类鉴定和四种最常见种的种内形态变异研究. 植物病理学报, 30(3): 288

Abad P, Castagnone-Sereno P, Rosso M N. 2009. Invasion, feeding and development. Root-knot Nematades, 163-181

Nickle W R. 1991. Manual of agricultural nematology. New York: Marcel Dekker, Inc.

Potter J W, Olthof T H A. 1993. Nematodes pests of vegetable crops. *In*: Evans K, Trudgill D L, Webster J M. Plant Parasitic Nematodes in Temperate Agriculture. Wallingford: CAB International

Sikora R A, Fernandez E. 2005. Nematodes parasites of vegetables. *In*: Luc M, Sikora R A, Bridge J. Plant Parasitic Nematodes in Subtropical and Tropical Agriculture. Wallingford: CABI Publishing

第三章 土传病原菌的分离及鉴定方法

土传病害其病原物主要在土壤里越冬（夏），且在土壤里存活时间较长，如瓜类枯萎病菌可在土壤里存活 5 年之久，故被称为土壤习居菌。土传病害的病原菌，一般是通过土壤、肥料、灌溉水等进行传播，以侵染危害植株地下部位的根茎为主，且能侵染植物的维管束，病原物在维管束里繁殖，阻塞其输送营养物质，在短期内致使整株植物枯萎而死亡（陆家云，1997）。随着保护地农作物种植栽培面积的迅速扩大，保护地在为农作物提供适宜的环境和更长的生长季节的同时，也为土传病原菌提供了适宜的生长环境，土传病害在保护地的发生越来越严重。由于其发生具有隐蔽性，大多在结果期才达到发病的高峰，因此损失巨大（曹坳程，2003）。土传病原菌的分离、鉴定是其防治的基础，本章着重介绍土传病原菌的分离及鉴定方法。

第一节 土传病原菌的分离方法

引起重要土传病害的主要病原菌分别是属于鞭毛菌亚门卵菌纲的疫霉属、腐霉属，半知菌亚门丝孢纲的丝核菌属、镰孢属、轮枝孢属等。对几种重要的土传病原菌介绍如下。

1）镰孢属（*Fusarium*）病原菌：危害瓜类、茄科类（番茄、辣椒）及豆科蔬菜。主要引起根腐、茎腐、果腐等，有的侵染植物维管束组织引起萎蔫症。病原菌以菌丝体、厚垣孢子在土壤中越冬，且在土壤中可以腐生。厚垣孢子在土壤中能生存 5～10 年。

2）疫霉属（*Phytophthora*）病原菌：寄主范围很广，可以侵染植物地上和地下部分，引起茄科、瓜类疫病。疫霉菌以厚垣孢子或卵孢子在土壤中存活。

3）腐霉属（*Pythium*）病原菌：引起茄子、番茄、辣椒和黄瓜等作物的猝倒病。病菌以腐生的方式在土壤中长期存活。其菌丝体和卵孢子可在病组织和土壤中越冬。

4）丝核菌属（*Rhizoctonia*）病原菌：侵染作物引起幼苗猝倒或立枯，也引起禾谷类作物的纹枯病。病菌以菌丝体或菌核在土壤中越冬，腐生性强。

5）轮枝孢属（*Verticillium*）病原菌：主要引起作物黄萎病。病原菌的菌丝体、厚垣孢子和微菌核，随病残体在土中越冬。该菌适生性强，寄主范围广，防治难度大。

分离土壤中特定的病原真菌，需要用特殊的方法和选择性培养基。这方面研究比较多的是土壤中腐霉属、疫霉属、镰孢属、轮枝孢属和丝核菌属等真菌的分离。

一、镰孢属真菌的分离方法

通常采用 Komada 方法：取 5 g 土样加到 100 mL 已经灭菌的 0.1%琼脂水中，在摇床上摇动 30 min，配制成土壤悬浮液。在培养基 A 成分 95 mL 中加入 5 mL 的 B 成分，摇匀，加入 1 mL 土壤悬浮液摇匀，倒入 5 只培养皿中，在 24～25℃条件下培养，5～6 天后检查镰刀菌菌落数目。培养基 A 成分：K_2HPO_4，2 g；KCl，1 g；$MgSO_4$，1 g；L-天冬酰胺，4 g；D-葡萄糖，40 g；琼脂 30 g；蒸馏水 2000 mL。B 成分：Fe-Na EDTA，0.02 g；$Na_2B_4O_7 \cdot 10H_2O$，2 g；牛胆汁，1 g；硫酸链霉素，1 g；五氯硝基苯，1.5 g，灭菌水，100 mL。

二、疫霉属、腐霉属真菌的分离方法

通常采用 Masago 方法：取土样 5 g 加入 100 mL 已经灭菌的 0.1%琼脂水中，在摇床上 200 r/min 振荡 30 min，配制成土壤悬浮液。在培养基 A 成分 95 mL 中加入 5 mL 的 B 成分，摇匀，加入 1 mL 土壤悬浮液摇匀，倒入 5 只培养皿中，在 24～25℃条件下培养，5～6 天后检查疫霉菌、腐霉菌菌落数目。培养基 A 成分：琼脂，34 g；葡萄糖，40 g。B 成分：五氯硝基苯（98%含量），0.15 g；氨苄西林，0.023 g；利福平，0.02 g。其中 A 成分加入 2000 mL 蒸馏水中，制成培养基；B 成分加入 100 mL 无菌水中。

三、丝核菌属真菌的分离方法

通常采用方中达《植病研究方法》中丝核菌的分离方法。土壤中丝核菌可以用不同的方法分离。一种是埋管分离，方法是用塑料离心管，上面打许多直径约 5 mm 的孔，然后用透明胶带将离心管包好，塑料管中加琼脂糖凝胶培养基（加到 4 cm 深左右），加棉花塞灭菌。使用时用烧红的粗针，穿通胶带到琼胶培养基。而后将塑料离心管埋在土壤中。4～6 天后取回，除去胶带露出孔口。每露出一孔，随即用扁头移植针将小块琼胶移植到适当的培养基上培养，培养基中可加孟加拉红调节酸度，以抑制细菌的生长。

还有一种方法是从土壤中的作物残余颗粒上分离。方法是将土壤 100 g，加水 2500 mL 配成悬浮液，沉降 30 min 后，上部液体用筛（250 μm）过滤。沉降下来的土壤再悬浮在 1000 mL 水中，沉降 30 min 后过滤。重复进行悬浮和过滤 5～8 次，直到上部液体中没有作物残余的颗粒为止。最后将筛中的草籽、大的土粒沙粒和木质化组织滤去，把得到的作物残余颗粒放在滤纸上干燥 1 h，然后放在琼胶平板上培养。分离用的培养基是水琼胶，用磷酸将 pH 调节到 4.8，水琼胶倒平板后，翻转平板放入恒温培养箱培养 72 h，除去表面的水层，然后在平板上等距离加 4 滴链霉素溶液（浓度 20 mg/mL）。经过 1 h，在每个加链霉素的地方，放一块上面过筛的作物残余颗粒，在 24℃条件下培养 24～96 h 可出现丝核菌（*R. solani*）的菌落，一般在 48 h 后出现。

四、轮枝孢属真菌的分离方法

通常采用方中达《植病研究方法》中轮枝孢菌的分离方法。轮枝孢属真菌（如 *V. albo-atrum* 和 *V. dahliae*）的分离可用土壤稀释法。土壤浸出液选择性培养基如下：磷酸二氢钾（KH_2PO_4）1.5 g，土壤浸提液 25 mL，磷酸氢二钾（K_2HPO_4）4.0 g，琼胶 15.0 g，蒸馏水 975 mL。培养基中还加金霉素 50.0 mg、氯霉素 50.0 mg、链霉素 50.0 mg 和多半乳糖醛酸 20.0 g 作为抑制剂。除氯霉素外，其余都是在灭菌冷却到 42～45℃后加入的。土壤浸出液的配法是园土 1 kg 加水 1 L，蒸 30 min 后过滤。在上述培养基上，其他真菌很少生长。轮枝孢属真菌形成颜色很深的菌落，其中有大量的微小的菌核。

酒精琼胶培养基也可选择用作分离土壤中轮枝孢霉属真菌的培养基。分离的方法是先配成水琼胶（琼胶 7.5 g，水 1000 mL）分盛在容量 200 mL 的三角瓶中，每瓶 90 mL，灭菌冷却到 42~45℃后，每瓶加浓的链霉素溶液（最后浓度达到 100 μg/g）和 0.5 mL 的无水乙醇。而后每瓶加 1 mL 稀释的土壤悬浮液，混合后将琼胶培养基倒在 9 个培养皿中，在 18~23℃条件下暗处培养 10 天，在酒精琼胶培养基上轮枝孢霉属真菌的菌落上形成大量的黑色小菌核，很容易与其他真菌区别。

第二节　土传病原菌的鉴定与定量方法

一、土传病原菌的鉴定方法

（一）传统鉴定方法

传统鉴定方法通常采用选择性培养基进行病原菌的分离培养、菌落形态观察、显微镜下观察病菌的菌丝体和孢子等特征，结合田间发病植株症状的观察，综合诊断，确定分类地位。

几种重要土传病原菌的形态学观察特点如下。

（1）辣椒疫霉

菌丝体丝状，无分隔，有分枝，偶尔呈瘤状或结节状膨大；孢囊梗无色，丝状；孢子囊顶生于孢囊梗，卵圆形、长圆形或扁圆形，无色，单孢，顶端乳头状突起明显，孢子囊成熟脱落，具长柄（图 3-1A）。

（2）镰孢菌

大型分生孢子镰刀状或长椭圆形，无色，有 2~3 个分隔，多数为 3 个分隔；小型分生孢子卵形至椭圆形，无色，单孢；菌丝体无色透明，有分隔，有分枝（图 3-1B、图 3-1C）。

（3）腐霉菌

菌丝体白色，棉絮状；游动孢子囊着生在菌丝体顶端或中间，没有明显分化的孢囊梗（图 3-1D）。

（4）立枯丝核菌

菌丝在分枝处缢缩，褐色；菌核表面粗糙，褐色至黑色，表里颜色相同，菌核之间有丝状体相连，不产生无性孢子。

（5）大丽轮枝菌

大丽轮枝菌培养基上形成大量黑色微菌核。微菌核近球形。分生孢子梗轮状分枝。分生孢子无色，单孢，长卵圆形。

由图 3-1 可知，所分离的各病原菌具有属的典型特征，可从形态学角度初步认定其归属（许志刚，2000），但不能准确鉴定其种的分类地位。

传统的鉴定方法在很多方面存在一定误差和困难，尤其是对土传病原菌的准确鉴定具有很大局限性。仅通过菌丝体和孢子等的形态特征即表型分析来鉴别，有时是不准确的。同一病原菌的菌落往往在形态、分布、生理性状等方面存在一定差异，难以进行准确鉴定（王啸波，2001；Horton and Bruns，2001；蒋盛岩，2002；李园，2006；李园等，

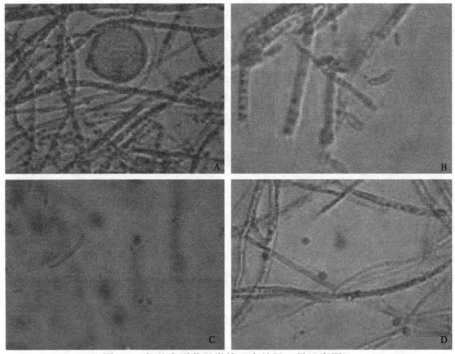

图 3-1　各种病原菌显微镜观察结果（另见彩图）

A. 辣椒疫霉；B. 辣椒上分离的镰孢菌；C. 草莓上分离的镰孢菌；D. 瓜果腐霉

2006）。所以，仅依靠传统的分离培养方法及显微镜观察是不够的，为了对土传病原菌进行准确鉴定，还需要其他补充技术，尤其是分子生物学技术的应用。随着分子生物学技术的日益成熟和广泛应用，人们有可能避开传统的分离培养过程，通过 DNA 水平上的研究，对病原菌进行鉴定（Minerdi et al.，2008；Li et al.，2010）。分子生物学方法的简便、快速、高效、可靠等特点，是传统的分离培养方法所达不到的（Minerdi et al.，2008；Li et al.，2010），而且分子生物学的方法可作为形态鉴定的辅助手段，用于解决土传病原菌鉴定中存在的疑难问题（Schaad et al.，2002）。

（二）分子生物学鉴定方法及其应用

1. 常用的分子生物学鉴定方法

DNA 分子标记：本质是指能反映生物个体或种群间基因组中某种差异特征的 DNA 片段。由于 DNA 分子中碱基的缺失、插入、易位、倒位、重排或由于长短与排列不一的重复序列等而产生多态性，DNA 分子标记便是检测这种多态性的技术，故 DNA 分子标记技术又称为分子诊断技术。DNA 分子标记技术已被广泛应用于生物基因研究，生物的遗传育种、起源进化、分类及病原菌的分类研究中（Horton and Bruns，2001）。目前，主要的分子标记技术大致可分以下 3 类（蒋盛岩，2002；王晓辉和刘桂林，2003）。

（1）以电泳技术和分子杂交技术为核心的分子标记技术

代表技术有限制性片段长度多态性（restriction fragment length polymorphism, RFLP）和 DNA 指纹技术，前者主要是以低拷贝序列为探针进行分子杂交，后者主要是以重复序列，包括串联重复序列（如卫星 DNA、小卫星 DNA 和微卫星 DNA）和散布重复序列（如转座子、逆转座子）为探针进行分子杂交。

（2）以电泳技术和 PCR 技术为核心的分子标记技术

代表技术为随机扩增多态性 DNA（random amplified polymorphic DNA，RAPD）、简单重复序列（simple sequence repeat，SSR）和扩增片段长度多态性（amplified fragment length polymorphism，AFLP）。

（3）以 DNA 序列为核心的分子标记技术

代表性技术有核糖体基因的内转录间隔区（internal transcribed spacer，ITS）测序分析技术。随着对生物 ITS 研究的深入，该技术已在分子生物学鉴定研究领域广泛使用。PCR 扩增病原菌核糖体基因某一特异分子片段，可用于病原菌鉴定、监测及病害诊断，由于其快速、准确和简便的特点，越来越受到各国病理学家的高度重视。

RFLP：DNA 的限制性片段长度多态性研究是在种、种内及种群水平上进行分类研究的有效手段，是发展最早的分子标记技术。其基本原理是不同种、种内及种群 DNA 序列在进化过程中发生突变，造成限制性酶切位点间的插入、缺失、重排或点突变。因此，当用某一限制性内切核酸酶消化 DNA 时将产生不同长度的 DNA 片段。但由于通过电泳无法直接观察到结果，因此需寻找一个合适的探针（用同位素、生物素或地高辛标记）来进行杂交，然后才可以观察到结果。目前这一技术已被用于植物病原菌特别是植物病原真菌的分类学研究。RFLP 技术由于限制性内切核酸酶识别序列具有专一性，因此利用 RFLP 技术进行多态性分析具有较高的可靠性。这种方法的缺点是用在消化整个基因组 DNA 产生的酶切图谱时往往伴有浓重的背景，使特征性酶切条带在这一背景下较难辨认。另外，限制性酶切图谱中特征性的条带主要是基因组 DNA 中具有高度重复序列的线粒体 DNA 或 rDNA 的酶解片段，无论是 mtDNA 还是 rDNA，它们在生物进化演变过程中都是保守序列。它们产生的 RFLP 有限，不能完全反映不同菌株间的差异，对 DNA 含量与纯度要求高、多态性水平低、技术难度高，只适应单/低拷贝，需制备放射性探针和进行 Southern 转移及杂交，放射自显影，因而费时、烦琐、污染大、对环境和人体造成不良影响。

PCR 和 RAPD：聚合酶链反应（polymerase chain reaction，PCR）的出现为真菌 DNA 的扩增提供了更为方便和准确的方法。通过 PCR 扩增具有种间特异性的 DNA 片段，从而决定种间的不同，已在真菌分类研究中得到部分应用。PCR 技术原理其实很简单，主要就是通过酶促反应（*Taq*DNA 聚合酶）在体外成百万倍地扩增一段目的基因。PCR 作为一个"无细胞基因扩增系统"，无论在理论研究还是在实际应用中，都呈现出了广阔的前景。PCR 技术广泛应用于真菌、细菌、病毒、线虫等的分类研究中。不少学者还对 PCR 技术进行了改进，目前已有 20 多种 PCR 相关技术，而且还在不断衍生扩大，如套式 PCR、复合 PCR、定量 PCR、免疫 PCR 等，可用这些方法诊断越来越多的真菌病害。由 Williams 和 Welsh 于 1990 年建立的 RAPD 是一种有效的遗传标记技术，现在已经广泛应用于酵母菌和丝状真菌的鉴定、分类和流行病学研究。该技术是在 PCR 技术基础上，利用一系列不同的随机排列碱基顺序的寡聚核苷酸链（通常为 10 bp）为引物，对所研究的基因组 DNA 进行 PCR 扩增，所得扩增产物通过聚丙烯酰胺或琼脂糖凝胶电泳分离，紫外灯下检测其多态性。这一方法适用于真菌各级的分类学研究,因为真菌基因组庞大,RAPD 能对整个基因组序列进行大致的分析,特别适用于分子生物学研究甚少、不了解基因组 DNA 序列的真菌。该技术主要依赖于 PCR 扩增,操作简便、迅速,便于大规模使用。RAPD 技术的不足是:①稳定性差,由于单链引物随机结合在众多反向重复序列上,因而每次得到的试验结果不可能一致,解决办法是对单链引物进行筛选,优化 PCR 条件。②高度的变异性,即使亲缘关系非常近的物种间结果也有很大差异。③T_m 低的随机引物,易受到外界条件影响,如反应体系、Mg^{2+}浓度。④反应使用不同引物导致产物信号差异太大,无法进行分析。

AFLP:扩增片段长度多态性,此方法是结合限制性片段长度多态性和随机扩增多态性DNA两项技术而形成的另一新的更有效的DNA指纹图谱的技术。其基本原理是基于对基因组总DNA双酶切经PCR扩增后的限制性片段进行克隆。AFLP技术兼具RFLP和RAPD优点,被认为是迄今为止最有效的分子标记。具有较高的可靠性和高效性,多态性水平高,检测位点最多,分子识别率高,速度快,T_m值高,DNA用量少。但对模板反应迟钝,谱带可能发生错配与缺失,成本较高,对技术要求苛刻。

2. 真菌 rDNA ITS 序列的应用

生物的核糖体基因的内转录间隔区研究逐渐深入,已成为国际上广泛使用的现代技术。不同种的真菌核糖体 rDNA ITS 长度和核酸序列差异较大,同种的不同个体之间的 ITS 序列是保守的。由于核糖体 rDNA ITS 在不同真菌种内非常保守,而在种间存在丰富的变异,可用于病原菌的检测、鉴定(蒋盛岩,2002;李园,2006)。

(1)真菌rDNA的特点

核糖体是一个致密的核糖核蛋白颗粒,执行着蛋白质合成的功能,它由几十种蛋白质和 rRNA 组成。编码 rRNA 的 rDNA 是基因组 DNA 中的中等重复并有转录活性的基因家族。rDNA 一般由转录区和非转录区构成。转录区包括 5S、5.8S、18S 和 28S rDNA,其中 18S、5.8S 和 28S rDNA 基因组成一个转录单元,产生一个前体 RNA。位于 18S rDNA 的 5'端与 28S rDNA 的 3'端之间的序列称为核糖体内转录间隔区,ITS 位于 18S 和 5.8S rDNA(ITS1)之间及 5.8S 和 28S rDNA 之间(ITS2),在 18S rDNA 基因上游和 28S rDNA 基因下游还有外转录间隔区(external transcribed space,ETS)。ITS 和 ETS 的转录物均在 rRNA 成熟过程中被降解。ITS 和 ETS 包含有 rDNA 前体加工的信息,在 rRNA 成熟过程中起着相当重要的作用。非转录区又称为基因间隔区(intergenic spacer,IGS),它将相邻的两个重复单位隔开,在转录时有启动和识别作用。整个 rDNA 基因簇从 5'端到 3'端依次为IGS(包括在 18S rDNA 基因上游的 ETS1 和在 28S rDNA 基因下游的 ETS2)、位置可变的 5S rDNA 基因、18S rDNA 基因、ITS1 序列、5.8S rDNA 基因、ITS2 序列,以及 28S rDNA 基因。

真菌核糖体基因在病原基因组中有高拷贝、保守性,但不同生物间具有细微的差别,不同生物的 DNA 序列在种内不同个体之间具有高度保守性而种间差异较大,不同物种间线粒体 DNA 序列具有差异。真菌基因组中编码核糖体的 4 种基因在染色体上头尾相连、串联排列,通常它们串联在一起进行转录,在每一单倍体基因组里含 60~200 个拷贝。尽管这些真菌的 rDNA 较保守,但它们仍有足够的序列变化来设计引物进行 PCR 扩增。ITS 的应用最为广泛，并且已经证明这一区域的特征可以作为分类和系统学中研究的一个非常有用的依据。真菌的 4 种核糖体基因及间隔区有不同的进化程度，有的序列比较保守，有的序列进化较快，因此可以根据它们碱基序列的差异，设计特异性引物，对真菌进行分类鉴定。真菌核糖体基因由小的亚单元（18S）、ITS1、5.8S、ITS2 和大的亚单元（28S）构成，头尾串联形成重复序列，rDNA 多复制的特性，也有利于低浓度的或被高度降解的 DNA 样品中 ITS 区域的扩增（赵杰，2004）。

（2）真菌 rDNA ITS 序列分析及引物设计

18S、5.8S、28S rDNA 基因序列进化缓慢而且相对保守，但这 3 个基因序列之间的 ITS 序列的进化则相当迅速，因而 rDNA 序列广泛用于真菌各级水平的系统学研究。18S rDNA 和 28S rDNA 分别约为 1.8 kb 和 3.4 kb，序列中既有保守区又有可变区，在进化速率上比较保守，其中 18S 比 28S 基因更保守，是在系统发育中种级以上阶元的良好标记。5.8S 基因分子质量小且高度保守，较少用于系统学研究。但它为真菌 rDNA PCR 扩增的通用引物的设计提供了极大的方便。

由于 ITS 不加入成熟核糖体，因此受到的选择压力较小，进化速率较快，在绝大多数的真核生物中表现出了极为广泛的序列多态性。同时 ITS 序列长度适中，从人类到酵母的各种真核生物中 ITS 的序列长度为 300～1000 bp，人们可以从不太长的序列中获得足够的信息，可广泛用于属内种间或种内群体的系统学研究。ITS 包含两个不同的非编码区域，即 ITS1 和 ITS2。ITS 序列在物种属内、近缘属间及科内系统进化关系研究中有一定的价值。

White 等（1990）为真菌 rRNA 基因的 ITS 设计了 3 对特异引物，即 ITS1、ITS4、ITS5，用于扩增大多数担子菌和子囊菌。同时这些引物也能扩增一些植物 ITS 区域。在 ITS 应用中，设计和选用特异性的引物显得非常重要。ITS1-F 和 ITS4-B 是为担子菌和其他一些真菌设计的特异引物，能显著提高特异性（表3-1）。

表 3-1　ITS 各区域的引物

引物名称	引物序列
ITS1	TCCGTAGGTGAACCTGCGG
ITS2	GCTGCGTTCTTCATCGATGC
ITS3	GCATCGATGAAGAACGCAGC
ITS4	TCCTCCGCTTATTGATATGC
ITS5	GGAAGTAAAAGTCGTAACAAGG
ITS1-F	CTTGGTCATTTAGACGAAGTAA
ITS4-B	CAGGAGACTTGTACACGGTCCAG

真菌 rRNA 基因的 ITS 设计的特异引物 ITS1 和 ITS2 用于扩增 18S rDNA 和 5.8S rDNA 之间的内转录间隔区 ITS1，引物 ITS3 和 ITS4 用于扩增 5.8S rDNA 和 28S rDNA 之间的内转录间隔区 ITS2，如图3-2所示。

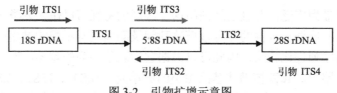

图 3-2　引物扩增示意图

（3）rDNA ITS 在真菌病害分子检测中的应用

利用病原菌在 rDNA 的 ITS 区段既具保守性，又在科、属、种水平上均有特异性序列的特性，对 ITS 进行 PCR 扩增、测序及序列分析后再设计特异性引物来诊断和检测植物病原菌，尤其是植物病原真菌，已越来越被广泛应用（方正，2003）。由于其快速、准确和简便的特点，越来越受到各国病理学家的高度重视。不少学者应用 ITS 研究植物病原真菌的系统发育和检测（表 3-2）。

表 3-2　ITS 在真菌分子检测中的应用

病原真菌	检测物	目标 rDNA 区域
Rhizoctonia solani、　*R. oryzae*、　*R. oryzaesativae*	水稻叶	ITS
Rhynchosporium secalis	大麦种子	ITS
Phytophthora infestans、	马铃薯块茎	ITS
P. erythroseptica、　*P. nicotianae*		
Mycosphaerella musicola、　*M. fijiensis*	叶或病原菌	保守区和 ITS
Verticillium albo-atrum、*V. dahliae*	棉花病部或病菌孢子	ITS
Phytophthora spp.	病菌 DNA	ITS
Leptosphaeria maculans	叶	保守区和 ITS1
Laccaria spp.	根或病原菌	ITS
Glomus vesiculiferum, Glomus intradices	根或病原菌	18S
Gigaspora margarita	病原孢子	18S
Colletotrichum acutatum	草莓叶	ITS1
Colletotrichum gloeosporioides	番茄果实	ITS1
Parasitica var. *nicolianae*	烟草病组织及土壤	ITS
Tilletia indica	病原菌冬孢子	ITS
Plasmodiophora brassicae	病原菌	ITS
Phytophthora boehmeriae	病原菌	ITS1

在真菌病害分子检测方面，我国学者也进行了大量、细致的研究。例如，杨佩文等（2003）应用真菌核糖体基因 ITS 区段通用引物，对十字花科蔬菜根肿病菌 rDNA 进行 PCR 扩增、测序分析和特异引物的设计，获得根肿病菌一特异性分子片段，并对不同寄主植物进行了检测。王源超等（2000）采用核糖体基因转录区间通用引物 PCR 扩增苎麻疫霉、辣椒疫霉和恶疫霉的核糖体基因的 ITS1 和 ITS2，并对 PCR 产物进行了克隆和序列比较，进一步表明 ITS 区域在疫霉属内不同种间存在丰富的变异。张竞宇等（2004）

根据 GenBank 中登录 *Tilletia* 的 20 个种的 ITS 序列差异设计 1 对引物 T1/T2，然后利用 ITS 区段通用引物 ITS1/ITS4 与 T1/T2 组合，线粒体引物 Ti1/Ti4 与线粒体差异引物 M1/M2 组合建立的套式 PCR 体系，直接将小麦印度腥黑穗病菌（*T. indica*）与其他相似或相关种区分开，且具有很高的灵敏度。

由于真菌 DNA 的碱基组成具有遗传稳定性，不易受环境影响，而且在生活史任何阶段均可获得。而病原菌核糖体基因 ITS 区域在不同菌株间存在丰富的变异，对 ITS 进行序列分析不但能丰富真核生物核糖体基因 ITS 的序列信息，为病原菌的分类鉴定及系统发育等研究提供十分重要的资料和依据，而且能为建立病原菌的分子监测与病害的快速诊断技术奠定基础，对植物病害的综合防治具有一定意义。

二、土传病原菌的定量方法

（一）传统选择性培养基培养计数

土传病原菌的传统定量方法，通常采用选择性培养基培养计数。由于微生物的生长和发育，都有一定的营养要求，培养不同的病原微生物，要根据它们的需要配制适宜的培养基。当有大量其他微生物混杂时，要分离某种类型的或某种特定的病原微生物，有必要采用对所要分离的微生物生长有利，而对其他混杂的微生物生长不利的选择性培养基。①分离镰孢属真菌，通常采用 Komada 方法；②分离疫霉属真菌，通常采用 Masago 方法。

（二）实时荧光定量 PCR 技术

1. 实时荧光定量 PCR 技术的概述

定量 PCR 是在 PCR 定性技术基础上发展起来的核酸定量技术。实时荧光定量 PCR 技术（real-time fluorescent quantitative PCR，real-time-PCR）于 1996 年由美国 Applied Biosystems 公司推出，它是一种在 PCR 体系中加入荧光基团，利用荧光信号的积累实时监测整个 PCR 进程，最后通过标准曲线对未知模板进行定量分析的方法。该技术不但实现了对 DNA 模板的定量，而且具有灵敏度高、特异性和可靠性更强、能实现多重反应、自动化程度高、无污染性、具实时性和准确性等特点，目前已广泛应用于分子生物学研究和医学研究等领域（German et al.，2003；欧阳松应，2004）。

2. 实时荧光定量 PCR 技术的基本原理

实时荧光定量 PCR 采用始点定量的方式，同时运用高灵敏度的荧光检测系统实时监控每个循环的累积荧光强度，当荧光信号开始由本底进入指数增长阶段的拐点时所对应的循环次数，即循环阈值（cycle threshold，Ct）。在实际操作中，这个时刻也就是每个反应管内的荧光信号到达设定的域值的时刻，可见 Ct 值取决于阈值。然后，通过确立 Ct 值的方法确立样品起始模板数，从而实现定量，由线性方程 $Ct=-k\lg X+b$（X 代表原始模板数）可知，每个模板的 Ct 值与该模板的起始拷贝数的对数存在线性关系，起始拷贝数越多，Ct 值越小。由于每个模板的 Ct 值与该模板的起始拷贝数的对数存在线性关系，利用已知起始 DNA 浓度的标准品可绘出标准曲线，其中，横坐标代表起始拷贝数的对数，纵坐标代表Ct值。因此,只要获得未知样品的Ct值,即可从标准曲线上计算出该样品的起始拷贝数。

实时荧光定量PCR方法包括探针类和染料类两种,探针类如Taq Man 探针、双杂交探针、分子信标、Amplisensor 和LUXTM Primers等,利用与靶序列特异杂交的探针来指示扩增产物的增加;染料类如SYBR Green I 和SYBR Gold,利用与双链DNA小沟结合发光的理化特征指示扩增产物的增加。前者由于增加了探针的识别步骤,特异性更高;后者则简便易行,成本较低(German et al.,2003)。下面就Taq Man 探针检测和SYBR Green I 荧光染料检测作一简单概述。

(1) Taq Man 探针检测

Taq Man 水解探针主要是利用 Taq 酶5'→3'外切核酸酶活性,并在 PCR 体系中加入一个荧光标记探针。探针的 5'端标记报道基团 FAM(6-羧基荧光素),3'端标记淬灭基团 TAMRA(6-羧基四甲丹诺明)。探针结构完整时,3'淬灭基团抑制 5'荧光基团的荧光发射。随着 PCR 的进行,由于 Taq 酶5'→3'外切核酸酶活性,当合成的新链移动到探针结合位置时,Taq 酶将探针切断,探针的完整性遭到破坏,能量传递结构亦被破坏,5'端 FAM 荧光报告基团的荧光信号被释放出来(Claire et al.,2004)。模板每复制 1 次,就有 1 个探针被切断,同时伴有 1 个荧光信号的释放。产物与荧光信号产生一对一的对应关系,随着产物的增加,荧光信号不断增强。当信号增强到某一阈值(根据荧光信号基线的平均值和平均标准差,计算出以 99.7%的置信度大于平均值的荧光值,即阈值),此时的循环次数即循环阈值 Ct。该循环参数 Ct 和 PCR 体系中起始模板数的对数之间有严格的线性关系,利用不同的标准模板扩增的 Ct 值和标准模板数经过对数拟合作图,制成标准曲线,再根据待测样品的 Ct 值可以准确地确定起始模板的数量(Claire et al.,2004)。

(2) SYBR Green I 荧光染料检测

SYBR Green I 是一种只与双链DNA小沟结合的具有绿色激发波长的染料。当它与DNA双链结合时,发出荧光,当DNA解链成为单链时,它从链上释放出来,这时荧光信号急剧减弱。因此,在一个体系内,其信号强度代表了双链DNA分子的数量(German et al.,2003)。其最大吸收波长约为497 nm,发射波长最大约为520 nm。SYBR Green I 的优点是不必因为模板不同而特别定制,因此设计的程序通用性好,且价格相对较低;缺点主要是由引物二聚体、单链二级结构及错误的扩增产物引起的假阳性会影响定量的精确性。通过升高温度后测量荧光的变化可以帮助降低非特异产物的影响。由解链曲线分析产物的均一性有助于分析由SYBR Green I 得到的定量结果(German et al.,2003;Li et al.,2009)。

3. 实时荧光定量 PCR 技术的优缺点

Claire等(2004)总结了实时荧光定量PCR技术的优缺点。优点:①灵敏性,光谱技术和计算机技术的联合使用,大大提高了检测的灵敏度,甚至可以检测到单拷贝的基因。②精确性,由于PCR的平台效应,传统PCR不能进行精确的定量,而实时荧光定量PCR不受扩增效率和试剂损耗的影响,利用扩增进入指数增长期的Q值来准确定量起始模板的量。③特异性,荧光探针是针对靶序列设计的,相当于在PCR的过程中自动完成了Southern杂交,具有高特异性。④安全、快速性,实时荧光定量PCR是在全封闭状态下实现扩增和产物分析的，降低了溴化乙锭的污染，同时可以检测多个样品，有效减少了劳动量。⑤实时性，实时荧光定量PCR可以在PCR的同时，实时监测反应的进程。缺点：实时荧光定量PCR需要特殊的热循环仪和试剂，价格都比较昂贵。

4. 实时荧光定量 PCR 技术的应用

实时荧光定量PCR技术的应用范围很广泛，包括DNA拷贝数的检测、mRNA表达的研究、单核苷酸多态性（SNP）的测定等。实时荧光定量PCR技术已广泛应用于医学、植物学、动物学和进出口检疫等研究和检测。

（1）转基因产品的检测和定量

转基因产品的检测分为3个层次：①检测是否含有转入的外源基因，判断是否为转基因产品，即定性检测；②确定是哪一种转基因产品，是否为已批准的转基因产品，即进行转基因产品品系的检测鉴定；③检测出转基因产品的含量，以明确是否达到需标识的含量（阈值），即定量检测。实时荧光定量PCR技术较好地解决了转基因产品上述3个层次的检测需要。目前，利用实时荧光定量PCR技术检测转基因产品主要运用在转基因大豆和玉米上。

（2）食物加工过程中外源DNA污染的定量

随着对食品安全关注度的提高，有必要对食物被污染的程度进行准确定量。由于DNA比蛋白质具有更高的热稳定性，与酶联免疫吸附测定（enzyme-linked immunosorbent assay, ELISA）技术相比，实时荧光定量PCR分析不需要特异抗体，也较为灵敏，所以实时荧光定量PCR技术成为估算食品污染量和掺假量的一种选择，更适合检测那些食品深加工过程中不需要的成分的含量（Sandberg et al., 2003；Terzi et al., 2003）。

（3）与植物有关的病菌或微生物的定量

近年来实时荧光定量 PCR 方法广泛应用于植物病理学领域，如病原真菌的检测和病害的诊断研究。与传统的症状记录或分生孢子和群落统计方法相比，实时荧光定量 PCR 不但快速，而且特异性和灵敏性都很高（Minerdi et al., 2008；Li et al., 2009）。最重要的是，它可以转变为致病鉴定系统。因此，实时荧光定量 PCR 可以用于田间病害诊断（廖晓兰等，2003；童汉华，2005）。

实时荧光定量PCR技术除了应用于植物真菌病害的检测外，还可用于植物病原细菌、植原体和病毒的检测。目前，国内外报道了对 *Ralstonia solanacearum*（Weller, 2000）、*Agrobacterium* strains（Weller, 2002）和 *Xylella fastidiosa*（Schaad et al., 2002）等几种植物病原细菌的实时荧光定量PCR检测鉴定。漆艳香等（2003, 2004）曾采用 *Taq* Man探针实时荧光定量PCR，鉴定了玉米细菌性枯萎病菌（*Pantoea stewartii* subsp. *stewartii*）、苜蓿细菌性萎蔫病菌（*Clavibacter michiganensis* subsp. *insidiosums*）和菜豆细菌性萎蔫病菌（*Curtobacterium flaccumfaciens* pv. *flaccumfaciens*）。在水稻病害研究上，也已建立了水稻白叶枯病和水稻细菌性条斑病的实时荧光定量PCR检测体系（廖晓兰等，2003）。

5. 存在的问题及应用前景

在实时荧光定量 PCR 技术中，无论是相对定量还是标准曲线定量方法均存在一些问题。在标准曲线定量中，标准品的制备是一个必不可少的过程。目前由于无统一标准，各个实验室所用的生成标准曲线的样品各不相同，实验结果缺乏可比性。此外，用实时荧光定量 PCR 技术研究 mRNA 时，受到不同 RNA 样本存在不同的反转录（RT）效率的限制。在相对定量中，其前提是假设内源控制物不受实验条件的影响，合理地选择合适的不受实验条件影响的内源控制物也是实验结果可靠与否的关键。另外，与传统的 PCR 技术相比，实时荧光定量 PCR 技术的不足之处是：①由于运用了封闭的检测，减少了扩增后电泳的检测步骤，因此也就不能检测扩增产物的大小；②荧光素种类及检测光源的局限性，相对地限制了实时荧光定量 PCR 的复合式（multiplex）检测的应用能力；③实时荧光定量 PCR 的成本较高，从而也限制了其广泛应用。

随着实时荧光定量 PCR 技术的不断改进和发展，该技术已成为科研的主要工具。一方面该技术与其他分子生物学技术相结合使定量极微量的基因表达或 DNA 拷贝数成为可能。另一方面荧光标记核酸化学技术和寡核苷酸探针杂交技术的发展及实时荧光定量 PCR 技术的应用，使荧光定量 PCR 技术为广大分子生物学实验室所接受。随着实时荧光定量 PCR 技术所用仪器和试剂成本的降低，这一技术会得到更加广泛的应用。

第三节　植物细菌性青枯病的鉴定技术

植物细菌性青枯病（bacterial wilt of plant），是由茄科雷尔氏菌 [*Ralstonia solanacearum*（Smith）Yabuuchi et al.，简称青枯菌] 引起的一种世界性重大病害。青枯病于 20 世纪 30 年代在我国首次被报道； 50 年代，该病仅分布于我国长江流域。但迄今为止，南起 20°N 的海南、北至 42°N 的河北坝上地区均有其造成危害的报道（徐进和冯洁，2013）。作为复合种，青枯菌寄主范围广泛，可侵染 54 个科的 450 余种植物（Wicker et al.，2007）。其中重要的经济作物寄主包括马铃薯、番茄、辣椒、茄子、烟草、生姜、桑树和香蕉等。

2008 年，全国烟草行业因青枯菌 1 号小种造成的产值损失高达 1.15 亿元；由 3 号小种引起的马铃薯青枯病在我国的平均发病率为 5%～20%，严重地块可达 30%以上；由 4 号小种引起的姜瘟病至今仍是制约我国生姜产业健康发展的瓶颈；5 号小种造成的桑树青枯病在广东、广西、福建和浙江等地发生十分普遍，近年来该病在浙江的暴发流行，迫使桑农不得不放弃传统的蚕桑种植而轮作玉米。我国目前尚未发现造成香蕉细菌性枯萎病（Moko disease）的青枯菌 2 号小种，因此该小种作为检疫对象被列入新修订的《中华人民共和国进境植物检疫性有害生物名录》（2007）。

一、青枯菌分类学地位

青枯菌为革兰氏阴性、好氧棒状杆菌，菌体长度为 0.5～1.5 μm。不形成芽胞，具极生纤毛和 2～3 根周生鞭毛。青枯菌在系统分类学上属细菌界（Bacteria）变形菌门（Proteobacteria）β变形菌纲（Betaproteobacteria）伯克氏菌科（Burkholderiaceae）雷尔氏菌属（*Ralstonia*）。其学名为 *Ralstonia solanacearum*（Smith）Yabuuchi et al.；异义名为 *Bacterium solanacearum*（Smith）Chester、*Burkholderia solanacearum*（Smith）Yabuuchi et al.（1992）、*Pseudomonas solanacearum*（Smith）Smith。

青枯菌群体具有高度的变异性及适应性，不同地区和寄主来源的青枯菌表现出明显的生理分化或菌系多样性。传统的种以下分类系统根据青枯菌的寄主范围或对 3 种双糖和 3 种己醇的氧化利用情况（表 3-3、表 3-4），将其划分为 5 个不同的生理小种（race）或 5 个生化变种（biovar），并一直沿用至今。Gillings 和 Fahy（1994）为了反映青枯菌种内基因型和表型的多样性，提出了青枯菌复合种的概念（*R. solanacearum* species complex，RSSC）。

表 3-3　青枯菌生理小种划分标准

生理小种	寄主范围	备注
1	侵染烟草和其他茄科植物，寄主范围广泛	Buddenhagen, 1962
2	仅侵染香蕉、大蕉和海里康（*Heliconia*）	Buddenhagen, 1962
3	侵染马铃薯，偶侵染番茄、茄子，对烟草致病力很弱	Buddenhagen, 1962
4	对姜具强致病力，而对番茄、马铃薯等其他植物具弱致病力	Zehr, 1969
5	对桑具强致病力，但对番茄、马铃薯、茄子、龙葵和辣椒的致病力很弱，对普通烟草、花生、芝麻、蓖麻、甘薯和姜则不致病	He, 1983

表 3-4　青枯菌生化变种划分标准（Hayward，1964）

生化变种	双糖			己醇		
	乳糖	麦芽糖	纤维二糖	甘露醇	山梨醇	甜醇
I	−	−	−	−	−	−
II	+	+	+	−	−	−
III	+	+	+	+	+	+
IV	−	−	−	+	+	+
V*	+	+	+	+	−	−

*能使 3 种双糖和甘露醇氧化产酸，却不能使另两种己醇氧化产酸，称为生化变种 V（He et al., 1983）

为了更加精确地反映出青枯菌这一复合种的地理起源及种内遗传多样性，Fegan 和 Prior（2005）在第三届国际青枯菌大会上提出了种以下演化型分类框架（phylotype classification scheme）。该框架依次将青枯菌复合种划分为种（species）、演化型（phylotype）、序列变种（sequevar）及克隆（clone）4 个不同水平的分类单元，并分别建立了相应的鉴定方法。在演化型分类单元上，青枯菌被划分为与地理起源密切相关的 4 个演化型，即演化型 I、II、III和IV型。其中，演化型 I 型包括了所有来自亚洲的青枯菌生化变种 3、4 和 5；演化型 II 型包括美洲的生化变种 1、2 和 2T；演化型III型包括非洲及其周边岛屿的生化变种 1 和 2T；演化型IV型不仅包括印度尼西亚的生化变种 1、2 和 2T，还包含了澳大利亚和日本菌株，以及青枯菌的近缘种蒲桃雷尔氏菌（*Ralstonia syzygii*）和香蕉血液病细菌（blood disease bacterium, BDB）。

二、平板划线分离

不同罹病寄主植物的根、茎、叶脉和地下部变态茎（如马铃薯的块茎、生姜的根茎和香蕉的球茎）等部位均可作为青枯菌分离的标样材料。以马铃薯块茎材料为例，样品经自来水清洗、70%乙醇溶液表面消毒后，以灭菌手术刀将其纵向剖开，可见薯块沿维管束环呈浅褐色，静置片刻后有灰白色菌浓沿维管束环溢出（图 3-3 A）。切取小块变色维管束环组织，于灭菌水中以玻璃棒碾压并静置悬浮 15～20 min，使植物组织内的青枯菌充分释放出来。随后以接种环挑取病组织悬浮液于 TZC（Triphenyltetrazolium chloride, 红四氮唑）培养平板上划线培养，28℃条件培养 2～3 天后观察分离结果。

典型的青枯菌野生型菌落于 TZC 培养基上培养 48 h 后，菌落中央呈粉红色、外缘为白色的奶油状，形状不规则（图 3-3B）。挑取野生型菌落转接于 NA（nutrition agar, 营养琼脂）培养平板或斜面 28℃条件下培养 48 h 后，挑取菌浓室温条件下保存于灭菌去离子水中备用。

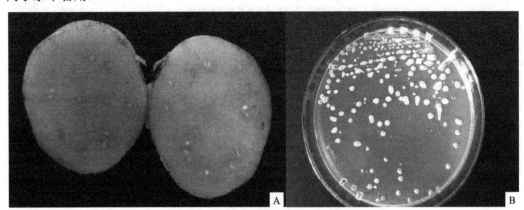

图 3-3　马铃薯青枯病样品及分离结果（另见彩图）（徐进　摄）

A. 马铃薯青枯病危害症状；B. 青枯菌菌落形态

三、致病生物学测定

选用生长至5～6叶龄期的马铃薯感病品种植株，作为分离菌株致病生物学测定的接种材料。在距植株茎基部1 cm处以手术刀向下切割进行伤根处理，随后每植株接种30 mL浓度为$3×10^8$ cfu/mL的分离菌株悬浮液，清水处理作为对照。每菌株接种6株。接种后植株置于光照培养箱内，16 h光周期，（32±1）℃/（28±1）℃，相对湿度90%条件下培养。隔天观察记载发病情况。

四、血清学检测技术

血清学检测技术基于抗原与抗体的专一性识别与结合，它利用抗体与抗原产生的凝集反应、沉淀反应等对靶标病原菌作出快速有效的诊断与鉴定。

已报道用于青枯菌检测的血清学方法，包括酶联免疫吸附测定（ELISA）、免疫荧光（IF）、荧光原位杂交（FISH）及免疫试纸条（immuno-strip）等。美国阿格迪（Agdia®）公司商品化生产的ELISA试剂盒和免疫试纸条在欧美一些国家已被用于室内及田间青枯病疑似样品的初步筛查。但此类方法的缺点在于价格昂贵，检测灵敏度不高。例如，

Agdia的检测试纸条每个样品的检测成本约50元，检测灵敏度阈值一般为$10^5 \sim$ 10^7 cfu/mL H_2O。

五、分子检测

基于植物病原细菌核酸序列（nucleic acid-based）的分子检测和鉴定方法主要包括：PCR、DNA 指纹、DNA 芯片及 DNA 条形码技术等。20 世纪 90 年代以来，随着 PCR 技术日臻成熟，基于该技术的快速分子诊断方法，被广泛应用于包括青枯菌在内的植物病原细菌研究领域。与常规平板划线分离和血清学检测方法相比，PCR 检测更为精准、高效和灵敏。

迄今为止，国内外相关研究通过抑制性差减杂交（suppression subtractive hybridization，SSH）、比较基因组学（comparative genomics）和DNA指纹图谱等研究手段，分别以青枯菌的16S和23S rRNA基因及其ITS、*flicC*和*lpxC*等功能基因、未知功能片段（anonymous sequence）及菌株特有基因（strain-specific gene）等作为PCR扩增靶标，设计出了近30套用于青枯菌种及种以下分类单元（演化型、生理小种和生化变种）的特异性检测引物或探针（表3-5）。

表 3-5　用于青枯菌检测的核苷酸引物或探针

引物名称	引物序列（5'→3'）	特异性水平	检测方法/引物组合/片段大小	参考文献
16S rRNA 基因				
OLI1	GGGGGTAGCTTGCTACCTGCC	[1]*R.s.*	PCR（OLI1/Y2 = 287～288 bp）	Seal et al., 1993
Y2	CCCACTGCTGCCTCCCGTAGGAGT			
OLI-2	CGTCATCCACTCCAGGTATTAACCGAA	*R.s.*		Elphinstone et al., 1996
JE-2	GTGGGGGATAACTAGTCGAAAGAC			
DIV1F	CGCACTGGTTAATACCTGGTG	[2]*R.s.* division Ⅰ	PCR（DIV1F/DIV1R = 1019 bp;	Fegan et al., 1998b
DIV1R	CTACCGTGGTAATCGCCCTCC		DIV2F/DIV2R = 1019 bp）	
DIV2F	CGCTTCGGTTAATACCTGGAG	[3]*R.s.* division Ⅱ		
DIV2R	CTGCCGTGGTAATCGCCCCCC			
D1	GTCCGGAAAGAAATCGCACT	*R.s.* division Ⅰ	PCR（D1/B = 650 bp; D2/B =	Boudazin et al., 1999
D2	GTCCGGAAAGAAATCGCTTC	*R.s.* division Ⅱ	650 bp; OLI1/Z = 403 bp）	
Z	CCACTCCAGGTATTAACCGAA	*R.s.* division Ⅱ		
B	GCGGGACTTAACCCAACATC			
BV345	CGTCATCCACACCAGGTATTAACCAGT	*R.s.* division Ⅰ	复合 PCR（OLI1/Y2= 292 bp;	Seal et al., 1999
			OLI1/BV345 = 409 bp）	
PS-1	AGTCGAACGGCAGCGGGGG	*R.s.*	PCR（PS-1/PS-2 = 553 bp）	Pastrik and Maiss, 2000
PS-2	GGGGATTTCACATCGGTCTTGCA			

引物名称	引物序列（5'→3'）	特异性水平	检测方法/引物组合/片段大小	参考文献
RS-I-F	GCATGCCTTACACATGCAAGTC	*R.s.*	多重实时荧光定量 PCR（RS-P 作为内部探针）	Weller and Stead, 2000
RS-II-R	GGCACGTTCCGATGTATTACTCA			
RS-P	AGCTTGCTACCTGCCGGCGAGTG			
Nmult21:1F	CGTTGATGAGGCGCGCAATTT	[4]*R.s.* phylotype Ⅰ	复合 PCR（21:1F /22:RR =144 bp; 21:2F/22:RR=372 bp; 23:AF/22:RR=91 bp; 22:InF /22:RR =213 bp）	Fegan and Prior, 2005
Nmult21:2F	AAGTTATGGACGGTGGAAGTC	[5]*R.s.* phylotype Ⅱ		
Nmult23:AF	ATTACSAGAGCAATCGAAAGATT	[6]*R.s.* phylotype Ⅲ		
Nmult22:InF	ATTGCCAAGACGAGAGAAGTA	[7]*R.s.* phylotype Ⅳ		
Nmult22:RR	TCGCTTGACCCTATAACGAGTA			

转录间隔区（ITS）

引物名称	引物序列（5'→3'）	特异性水平	检测方法/引物组合/片段大小	参考文献
ITSallF	TAGGCGTCCACACTTATCGGT	*R.s.*	复合 PCR（ ITSallF, ITSDIV1F, ITSDIV2F, PsALLR=438 bp; 312 bp; 191 bp	Fegan et al., 1998b
ITSDIV1F	GGCGGCGGAGAGCGATCT	*R.s.* division Ⅰ		
ITSDIV2F	GCAAACGCAAGCATCGAGTTTTC	*R.s.* division Ⅱ		
PsALLR	TTCCAAGCGGTCTTTCGATCA	*R.s.* + *R.p.*		
RS-1-F	ACTAACGAAGCAGAGATGCATTA	*R.s.* division Ⅱ	复合 PCR（RS-1-F/RS-1-R = 718 bp; RS-1-F/RS-3-R = 716 bp）	Pastrik et al., 2002
RS-1-R	CCCAGTCACGGCAGAGACT	*R.s.* division Ⅰ		
RS-3-R	TTCACGGCAAGATCGCTC			
RaSo41	CGTGCATTCTAGTTAGGCG	*R.s.*	DNA 芯片	Fessehaie et al., 2003
RaSo180	ACGGTGGAAGTCTCTGCC			
RaSo299	CGCAAGCATCGAGTTTTC			
RaSo333	ATTGCCAAGACGAGTAATAAC			
RaSo405	ATGAGATGCTCGCAACAAC			
RaSo460	GAGTGATCGAAAGACCGCT			

23S rRNA 基因

引物名称	引物序列（5'→3'）	特异性水平	检测方法/引物组合/片段大小	参考文献
RsolT2	TGCTGAATACATAGGCAAG	[8]*R.s.* non-Eur	PCR（RsolT2/RSOLB-R = 1046 bp; RsolT3/RSOLB-R = 1046 bp）	Timms-Wilson et al., 2001
RsolT3	CTGTTACTGAATTCATAGGTA	[9]*R.s.* Eur		
RSOLB-R	GCTAAGCCAGTCACCGAA			

***PehA* 基因**

引物名称	引物序列（5'→3'）	特异性水平	检测方法/引物组合/片段大小	参考文献
pehA#3	CAGCAGAACCCGCGCCTGATCCAG	*R.s.*	PCR（pehA#3/pehA#6 = 504 bp）	Gillings et al., 1993
pehA#6	ATCGGACTTGATGCGCAGGCCGTT	*R.s.*		

续表

引物名称	引物序列（5'→3'）	特异性水平	检测方法/引物组合/片段大小	参考文献
egl 基因				
PsyEndoF	GCCAGTGCACCGCCGCCTTC	[10]*R. syzygii*	PCR（PsyEndoF/PsyEndoR = 395	Fegan et al.,
PsyEndoR	CGTTGCCGTAATGGCGCCCG		bp）	1998b
hrp 基因				
RS30	GAAGAGGAACGACGGAAAGC	*R.s.*	巢氏 PCR（RS30/RS31 = 1993 bp;	Poussier and
RS31	CGAACAGCCCACAGACAAGA	*R.s.*	RS30a/RS31a=256 bp;	Luisetti, 2000
RS30a	GGCGCTGGCGGTGAACATGG	*R.s.*	RS30b/RS31b = 533 bp）	
RS31a	CAACATCCTGGCCGGCATCGTG			
RS30b	TCTTGCGCTCGCCCTTGATGTG			
RS31b	CGACAGCAGCCGGCACCC			
fliC				
RALSF	GCTCAAGGCATTCGTGTGGC	*R.s.*		Schonfeld et al.,
RALSR	GTTCATAGATCCAGGCCATC			2003
Ral-fliCF	CCTCAGCCTCAATASCAACATC			
Ral-fliCR	CATGTTCGACGTTTCMGAWGC			
转座元件 IS1405				
PS-IS-F	CGCAACGCTGGATGAACCC	[11]*R.s.* r1	PCR（PS-IS-F/PS-IS-R = 1070 bp;	Lee et al., 2001
PS-IS-R	CAGACGATGCGAAGCCTGAC	*R.s.* r1	PS-IS-F/PS-IS-RA1 = 1181 bp;	
PS-IS-RA1	CACCCTAATCGGCACTAGCG	[12]*R.s.* A1	PS-IS-F/PS-IS-RB1 = 1256 bp）	
PS-IS-RB1	CTCATGCTGACTGGCTACCC	[13]*R.s.* B1		
lpxC				
Au759	GTCGCCGTCAACTCACTTTCC	*R.s.*	PCR（759/760 = 281 bp）	Opina, et al., 1997
Au760	GTCGCCGTCAGCAATGCGGAATCG			
未知功能片段				
PS96-H	TCACCGAAGCCGAATCCGCGTCCATCAC	*R.s.*	PCR（PS96H/PS96I = 148 bp）	Seal et al., 1992
PS96I	AAGGTGTCGTCCAGCTCGAACCCGCC			
630	ATACAGAATTCGACCGGCACG	[14]*R.s.* r3/bv2	PCR（630/631 = 357 bp）	Fegan et al., 1998
631	AATCACATGCAATTCGCCTACG			
BP4-R	GACGACATCATTTCCACCGGGCG	*R.s.*	PCR（BP4-R/BP4-L = 1102 bp）	Lee and Wang,
BP4-L	GGGTGAGATCGATTGTCTCCTTG			2000

续表

引物名称	引物序列（5'→3'）	特异性水平	检测方法/引物组合/片段大小	参考文献
		未知功能片段		
B2-I-F	TGGCGCACTGCACTCAAC	[15]R.s. bv2A	多重实时荧光定量 PCR（B2-P is an internal probe）	Weller et al., 2000
B2-II-R	AATCACATGCAATTCGCCTACG			
B2-P	TTCAAGCCGAACACCTGCTGCAAG			
Mus35-F	GCAGTAAAGAAACCCGGTGTT	[16]R.s. R2 / Seq3	复合 PCR（Mus35-F/Mus35-R=400 bp；Mus20-F/Mus20-R=351 bp；Mus06-F/Mus06-R=167 bp；Si28-F/Si28-R=220 bp）	Prior Fegan, 2005
Mus35-R	TCTGGCGAAAGACGGGATGG			
Mus20-F	CGGGTGGCTGAGACGAATATC	[17]R.s. R2 / Seq 4		
Mus20-R	GCCTTGTCCAGAATCCGAATG			
Mus06-F	GCTGGCATTGCTCCCGCTCAC	R.s. R2 / Seq 4		
Mus06-R	TCGCTTCCGCCAAGACGC			
Si28-F	CGTTCTCCTTGTCAGCGATGG	[18]R.s. R2 / Seq 6		
Si28-R	CCCGTGTGACCCCGATAGC			
AKIF	AACCGCACGTAAATCGTCGACA	[19]R. s. r4		
AKIR	ACGACTGCCCATTCGACGATG			
21F	CGACGCTGACGAAGGGACTC			
21R	CTGACACGGCAAGCGCTCA			
MG67-F	GAGAACATTCTCCCGAGTGG	[20]R. s. r5 /bv5	复合 PCR	Pan et al., 2013
MG67-R	CGGAACCCATGAGCAGTAGT			

注：1. 青枯菌；2. 青枯菌亚洲分支菌株；3. 青枯菌美洲分支菌株；4. 青枯菌演化型Ⅰ；5. 青枯菌演化型Ⅱ；6. 青枯菌演化型Ⅲ；7. 青枯菌演化型Ⅳ；8. 青枯菌欧洲分支菌株；9. 青枯菌非欧洲菌株；10. 青枯菌复合种印尼分支蒲桃雷尔氏菌；11. 青枯菌 1 号小种；12. 青枯菌 1 号小种台湾 A1 亚组菌株；13. 青枯菌 1 号小种台湾 B1 亚组菌株；14. 青枯菌 3 号小种/生化变种Ⅱ；15. 青枯菌生化变种 2A；16. 青枯菌 2 号小种/序列变种 3；17. 青枯菌 2 号小种/序列变种 4；18. 青枯菌 2 号小种/序列变种 6；19. 青枯菌 4 号小种；20. 青枯菌 5 号小种/生化变种 5

在种水平上，Opina 等（1997）基于随机扩增多态 DNA（RAPD）的分析结果，锚定了青枯菌 lpxC 基因及其上游部分序列，设计的 PCR 扩增引物 Au759/760，因其在青枯菌种水平鉴定上具有高度的特异性和广泛的通用性，所以被国内外相关研究者广为采用；Seal 等（1993）、Pastrik 和 Maiss（2000）分别基于 16S rRNA 基因建立的单一 PCR 和 PCR/RFLP 检测方法也比较具有代表性，被欧洲和地中海植物保护组织推荐作为青枯菌的分子鉴定方法。

Fegan 和 Prior（2005）建立的演化型复合 PCR 技术（phylotype specific multiplex PCR，Pmx-PCR）可用于青枯菌种以下演化型的分子鉴定。该体系同时包括用于青枯菌种特异性鉴定的引物 Au759/760，以及用于演化型鉴定的 4 个正向引物 Nmult21:1F、Nmult21:2F、Nmult22InF 和 Nmult23:AF，以及与之配对的单一反向引物 Nmult22:RR（表 3-5）。Pmx-PCR 可同时扩增产生两条特异性条带，一条是 280 bp 的青枯菌种特征带，另一条是演化型特征带（图 3-5 A）。各演化型Ⅰ～Ⅳ型的特异扩增条带大小分别为 144 bp、372 bp、91 bp 和 213 bp。

Xu 等（2009）采用 Pmx-PCR 对来自中国 13 个不同省份、分离寄主涉及 18 种植物的 268 个青枯菌株材料进行了演化型鉴定。研究结果表明，中国存在青枯菌演化型Ⅰ型（亚洲分支）和Ⅱ型（美洲分支）菌株（图 3-4B、图 3-4C），尚未发现演化型Ⅲ型（非洲分支）和Ⅳ型（印尼分支）菌株。演化型Ⅰ型菌株为我国的优势菌系，演化型Ⅱ型菌株多分布于适宜马铃薯种植的冷凉地区。

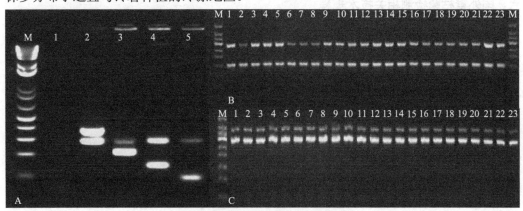

图 3-4　青枯菌演化型复合 PCR 鉴定

A.青枯菌 Pmx-PCR 扩增结果示意图

M. 100 bp Maker；1～5.阴性对照，演化型Ⅱ；4.演化型Ⅳ；5.演化型Ⅰ；6.演化型Ⅲ

B.部分演化型Ⅰ型青枯菌株鉴定结果

1～23.B1、Bd1、Bd10、C2、E1、E2、Eu1、Eu2、M3、M7、O1、O2、Pe1、Pe3、Pe5、P2、P4、Sn1、Ssp1、Tb1、Tm1、Z1、Z2（中国农业科学院植物保护研究所分离于 14 种寄主植物中的青枯菌株）；M. 50 bp Marker（50 bp、100 bp、150 bp、200 bp、250 bp、300 bp、350 bp、400 bp、500 bp）

C.演化型Ⅱ型菌株鉴定结果

1～19.香蕉细菌性枯萎病菌株（Prior 惠赠）；20～23.马铃薯青枯病菌株 Po2、Po41、Po45、Po2K5（中国农业科学院植物保护研究所分离保存）；M.50 bp Maker

除常规 PCR 外，其他用于青枯菌检测的 PCR 方法包括：复合 PCR（multiplex PCR）、巢式 PCR（nested PCR）、实时荧光定量 PCR（real-time fluorescent quantitative PCR）及 BIO-PCR 等技术。复合 PCR 是指在同一 PCR 反应体系中使用多对扩增引物，对不同靶标进行同步检测，从而提高检测效率。用于青枯菌演化型鉴定，以及小种水平上 2 号（香蕉菌株）、4 号（生姜菌株）和 5 号小种（桑树菌株）鉴定的 PCR 方法均属于复合 PCR。巢式 PCR 需要设计内外两对引物，并进行两轮 PCR 扩增。其中，巢式引物（内引物）以外引物第一轮扩增后的产物为模板，进行第二轮扩增。借此避免非特异性检测结果的产生，并提高低丰度病原菌样品的检测阈值。Pradhanang 等（2000）及 Poussier 和 Luisetti（2000）分别将巢式 PCR 技术应用于土壤和植物样品的青枯菌检测。实时荧光定量 PCR 技术于 1996 年由美国 Applied Biosystems 公司推出，该技术自动化程度高，实现了 PCR 从定性到定量的飞跃。且与常规 PCR 技术相比，其灵敏度更高、特异性更强，并有效解决了 PCR 污染问题。目前该技术在青枯菌检测领域也得到了广泛应用（Weller et al.，2000；Thammakijjawat et al，2006；Huang et al.，2009；Smith and De Boer，2009；Yun et al.，2010）。BIO-PCR 检测技术，是指靶标微生物经选择性富集培养后，再进行常规 PCR 检测的方法。该技术可有效消除土壤中腐殖酸等 PCR 反应抑制因子干扰而引起的假阴性结果，以及土壤样品中死亡细胞和游离 DNA 造成的假阳性检测结果，并可以通过特异性富集靶标微生物从而提高检测的灵敏度。Lin 等于 2009 年成功地将 BIO-PCR 技术应用于土壤样品青枯菌的检测，其检测灵敏度可达 17 cfu/g 土壤。

六、国外青枯菌检测相关技术规程

造成马铃薯青枯病的 3 号小种分别于 20 世纪 60 年代初和 90 年代末，随马铃薯商品薯和天竺葵鲜切繁殖材料传入欧洲和美国。欧洲和地中海植物保护组织（European and Mediterranean Plant Protection Orgnization，EPPO）将青枯菌 2 号和 3 号小种列为 A2 类检疫对象，并制定了详尽的检测技术规程（图 3-5）；美国农业部（the US Department of Agriculture，USDA）将青枯菌 3 号小种列为农业生物恐怖因子，并于 2008 年制定了相应的《新有害生物反应指南——青枯菌 3 号小种/生化变种Ⅱ》，在该指南中颁布了具有相关检测与鉴定资质的机构名录，并对病害调查、流行区域勘界、标样采集及病原鉴定等诸多方面作出了详细的说明与规定。在 EPPO 和 USDA 制定的技术规程和指南中，青枯菌的鉴定均由血清学检测、基于 PCR 技术的快速分子检测、病原菌分离培养及致病生物学测定多个环节构成。值得注意的是，尽管近年来免疫学和分子检测技术得到了长足发展，但它们仅是作为快速初步筛查和验证的手段，青枯菌鉴定的核心内容依然是传统植物病理学的柯式法则构成要素——病原菌的分离培养与致病生物学测定。

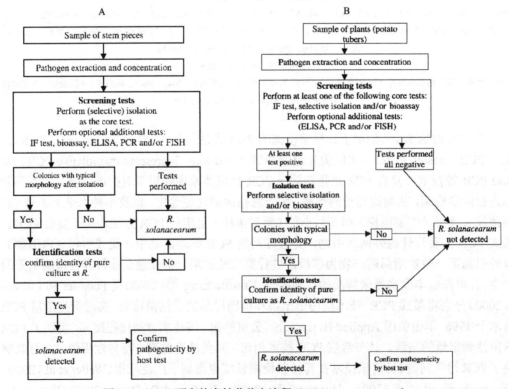

图 3-5　EPPO 颁布的青枯菌鉴定流程（http://www.eppo.int/）

七、实际应用案例

生姜根茎标样材料（图 3-6）经清洗、70%乙醇溶液表面消毒和编号，切取各样品材料病健交界处小块植物组织，于 10～15 mL 灭菌去离子水中静置悬浮 15～20 min。直接以 1 μL 悬浮液作为 PCR 扩增模板进行检测。

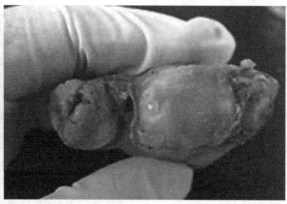

图 3-6 青枯病生姜根茎样品（另见彩图）

PCR 扩增采用 25 μL 反应体系，其中 *Taq* 酶 2 U，MgCl$_2$ 1.5 mmol/L，dNTP 0.2 mmol/L，引物 Nmult:21:1F、Nmult:21:2F 和 Nmult:22:InF 各 6 pmol，Nmult:23:AF 和 Nmult:22:RR 各 18 pmol，759/760 各 4 pmol。反应程序为 96℃预变性 5 min，94℃ 15 s，59℃ 30 s 和 72℃ 30 s，30 个循环；72℃ 延伸 10 min。5 μL PCR 产物于 2.5%的琼脂糖凝胶中电泳，电压 5 V/cm，通过 Biorad 凝胶成像仪观察结果。

PCR 检测阳性结果可同时获得片段大小分别为 280 bp 和 144 bp 的扩增条带（图 3-7），其中，280 bp 片段为青枯菌种特异性扩增条带；144 bp 的片段为青枯菌演化型 I 型（亚洲分支）菌株的特异性扩增条带。

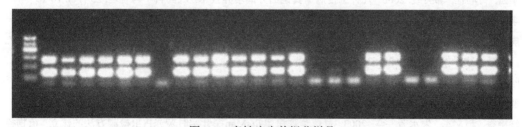

图 3-7 青枯病生姜根茎样品

以接种环挑取 PCR 检测为阳性的样品悬浮液于 SMSA（semiselective medium south Africa，南非半选择培养基）培养平板上划线，30℃条件下培养 48 h 后，观察分离结果。SMSA 培养平板上典型的青枯菌菌落中央呈粉红色、外缘为白色的奶油状，形状不规则（图 3-8）。但是并非所有 PCR 检测为阳性的样品都可以通过平板划线分离获得青枯菌，这是由于侵染后期的根茎组织中存在大量腐生细菌，其生长速度远快于青枯菌，尽管

SMSA 培养基中添加了多种抗生素组分，但仍无法完全抑制非靶标腐生细菌的生长，腐生细菌的快速滋生完全抑制了青枯菌的生长。因此，能否成功分离获得青枯菌与样品发病程度密切相关。每皿挑取 2～3 个典型的青枯菌落，进行菌落 PCR 验证；验证为阳性的菌落以接种环转至普通 NA 培养平板，30℃条件下培养 48 h 后，室温条件下可于灭菌去离子水中长期保存。

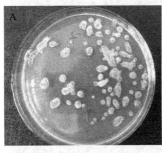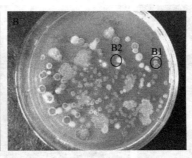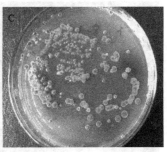

图 3-8　部分 PCR 阳性样品平板划线分离结果（另见彩图）

A.良好样品条件下，没有非靶标细菌生长；B.一般样品条件下，青枯菌和腐生菌同时生长（B1 为青枯菌，B2 为非靶标细菌）；C.不佳样品条件下，全部为腐生细菌

参 考 文 献

曹坳程, 褚世海, 郭美霞, 等. 2002. 硫酰氟——溴甲烷土壤消毒潜在的替代品. 农药学学报, 4 (3): 91-93

曹坳程. 2003. 中国溴甲烷土壤消毒替代技术筛选. 北京：中国农业大学出版社

方正. 2003. 小麦纹枯病菌的多样性和分子检测. 扬州：扬州大学硕士学位论文

方中达. 2007. 植病研究方法. 第3版. 北京：中国农业出版社

蒋盛岩. 2002. 真菌的分子生物学鉴定方法研究进展. 生物学通报, 3 (10): 35-37

李园, 曹坳程, 郭美霞. 2006. 几种土传病原真菌的分离培养技术. 农药科学与管理, 25 (11): 16-19

李园. 2006. 土壤消毒及土传病原真菌的分子生物学鉴定. 北京：中国农业科学院硕士学位论文

廖晓兰, 朱水芳, 赵文军, 等. 2003. 水稻白叶枯病菌与水稻细菌性条斑实时荧光PCR检测方法的建立. 微生物学报, 43 (5): 626-634

陆家云. 1997. 植物病害诊断.第2版. 北京：中国农业出版社

欧阳松应, 杨冬, 欧阳红生, 等. 2004. 实时荧光定量PCR技术及其应用.生命的化学, 24 (1): 74-76

漆艳香, 赵文军, 朱水芳, 等. 2003. 苜蓿萎蔫病菌TaqMan探针实时荧光PCR检测方法的建立. 植物检疫, 17 (5): 260-264

漆艳香, 朱水芳, 赵文军, 等. 2004. 玉米细菌性枯萎病菌TaqMan探针实时荧光PCR检测方法的建立. 植物保护学报, 31 (1): 51-56

童汉华. 2005. 实时 PCR 技术在植物研究上的应用. 中国生物工程杂志, 25 (5): 15-21

王晓辉, 刘桂林. 2003. DNA 分子标记技术. 畜禽业, 6: 50-51

王啸波, 唐玉秋, 王金华, 等. 2001. 环境样品中 DNA 的分离纯化和文库构建. 微生物学报, 41 (2): 16-20

王源超, 丁国云, 马志超, 等. 2000. 棉花疫病菌和辣椒疫病菌核糖体基因 ITS 区域的克隆和序列分析. 南京农业大学学报, 23 (3): 33-36

徐进, 冯洁. 2013. 植物青枯菌遗传多样性及致病基因组学研究进展. 中国农业科学, 46 (13): 2902-2909

许志刚. 2000. 普通植物病理学. 第2版. 北京: 中国农业出版社

杨佩文, 李家瑞, 杨勤忠, 等. 2003. 根肿病菌核糖体基因 ITS 区段的克隆测序及其在检测中的应用. 云南农业大学学报, 18 (3): 228-233

张竞宇, 张正光, 王源超. 2004. 小麦印度腥黑穗病菌的分子检测. 高技术通讯, 1: 31-36

赵杰. 2004. ITS 序列分析及其在植物真菌病害分子检测中的应用. 陕西农业科学, 5 (4): 35-37

郑小波. 1997. 疫霉菌及其研究技术. 北京: 中国农业出版社

Boudazin G, Le Roux A C, Josi K. 1999. Design of division specific primers of *Ralstonia solanacearum* and application to the identification of European isolates. European Journal of Plant Pathology, 105: 373-380

Buddenhagen I, Sequeira L, Kelman A. 1962. Designation of races in *Pseudomonas solanacearum*. Phytopathology, 52: 726

Chen Y, Zhang W Z, Liu X, et al. 2010. A real-time PCR assay for the quantitative detection of *Ralstenia solanacearum* in horticultural soil and plant tissues. Journal of Microbiology and Biotechnology, 20 (1): 193-201

Claire G, Ammaick M, Benedicte C. 2004. Real-time PCR: what relevance to plant studies? Journal of Experimental Botany, 55 (402): 1445-1454

Elphinstone, J G, Hennessy J, Wilson J K et al. 1996. Sensitivity of different methods for detection of *Ralstonia solanacearum* in potato tuber extracts. EPPO Bull, 26: 663-678

Fegan M, Holoway G, Hayward, A C, et al. 1998a. Development of a diagnostic test based on the polymerase chain reaction (PCR) to identify strains of *R. solanacearum* exhibiting the biovar 2 genotype. *In*: Prior P, Allen C, Elphinstone J. Bacterial Wilt Disease: Molecular and ecological aspects. Berlin, Germany: Springer-Verlag: 34

Fegan M, Prior P. 2005. How complex is the "*Ralstonia solanacearum* species complex". *In*: Allen C, Prior P, Hayward A C. Bacterial wilt disease and the *Ralstonia solanacearum* species complex. St Paul MN, USA: APS Press: 449-462

Fegan M, Prior P. 2006. Diverse members of the *Ralstonia solanacearum* species complex cause bacterial wilts of banana. Australasian Plant Pathology, 35: 93-101

Fegan M, Taghavi M, Sly L I, et al. 1998b. Phylogeny, diversity and molecular diagnostics of *Ralstonia solanacearum*. *In*: Prior P, Allen C, Elphinstone J. Bacterial Wilt Disease: Molecular and ecological aspects. Paris, France: INRA Editions: 19-33

Fessehaie A, de Boer S H, Lévesque C A. 2003. An oligonucleotide array for the identification and differentiation of bacteria pathogenic on potato. Phytopathology, 93: 262-269

French E R, Sequeira L. 1970. Strains of *Pseudomonas solanacearum* from Central and South America: a comparative study. Phytopathology, 70: 506-512

German M A, Kandel K M, Swarzberg D, et al. 2003. A rapid method for the analysis of zygosity in transgenic plants. Plant Science, 164 (2): 183-187

Gillings M R, Fahy P. 1994. Genomic fingerprinting: towards a unified view of the *Pseudomonas solanacearum* species complex. *In*: Hayward A C, Hartman G L. Bacterial Wilt: The Disease and Its Causative Agent, *Pseudomonas solanacearum*. Wallingford: CAB International: 95-112

Gillings M, Fahy P, Davies C. 1993. Restriction analysis of an amplified polygalacturonase gene fragment differentiates strains of the phytopathogenic bacterium *Pseudomonas solanacearum*. Letters in Applied Microbiology, 17: 44-48

Hayward A C. 1964.Characteristics of *Pseudomonas solanacearum*. Journal of Applied Bacteriology, 27: 265-277

He L Y, Sequeira L, Kelman A. 1983. Characteristics of strains of *Pseudomonas solanacearum*. Plant Disease, 67: 1357-1361

Horton T R, Bruns T D. 2001. The molecular revolution in ectomycorrhizal ecology: peeking into the black box. Molecular Ecology, 10: 1855-1871

Huang J, Wu J, Li C, et al. 2009. Specific and sensitive detection of *Ralstonia solanacearum* in soil with quantitative, real-time PCR assays. Journal of Applied Microbiology, 107: 1729-1739.

Lee Y A, Fan S C, Chiu L Y, et al. 2001. Isolation of an insertion sequence from Rastonia solanacearum race 1 and its potential use for strain characterization and detection. Applied and Environmental Microbiology, 67: 3943-3950

Lee Y A, Wang C C. 2000. The design of specific primers for the detection of *Rastonia solanacearum* in soil samples by polymerase chain reaction. Botanical Bulletin Academia Sinica, 41: 121-128

Li Yuan, Angelo G, Maria L G. 2010. Molecular detection of *Fusarium oxysporum* f. sp. *chrysanthemi* on three host plants: *Gerbera jamesonii*, *Osteospermum* sp. and *Argyranthemum frutescens*. Journal of Plant Pathology , 92 (2): 515-520

Li Yuan, Daniela M, Angelo G, et al. 2009. Molecular detection of *Phytophthora cryptogea* on *Calendula officinalis* and *Gerbera jamesonii* artificially inoculated with zoospores. Journal of Phytopathology, 157: 438-445

Minerdi D, Moretti M, Li Y, et al. 2008. Conventional PCR and real time quantitative PCR detection of *Phytophthora cryptogea* on *Gerbera jamesonii*. European Journal of Plant Pathology, 122: 227-237

Opina N, Tavner F, Hollway G, et al. 1997. A novel method for development of species and strain-specific DNA probes and PCR primers for identifying *Burkholderia solanacearum*. Asia and Pacific Journal of Molecular Biology and Biotechnology, 5: 19-30

Pan Z C, Xu J, Prior P, et al. 2013. Development of a specific molecular tool for the detection of epidemiologically active mulberry causing-disease strains of *Ralstonia solanacearum* phylotype I (historically race 5-biovar 5) in China. European Journal of Plant Pathology, 137: 377-391

Pastrik K H, Maiss E. 2000. Detection of *Ralstonia solanacearum* in potato tubers by polymerase chain reaction. Journal of Phytopathology 148: 619-626

Pegg K G, Moffett M. 1971. Host range of the ginger strain of *Pseudomonas solanacearum* in Queensland. Australian Journal of Experimental Agriculture and Animal Husbandry, 11: 696-698

Poussier S, Luisetti J. 2000. Specific detection of biovars of *Ralstonia solanacearum* in plant tissues by

Nested-PCR-RFLP. European Journal of Plant Pathology, 106: 225–265

Pradhanang P M, Elphinstone J G, Fox T V. 2000. Sensitive detection of *Ralstonia solanacearum* in soil: a comparison of different detection techniques. Plant Pathology, 49, 414-422

Prior P, Fegan M. 2005. Recent development in the phylogeny and classification of *Ralstonia solanacearum*. *In:* Momol M T, Jones J B. Proceedings of the First International Symposium on Tomato Diseases. Bruggen, Belgium: International Society for Horticultural Science, 695:127-136

Sandberg M, Lundberg L, Ferm M, et al. 2003. Real-time PCR for the detection and discrimination of cereal contamination in gluten free foods. European Food Research and Technology, 217 (4): 344-349

Schaad N W, Opgenor T H D, Gansh P. 2002. Real-time PCR for one-hour on site diagnosis of Pierce's disease of grape in early season asymptomatic vines. Phytopathology, 92 (7): 721-728

Schonfeld J, Heuer H, van Elsas J D, et al. 2003. Specific and sensitive detection of *Ralstonia solanacearum* in soil on the basis of PCR amplification of fliC fragments. Applied and Environmental Microbiology, 69: 7248-7256

Seal S E, Jackson L A, Daniels M J. 1992. Use of tRNA consensus primers to indicate subgroups of *Pseudomonas solanacearum* by polymerase chain reaction amplification. Applied and Environmental Microbiology, 58: 3759-3761

Seal S E, Jackson L A, Young J P W, et al. 1993. Differentiation of *Pseudomonas solanacearum*, *Pseudomonas syzygii*, *Pseudomonas pickettii* and the blood disease bacterium by partial 16S rRNA sequencing: construction of oligonucleotide primers for sensitive detection by polymerase chain reaction. Journal of General Microbiology, 139: 1587-1594

Seal S E, Taghavi M, Fegan N, et al. 1999. Determination of *Ralstonia* (*Pseudomonas*) *solanacearum* rDNA subgroups by PCR tests. Plant Pathology, 48: 115-120

Smith D S, Boer S H D. 2009. Implementation of an artificial reaction. Control in a *Taq*Man method for PCR detection of *Ralstonia solanacearum* race 3 biovar 2. European Journal of Plant Pathology, 124 (3): 405-412

Terzi V, Malnati M, Barbanera M, et al. 2003. Development of analytical systems based on real-time PCR for *Triticum* species-specific detection and quantitation of bread wheat contamination in semolina and pasta. Journal of Cereal Science, 38 (1): 87-94

Thammakijjawat P, Thaveechai N, Kositratana W, et al. 2006. Detection of *Ralstonia solanacearum* in ginger rhizomes by real-time PCR. Canadian Journal of Plant Pathology, 28: 391-400

Thwaites R, Eden-Green S J, Black R D. 2000. Disease caused by bacteria. *In*: Jones D R. Diseases of Banana, Abaca and Enset. Oxon: CAB International: 213-221

Timms-Wilson T M, Bryant K, Bailey M J. 2001. Strain characterization and 16S-23S probe development for differentiating geographically dispersed isolates of the phytopathogen *Ralstonia solanacearum*. Environment Microbiology, 3: 785-797

UNEP MBTOC. 2002. Report of the methyl bromide technical options committee. Nairobi: UNEP: 2

Welker J, Rowley J, Hindes D. 2000. Update on the development of sulfuryl fluoride as an altermative to methyl bromide. Orlando, Florida: Annual International Research Conference on Methyl Bromide

Alternatives and Emissions Reductions, 85: 81-85

Weller S A, Elphinstone J G, Smith N C N, et al. 2000. Detection of *Ralstonia solanacearum* strains with a quantitative, multiplex, real-time, fluorogenic PCR (*Taq*Man) assay. Applied And Environmental Microbiology, 66 (7): 2853-2858

Weller S A, Elphinstone J G, Smith N C, et al. 2000. Detection of *Ralstonia solanacearum* from potato tissue by post-enrichment *Taq*Man PCR. 2000 OEPP/EPPO. Bulletin O€PP/€PPO Bulletin, 30: 381-383

Weller S A, Stead D E. 2002. Detection of root mat associated *Agrobacterium* strains from plant material and other sample types by post enrichment *Taq*Man PCR. Applied Microbiology, 92 (1): 118-126

White T J, Bruns T, Lee S, et al. 1990.Amplification and direct sequencing of fungal ribosomal RNA genes for phylogenies. *In*: Innis M A, Glefand D H, Sninsky J J, et al. A Guide to Methods and Applications. New York: Academic Press: 315-322.

Wicker E, Grassart L, Coranson-Beaudu R, et al. 2007. *Ralstonia solanacearum* Strains from Martinique (French West Indies) Exhibiting a New Pathogenic Potential. Applied and Environmental Microbiology, 71: 6790-6801

Xu J, Pan Z C, Prior P, et al. 2009. Genetic diversity of *Ralstonia solanacearum* strains from China. European Journal of Plant Pathology, 125 (4): 641-653

Yun C, Zhang W Z, Liu X, et al. 2010.A real-time PCR assay for the quantitative detection of *Ralstonia solanacearum* in horticultural soil and plant tissues. Journal of Microbiol Biotechnol, 20 (1): 193-201

Zehr E I. 1969. Studies on the distribution and economic importance of *Pseudomonas solanacearum* in certain crops in the Philippines. Philippine Agriculturist, 53: 218-223

第四章 土壤中线虫的分离、鉴定及研究技术

土壤消毒后土壤中线虫种群的变化是评价消毒处理效果的一个重要指标，而土壤中的重要植物线虫的群体密度与其对寄主作物潜在的危害密切相关，因此有必要对土壤中的线虫进行分离和定量检测。同时，评价土壤消毒效果，还应考虑重要植物线虫对其寄主作物的侵染水平，故需要测定根系中线虫的侵入数量及根结线虫的根结指数等。为了明确土壤消毒对不同类型线虫的影响，有必要对土壤中线虫进行种类或较高分类单元的鉴定。以上研究均需要掌握线虫的基本研究技术，主要包括线虫的采集、分离、标本保存、玻片标本制作、根结线虫会阴花纹制备、杀线虫剂效果评价等方法和技术。

第一节 植物线虫的采集和分离方法

一、线虫标本采集

线虫标本采集是线虫学研究的基础。土壤中（包括根组织内）线虫的取样方法有多种，根据线虫来源可分为根组织内线虫取样和土壤中线虫取样；根据不同的研究目的总体上分为定性取样和定量取样，包括线虫病害诊断取样、线虫分类取样、线虫病害普查取样、种群密度监测取样、产量损失评估取样、杀线虫剂效果评价取样、防治措施咨询取样、线虫检疫取样等。因此，在线虫标本采集前，应根据取样目的和线虫可能的分布情况，制订取样计划，确定取样方法，然后进行标本的采集。

（一）土壤中线虫的采集

包括植物线虫在内的大多数土壤中的线虫存在于根围土壤中，且根围土壤中的线虫对作物生长影响最大，因此采集根围土壤是土壤中线虫采集的最好选择。通常很少线虫生存在上部 5 cm 的较干燥地表土层内，因此取样时应去除 2 cm 左右厚的表土。取样深度一般为 15～20 cm，但对于树木和其他深根的多年生植物，影响植物的线虫也可能分布在 60 cm 深的土壤内。严重矮化的植株通常根系太小，不足以供养大量线虫，因此采集其旁边受影响较轻植株的根围土壤可能会获得较多的线虫标本。线虫在土壤中通常分布不均，多数呈补丁状分布，其发生危害区域的形状可能是环形、椭圆形或矩形，这是采集线虫时需要考虑的。采集土壤最好在土壤湿润时进行，避免在土壤过干或浸水时取样。

田间土壤中线虫的具体取样方法、样本数和样本量，取决于研究目的、作物种类和线虫的可能分布，同时还要考虑人力和物力等条件。如果以线虫分类为目的，可进行简单随机取样或对角线五点取样，在每个调查的地块，可选 5 个左右的样点，在每个样点挖取根围土壤作为 1 个小样，每个小样量 0.1～0.2 kg，然后将其混合成 1 个 0.5～1.0 kg

的混合样。如果以杀线虫剂效果评价、种群密度监测、防治措施咨询等为目的，需要进行系统的定量取样，1 个样本代表的样田面积以 1 hm^2 为宜，而每个样田应具有一致的土壤类型、相同的作物种类和耕作历史。常用的取样方法包括棋盘式取样法、"Z"字形取样法（图 4-1）和系统随机取样法等。每个样田的样点数目不少于 20 个，样本总量不少于 2 kg。一般来讲，一个样本代表的样田面积越大，误差越大；样点数量越多，取样的精确性越高。在作物生长期间采取根围土壤时，最好取适量根系，以分离其中的内寄生线虫。

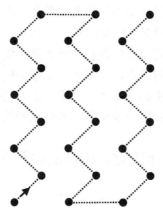

图 4-1　"Z"字形取样示意图

土壤中线虫的适宜采集时间，视不同的研究目的而定。如果以线虫分类、地理分布调查或检验检疫为目的，则应在线虫群体最大、成虫最多时取样，通常在作物生长的中后期或夏末秋初进行；如果以杀线虫剂或抗病品种防治线虫效果评价为目的，通常需要从处理前到生长末期进行 3～4 次取样；如果以线虫病害预测预报和防治措施咨询为目的，则需要在前一生长季节末（秋季）和本生长季节作物种植前（春季）进行 2 次取样。

（二）根组织内线虫的采集

一些重要的植物内寄生线虫，如根结线虫、孢囊线虫、短体线虫、腐烂茎线虫等，可侵入根系和地下块根、块茎或鳞球茎等组织。如果要考察这类线虫的发生和侵染情况，则需要在采集土壤样本时，同时获取部分根系或其他地下植物组织，以便分离植物组织内的线虫。

（三）线虫土壤和植物样本的保存

采集到的线虫土壤和植物组织样本应立即装入聚乙烯塑料袋或牛皮纸袋中，扎紧袋口，保持样本湿度，防止迅速失水干燥。每个样本应附上标签，详细标注寄主植物种类、采集地点、土壤类型、症状表现、采集日期等信息。土壤与根系等地下植物组织可混放，但土壤不宜过湿，以免根系发生腐烂。超过 20℃ 的较高温度对线虫样本的保存有不利影响，因此需要在低温条件下保存：中温带和暖温带以 10～16℃ 为宜，而热带和亚热带以 16～18℃ 为宜。尽管可以将线虫样本放在冰箱内保存，但应注意低温（5℃）对热带和亚热带土壤中一些线虫的分离回收有不利影响。

为防止土壤中线虫在较长储存期间发生变化或解决植物检疫有关问题，土壤样本可混入温度约 80℃的热固定液（4%甲醛热溶液：40%甲醛 100 mL ＋ 甘油 10 mL ＋ 蒸馏水 890 mL），带回实验室后再用离心漂浮法分离。

保存根系等植物组织内的线虫，可将新鲜的植物组织先用热（60～70℃）的福尔马林（35%～40%的甲醛水溶液）：冰醋酸（FA，4：1）或 2%甲醛溶液处理。也可以将新鲜的根系等植物组织直接放入热的乳酸酚/乳酸甘油中进行固定处理，这种方法更有利于根结线虫雌虫的分离回收。

带孢囊的土壤样本带回实验室后，应立即薄层摊放，使土壤彻底风干后装入塑料袋中，在室温条件下储存备用。

二、线虫的分离

分离线虫采用何种方法，主要根据样本属性、靶标线虫的种类和虫态、分离线虫的用途等因素而定。为了进行线虫的分类鉴定，便于观察线虫的细微形态结构，通常需要将分离到的线虫杀死并固定，以便长期保存或制成永久玻片。

（一）根系等植物组织中线虫的分离方法

1. 直接解剖分离法（direct dissecting extraction）

这种方法简单易行，速度快，适用于分离根结线虫（*Meloidogyne* spp.）和孢囊线虫（*Heterodera* spp.）等固着性内寄生线虫，以及虫体较大的茎线虫（*Ditylenchus* spp.）和粒线虫（*Anguina* spp.）等迁徙性内寄生线虫。操作步骤是将根系及其他植物组织表面冲洗干净，置于盛有适量清水的培养皿内，在体视显微镜下用解剖针或解剖刀将植物组织撕破或剖开，可观察到植物组织内线虫。解剖出来的根结线虫雌虫等膨大虫态可用毛刷或软镊子夹取，游离在水中的蠕虫态线虫用毛发针挑取，虫卵可用毛细吸管吸取。在分离根结组织内根结线虫的雌虫时，最好在 0.9%NaCl 溶液中进行，以避免因清水的渗透作用而使雌虫虫体爆裂。

2. 贝曼漏斗法（Baermann funnel technique）

贝曼漏斗法操作简单，适于分离植物组织中较活跃的线虫。该法的操作步骤是将漏斗（直径10～15 cm）放在固定架上，下部颈管套接 10 cm 长的橡皮管，橡皮管上安装一个止水弹簧夹。将植物材料劈截成约 1 cm 长的小碎片，用双层棉纱布或尼龙纱布包好后轻轻放入盛满清水的漏斗中。由于其趋水性和受地心引力的影响，线虫从植物组织中逸出，在水中游动，并最终沉降至套接在漏斗颈管下端的橡皮管底部。24～48 h 后，打开弹簧夹用试管或离心管迅速接取 5～10 mL 的水样，静置 30 min 左右或离心 3 min，倾去管内上清液后，倒入培养皿，检查残留于水中的线虫（图 4-2）。

3. 贝曼漏斗法的改良分离法（modification of Baermann funnel technique）

对贝曼漏斗法加以改良，被广泛用于粒线虫、茎线虫、短体线虫、潜根线虫、穿孔线虫、滑刃线虫等多种活跃线虫成虫和幼虫的分离（图 4-2）。

（1）改良贝曼漏斗法（modified Baermann funnel）

在漏斗内加入一个浅筛盘（筛底为 10 目左右的筛网），用其支撑植物材料使之半浸

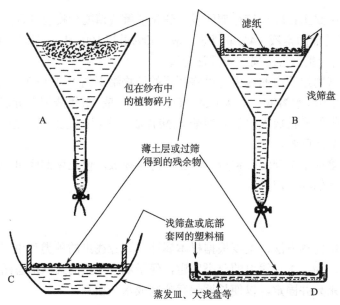

图 4-2　贝曼漏斗法及其改良分离法（仿 Hooper et al., 2005）
A. 贝曼漏斗法；B. 改良贝曼漏斗法；C、D. 浅盘法

没在水中，避免植物组织厌氧腐败。分离线虫时在浅筛盘底部垫铺具有一定强度的面巾纸或牛奶过滤纸，将剪碎的植物材料铺放在纸上，上覆纱布或滤纸，以保持植物组织湿润和防止漂浮。向漏斗内注入适量清水后将浅筛放入漏斗，使下部部分植物浸没在水中，如果水太多，有必要吸除多余的水。24~48 h 后，收集橡皮管内的线虫。

（2）浅盘法（shallow tray）

如果用浅盘、蒸发皿或盆碗等代替漏斗，便是浅盘分离法，又称为贝曼浅盘法（Baermann tray）。这种线虫分离方法，可进一步改善植物组织内的氧气状况，降低遗留在漏斗壁上的线虫数量。浅盘分离法的主要装置通常由不锈钢浅盘和口径较小的不锈钢浅筛盘组成。用浅盘法分离线虫的步骤为①将牛奶过滤纸或面巾纸铺在浅筛盘筛网上，将切碎的植物材料平铺其上，然后用纱布或面巾纸覆盖植物材料并淋湿，以保持湿润和防止漂浮。②将浅筛盘放入注有清水的浅盘中，筛底用几段玻璃棒或小的垫脚物支撑，使筛底与收集线虫的浅盘之间保持约 2 mm 的空隙。③如果水太少，则从两只盘之间的夹缝慢慢注水，使水面与植物材料几乎齐平；不要用水对植物材料迎头淋注，以免将残杂物冲入浅盘水中。④24~48 h 后，将浅筛盘轻轻移走，用烧杯收集浅盘中的水；可将浅筛盘内的植物材料重新浸没在新鲜清水中对线虫进行再次分离。⑤为除去多余的水和较大的残杂物，可用 40 目和 325 目的套筛过滤，将 325 目网筛上的残留物充分淋洗后收集到烧杯并转入试管中。用 H_2O_2 含量为 1%~3% 的清水浸润根系，可改善其氧气状况，有利于线虫分离。特别是在高温低氧条件下，H_2O_2 通常用于香蕉等鲜根中迁徙性内寄生线虫的分离。浅盘法可分离植物组织中较活跃的绝大多数线虫，分离效率较高。不仅如此，用这种方法也能更有效地去除样本中的残杂物，从而获得相当澄清的线虫悬浮液，有利于镜检。

（二）土壤中线虫的分离方法

土壤中线虫分离所采用的方法常常不同于植物组织内线虫的分离，但改良的贝曼分离技术是个例外。改良的贝曼分离技术除不适于分离土壤中一些虫体巨大的线虫（如长针线虫和剑线虫）外，可广泛用于土壤中活动线虫的分离。过筛或过筛-过滤法可用于土壤中所有类型（大的、小的、活跃的、不活跃的和死的）线虫的快速分离，但因其易受操作误差影响而不能很好定量。漂浮技术可用于土壤中活跃和不动线虫的分离，且效率最高、速度最快。还有其他一些土壤线虫分离方法，如淘洗法（elutriation technique）、Seinhorst 双烧瓶法（Seinhorst two-flask technique）等。淘洗法是一种比较全面的线虫分离法，选择好大小适当的网筛并控制好水的流速，能够从土壤中分离孢囊和蠕虫态线虫，以及从根残屑中分离根结线虫的雌虫。Seinhorst 双烧瓶法可获得清洁的线虫分离物，通常用于分离像环科线虫那样不太活动的线虫。

1. 改良的贝曼分离技术（modified Baermann technique）

这种方法的特点是省工且所需设备简单。对于 100 mL 的土壤样本，可使用口径约为 10 cm 的玻璃漏斗或塑料盆；而处理较大的土壤样本，使用浅盘优于使用漏斗。盛土壤样本的土壤筛可使用 10 目左右的网筛，而将粗塑料纱网固定在无底的塑料桶端部也可制成简易的土壤筛。在筛网或纱网上再铺两层细纱布、面巾纸或牛奶过滤纸作为滤层。将土壤筛放在线虫收集盘中，再将 300 mL 左右细土（必要时过网目孔径为 8 mm 的网筛）均匀撒在土壤筛的滤层上。土壤筛底用玻璃棒支撑，使筛底与收集盘之间保持一定空隙。沿收集盘内壁注入清水，直至土层湿润为止。加水后切勿移动土壤筛或收集盘，以免土粒进入收集盘水中。24 h 后大多数线虫都游出并沉在收集盘底，但卵块中孵化的根结线虫幼虫和组织碎片中的内寄生线虫则需要几天时间才能出现。经过足够时间后，将土壤筛轻轻移走，把收集盘中的线虫悬浮液倒入细烧杯或量筒中，静置 4 h 或更长时间后将上清液吸弃。另外，也可将线虫悬浮液过 500 目的网筛，然后将筛网上的线虫淋洗到一个小容器内。

2. 过筛分离法（sieving technique）

过筛分离法也称为卡勃过筛法（Cobb's sieving），是美国著名线虫学家 Cobb 于 1918 年提出的。过筛分离法用于分离土壤中线虫，尽管比较粗放，但由于其操作简单、耗时少等特点，仍被广泛使用。过筛分离法的设备包括塑料桶（或盆）、直径 20 cm 的系列不锈钢网筛和 250 mL 烧杯。可能用到的网筛型号见表 4-1。

表 4-1　常用网筛型号与筛孔直径

型号/目	10	14	20	25	40	60	80	100	170	200	230	325	400	500
孔径/μm	2000	1400	850	710	420	250	180	150	125	90	75	63	45	38	25

注：主要参考美国标准筛标准

分离步骤：用一组不同孔径的网筛嵌套成套筛，最上层网筛孔径最大（常用 20 目或 25 目），最下层网筛孔径最小（常用 325 目或 400 目）。先将待分离的土壤样本放入塑料桶（或盆）内，向内加水至 4/5，充分搅拌，使土块分散，线虫便悬浮在水或泥浆中。静置约 3 min，泥沙下沉而线虫仍悬浮在水中。将线虫悬浮液倾入套筛，向桶中沉积泥沙再次加入清水，静置后倾入套筛，共重复此步骤 3 次。最上层网筛收集体积较大杂物，60～100 目网筛收集孢囊或虫体大的线虫（如剑线虫等），而 325 目或 400 目网筛则收集虫体较小的线虫，分别洗入烧杯中。烧杯静置 1～2 h，然后将上清液小心倾除或吸弃，底部只留 20～40 mL 用于镜检。

对一个特定土壤样本，套筛通常由 3～4 个网筛组成，网筛型号的选择主要取决于希望分离线虫的大小和相应的土壤类型，通常网孔孔径不应超过拟分离线虫长度的 1/10。250 μm 孔径网筛可筛获大型线虫（如粒属、刺属、潜根属、长针属和剑属）的大多数成虫和孢囊，90 μm 孔径网筛可筛获中等大小线虫（如滑刃属、茎属和鞘属）的成虫，45 μm 孔径网筛可筛获根结线虫、孢囊线虫及其他大多线虫的幼虫，而 25 μm 孔径网筛则可筛获根结线虫和孢囊线虫的卵。

用细筛过筛时筛孔容易堵塞。为避免堵塞，可将套筛倾斜 30º，慢慢倾注线虫悬浮液，且边倾注边轻拍网筛下侧。这样虽能在很大程度上避免筛孔堵塞，但也会降低筛获线虫的数量。

可将过筛法和贝曼漏斗法或改良贝曼漏斗法结合起来（有人称之为过筛–贝曼漏斗法或过筛–过滤法），即将过筛法收集的线虫悬浮液再经过上铺有面巾纸、擦镜纸或牛奶过滤纸等的贝曼漏斗过滤，可获得足够清洁的线虫悬浮液。

3. 漂浮分离法（flotation technique）

将土壤放入比线虫相对密度大的特定溶液中，使线虫漂浮从而分离线虫的方法称为漂浮法。这种方法可以分离土壤中各种类型的线虫，包括迟钝的（如环科线虫）、死的、蜕皮状态的、已固定的和卵。特定溶液的溶剂通常为蔗糖、$MgSO_4$ 或 $ZnSO_4$。蔗糖最常用，有人发现糖蜜（又称赤糖糊，是由甘蔗和甜菜萃取蔗糖后的副产物）优于蔗糖。为降低溶液高渗透压对线虫的影响，分离后线虫应尽快用清水淋洗。相对密度约为 1.18 的溶液（673 g 蔗糖溶于 1000 mL 水）适于漂浮法分离大多数线虫，但要分离长针属和剑属等大型线虫和孢囊线虫的孢囊，溶液相对密度应为 1.25（1210 g 蔗糖溶于 1000 mL 水）。

（1）离心漂浮分离法（centrifugal flotation）

土壤样本碾细混匀后过粗筛（15～20 目），去除石块等大的杂质。将 100～250 mL 土壤放入 800～1000 mL 离心管，加水至水面距管缘 2 cm，充分搅拌均匀后，以 1800 g 离心力离心 4 min，使线虫沉淀于管底的土粒中。取出离心管，倾出管内上清液。再加入与前次几乎等量的相对密度为 1.18 的蔗糖溶液，充分搅拌、振荡，使沉于管底的土粒重新悬浮，混合均匀后立即以 1800 r/min 离心力离心 4 min。离心后仅土粒沉底，而线虫则悬浮于蔗糖溶液中。将含有线虫的蔗糖溶液用 325 目、400 目或更细网筛来收集线虫。

需要注意的是，如果使用蔗糖溶液，由于温度和微生物的活动会引起溶液浓度极大下降，因此，在使用预先配好的溶液之前应先测定溶液的相对密度。

（2）过筛–离心漂浮分离法（sieving-centrifugal flotation）

这是一种改进的离心漂浮分离法，用于处理较大土壤样本。先用过筛分离法分离土样中的线虫，将分离得到的线虫悬浮液加入离心管中，以 1800 r/min 离心 4 min，倾弃上清液并加入相对密度为 1.18 的蔗糖溶液，充分搅拌均匀后再以 1800 r/min 离心 4 min。将上清液过 325 目等细筛，收集线虫。该分离法可使过筛分离获得的线虫悬浮液清洁，便于检查。

此外，还有漂浮–絮凝–过筛分离法（flotation-flocculation-sieving），它使用絮凝剂而不进行离心。利用此法 1～3 min 便处理 1 个土壤样本，而且能有效分离剑线虫、毛刺类线虫和螺旋线虫，但轮线虫可能被凝聚在絮凝物中而得不到分离。

4. 干土中孢囊的分离方法

过筛分离法是从土壤中分离孢囊的一种理想方法。另外，孢囊干燥后可漂浮在水中，因此可采用漂浮过筛分离法（floating sieving）：先将含孢囊的土样风干，然后过孔径为 4 mm 的网筛。将过筛后的 100～1000 mL 土壤样本放入塑料桶中，加水 2～5 L，充分搅拌混匀后静置 1～3 min，使粗重物质沉底，而所有孢囊及有机杂质则漂浮于水面。将其倾入 8 目+60 目（或 80 目，如要分离像 *Heterodera trifolii* 这样小的孢囊，则需要 150 目网筛）套筛。必要时重复此过程 2～3 次。冲洗筛网上的残余物，最后在 60 目网筛上收集孢囊。另一种方法是将漂浮物倾倒在漏斗内的滤纸上，将水吸干后，检查滤纸上的孢囊。

第二节　线虫标本的保存和制片技术

为满足线虫生物学等的研究，分离后的线虫活标本需要保存一段时间。为系统观察线虫的细微形态结构，通常将分离到的线虫采用适当的方法加以杀死和固定，有时需要制成永久玻片，以便长期保存和研究。

一、线虫活标本的保存

许多线虫在 5～10℃条件下在浅的新鲜自来水中可存活数日。为防止细菌污染，在 5 mL 线虫悬浮液中可加入 3 滴 5%链霉素。用于活体培养或生物测定等实验的热带线虫可保存在室温下，并用水族泵充气。需要长期保存，线虫活标本可保存在液氮中。冻结保存对几种线虫有效。用 14%～17%甘油预处理 5 天后 *Pratylenchus thornei* 用液氮保存，存活率达 76%。解冻后的线虫仍能繁殖和侵染胡萝卜片。在室温下用 10%乙二醇预处理 2 h 和在冰上用 40%乙二醇预处理 45 min 后，在液氮中保存的 *Meloidogyne hapla* 和 *M. chitwoodi* 有相同的存活率。*Heterodera anenae* 的孢囊在-18℃条件下可成功保存。

二、线虫的杀死和固定方法

（一）线虫的杀死方法

线虫分离后可直接检查，如果需要长期观测，则需要将线虫杀死并固定，以防止其变形和腐败。

1. 线虫的加热杀死方法

临时加热杀死法。如果只是临时观察线虫形态结构，或杀死少量线虫，不准备长期保存标本，可将线虫挑或吸到载玻片上的水滴中，手持载玻片在酒精灯火焰上方加热 5～

6 s 即可杀死线虫。加热时要注意观察，当弯曲的线虫虫体突然伸直时，立即停止加热，因为加热过度会破坏虫体内部的器官结构或使表皮熟化变白，影响观察。为避免加热过度，可将载玻片放在控温 65～70℃的加热板上杀死线虫。

温和热杀死法（gentle heating）。为了杀死大量线虫，通常采用此法，由于其对虫体内部器官结构破坏小，目前被广泛采用。将盛线虫悬浮液的试管直接放入水浴锅内 65℃的水浴液中加热 2 min；或在盛线虫悬浮液的烧杯内加等量沸水，使其温度为 60℃左右，3 min 后放入冰箱或在室温下自然降温。

线虫热杀死后应立即用固定液进行固定。

杀死和固定一步法。将线虫集中到约 3 mL 的水中；将 3 倍含量的固定液[三乙醇胺-甲醛（TAF）或甲醛-冰醋酸（FA）]加热到 70～75℃，取 6 mL 倒入振摇均匀的 3 mL 线虫悬浮液内，在杀死线虫的同时进行固定。这种将线虫杀死和固定一步完成的方法，可使线虫的腺体和生殖腺得到很好固定，核体稍有膨胀，但更易于观察。缺点是固定后的线虫标本色泽变暗，但被转入甘油后可变清亮。此外，固定液可能使线虫标本发生一些收缩和（或）变形。

与加入 FA 或甲醛–丙酸（FP）相比，加入 95℃ TAF 对线虫进行杀死和固定对线虫标本的影响最小，而用 50℃的 TAF 也有类似结果。

2. 线虫的临时麻醉方法

为了便于观察，可以临时将线虫麻醉，使其暂时停止活动，麻醉后的线虫经过一定时间或重新放入清水中后，仍可恢复正常活动。常见的做法是在 50 mL 线虫悬浮液中加入两滴二氯乙醚或氯仿。

（二）线虫的固定方法

5%～10%的福尔马林（2%～4%的甲醛）溶液，最好混入 2%的甘油，是一种常用的固定液，其优点是配制简单，缺点是长期存放后其中甲酸可使线虫组织色泽变暗和内部形成颗粒，同时甲醛为挥发性有毒气体，必须在良好排风条件下进行操作。福尔马林固定液中的甲酸可以通过加入少量粉状 $CaCO_3$ 来中和，或者用三乙醇胺来中和（如 TAF 固定液）。FA 4∶1 和 FP 4∶1 可能是最常用的固定液，可使线虫标本长期保存。TAF 是一种常用固定液，固定的线虫在几小时内仍像活着的样子，但若要长期保存，TAF 不是理想的固定液，因为长时间后线虫角质层可发生某些变质。因此，需要长期保存的线虫标本可以先用 TAF 固定，然后再转到 FA 或 FP 固定液中。另外，TAF 固定的线虫封固在甘油中可保持良好状态。常用固定液如下所述。

1. 福尔马林固定液

福尔马林 8 mL，加蒸馏水至 100 mL。

2. FA 或 FP 固定液（福尔马林-冰醋酸或福尔马林-丙酸固定液）

FA 或 FP 固定液有 4∶1 和 4∶10 两种配方，其中 4∶1 较常用。FA（或 FP）4∶1 固定液的配方是：福尔马林 4 mL，冰醋酸（或丙酸）1 mL，加蒸馏水至 100 mL。4∶10 的配方将冰醋酸（或丙酸）改为 10 mL 即可。在 FA 或 FP 固定液中加 2%甘油，可将线虫直接移入甘油进行缓慢脱水。

3. TAF 固定液（三乙醇胺-福尔马林固定液）

福尔马林 7 mL，三乙醇胺 2 mL，加蒸馏水至 100 mL。

4. FAA 固定液（福尔马林-冰醋酸-乙醇固定液）

由 95%乙醇 20 mL、福尔马林 6 mL、冰醋酸 1 mL 和蒸馏水 40 mL 配成，因为含有乙醇，所以常使线虫虫体发生皱缩，但更利于褶痕和环纹等特征的观察。

线虫标本在固定前必须先经热杀死，直接将活线虫放入冷固定液中，虫体及内部器官会遭到破坏。固定后线虫的标本瓶应贴上标签，注明线虫种类、来源、采集地点、固定液种类和固定日期等信息。

三、线虫的制片技术

线虫固定后体内大多内含物，特别是生殖腺，受肠颗粒物出现的影响而变得模糊。标本用乳酚、乳酚油、乳酸甘油或甘油处理后，则变得清晰可见，而乳酚等也是制作线虫永久玻片的理想浮载剂。乳酚和乳酚油在过去被广泛使用，随着人们对苯酚危害健康认识的深入，目前已不如乳酸甘油和甘油常用。乳酸甘油由等量的乳酸、甘油和蒸馏水配成，如果需要染色，则还需加入 0.05%酸性品红或 0.05%棉蓝。但目前看来，最好还是使用甘油。将线虫从固定液转入纯甘油之前，需要进行脱水。封固的玻片标本可能变劣，因此需要将一些线虫标本保存在小瓶的甘油中备用。

（一）线虫的脱水

用甘油或乳酸甘油等作浮载剂，首先要将线虫脱水，并在浮载剂中充分浸透。脱水过程非常重要，必须脱水彻底，以免由于渗透作用而使线虫虫体扭曲变形。

1. 甘油脱水法

经甘油脱水制成的线虫标本清晰，易长久保存。甘油脱水法可分为缓慢脱水法和快速脱水法。

（1）缓慢脱水法

首先按以下配方配制脱水溶液：无水甘油 2 mL，96%乙醇溶液 1 mL，蒸馏水 90 mL。取脱水溶液 3～4 mL，加入小表面皿中。将线虫从固定液中挑出，放入皿内脱水溶液中。轻轻加盖后，将皿（或放入干燥室内）置于室温下 2～3 周或直到乙醇和水分完全蒸发，线虫则浸泡在纯甘油中。另外，将皿放入设置温度为 30～40℃的恒温箱中，可将脱水过程缩短到几天时间。但蒸发太快可导致线虫皱缩和变形。有人建议在脱水溶液中加几滴三硝基苯酚，可以防止线虫口针变明消退，并能抑制霉菌生长。

也可不用乙醇进行缓慢脱水：首先取 1.5%的稀甘油溶液 3～4 mL 加入小表面皿中，再将固定液中的线虫挑入稀甘油溶液，并在稀甘油溶液中加几滴三硝基苯酚。将皿放入有干燥剂（氯化钙或硅胶）的干燥器内，在 25～30℃条件下放置 25～30 天，水分将完全蒸发，线虫将完全浸在纯甘油中。

（2）快速脱水法

首先按以下配方配制两种脱水溶液。脱水溶液Ⅰ：96%乙醇溶液 20 mL，甘油 1 mL，蒸馏水 79 mL。脱水溶液Ⅱ：96%乙醇溶液 95 mL，甘油 5 mL。取大约 0.5 mL 脱水溶液Ⅰ

加入容积为 2～4 mL 的塑料凹皿中。将固定的线虫挑入凹皿内脱水溶液中。在干燥器内加入 96% 的乙醇溶液,加入量约为干燥器容积的 1/10。将盛线虫的凹皿放在干燥器的有孔瓷板上,加盖密封。将干燥器放入 40℃ 恒温箱中,此时线虫标本处于主要成分为乙醇、少数为甘油的溶液中。至少 12 h 后,将凹皿从干燥器中取出,用微量吸管吸去多余乙醇,加入脱水溶液Ⅱ,放入加盖不严的培养皿内,再将培养皿放入 40℃ 恒温箱中,直至乙醇完全蒸发为止,这一过程至少需要 3 h。处理后线虫处于纯甘油中,便可用于制片。注意线虫经乙醇处理后虫体非常软,应小心挑取。

2. 乳酚油快速脱水法

首先按下列配方配制脱水溶液:苯酚(液体)500 mL,乳酸 500 mL,甘油 1000 mL,蒸馏水 500 mL。如需轻微染色,可在上述溶液中加入酸性品红或棉蓝等染色剂,使其在脱水溶液中的含量为 0.0025%～0.01%。配制好的乳酚油应保存在棕色瓶中。脱水时,先将适量脱水溶液滴入凹玻片的凹穴中,在电热板上加热至 60～70℃,转入固定好的线虫,保持 2～3 min,然后在体视显微镜下观察线虫标本是否清晰透明,否则在 60～70℃ 温度下继续加热,直至透明为止。如果加有染色剂,则加热至虫体着色为止。加热要严格控制温度和时间,过度加热会破坏线虫内部结构。另外还需注意,即使加有染色剂,一些线虫(如纽带科和环科线虫)也是不能着色的。这种方法脱水不彻底,处理的线虫适宜制作半永久玻片保存;而且苯酚有毒,在操作中有一定危险性。

（二）线虫玻片的制作

1. 临时玻片的制作

以水作为浮载剂,将固定好的线虫挑入,加盖盖玻片,可在显微镜下对线虫进行快速、短暂的观测。在观测过程中注意补充水分,以免线虫失水变形。这种临时玻片通常只能观测 1 次,持续时间最长不过几小时,之后还需将线虫挑回原固定液中。

如果以固定液作为浮载剂,并将盖玻片封固,线虫玻片标本能保持较长时间(几天至数周),可对其进行重复观测。这种临时玻片的制作过程是:向洁净的载玻片中央滴 1 小滴固定液(如 TAF),液滴要小,最好使加盖玻片后浮载剂恰好铺满盖玻片所占空间而不外溢;将固定好的线虫挑入浮载剂,在其中央底部将线虫小心排匀;选取与线虫虫体直径相似的支撑物(如细的不锈钢丝、玻璃丝等,3 根),均匀置于浮载剂边缘;盖上盖玻片,在体视显微镜下用细滤纸条吸去外溢的多余浮载剂。用石蜡凡士林封片剂(8 份石蜡与 3 份凡士林在 65℃ 下混匀制成)封片。即使使用优良的封片剂,在固定液中的线虫标本通常在几天后也开始变干或发生不良变化。

线虫分离固定后,最好先制成临时玻片对线虫进行观测,因为一些线虫的重要形态特征在刚刚杀死和固定的线虫上最易看清。

2. 永久玻片的制作

线虫玻片标本若要长期保存,需要将完全脱水的线虫转入纯甘油,制成永久玻片。永久玻片的制作过程如下。

1)转入线虫。在洁净干燥的载玻片中央,滴 1 小滴纯甘油(预先在 40℃ 烘箱中加热 4 h)。将粗细相似完全脱水的线虫挑入甘油,用挑针将其均匀摆放在甘油中央的底部,使之与载玻片接触而不上浮。在线虫周围放置 3 根盖玻片支撑物（如与线虫粗细相似的细玻璃丝、不锈钢丝等）。

2）制作蜡圈。将一干净的打孔器（直径 15 mm，具防热柄）在酒精灯火焰上加热，趁热迅速插到固定石蜡盘中蘸取少量石蜡，将熔化的石蜡尽快粘在载玻片上甘油液滴的外圈。也有人用 3 个甘油液滴大小的石蜡块来代替蜡圈。

3）加盖玻片。取一洁净盖玻片，在 65℃加热板上加热数分钟，用小镊子镊取后轻轻盖于甘油液滴上，注意避免气泡的产生和线虫的移动。加盖玻片前甘油液滴的半球形保持得越好，越不易产生气泡。

4）加热压严盖玻片。载玻片移至加热板上，在 65℃条件下加热数秒钟。石蜡一熔化，便用挑针或细玻璃棒轻压盖玻片，使之与蜡圈紧密结合。盖玻片固定得不宜太厚，以免影响油镜观察。

5）封片。将载玻片移至实验台上冷却，再用封片剂封片，以防止变干和石蜡被油镜油溶解。优良的封片剂包括中性树胶（permount）、阿拉伯树胶和 Glyceel（Zut）封片剂，也可以使用指甲油。封片应封两次：用小软刷将足够封片剂刷到盖玻片边缘和相邻载玻片部位，待封片剂完全干燥后，再加封一次。最后用体视显微镜检查封固是否完全。

也可用薄铝片（12～13 号，厚度为 0.3 mm）代替载玻片，来制作永久玻片。铝片大小为 80 mm×33 mm，中央有一直径为 22 mm 的圆孔，两侧卷边 3.5 mm，使其实际宽度为 26 mm。将 25 mm×25 mm 的方形盖玻片插在铝片中央圆孔处，两侧固定在铝片上，上面加浮载剂和线虫，然后再加盖直径为 20 mm 的圆形盖玻片，封固。铝片玻片的优点是可以从正反面观察线虫特征，而且玻片可以叠放，易于携带。

3. 根结线虫会阴花纹玻片制作

具体步骤如图 4-3 所示。

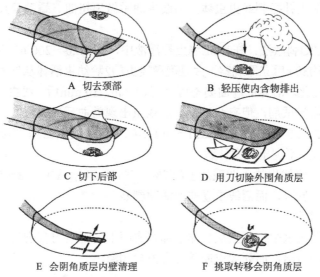

A　切去颈部　　　　　　　B　轻压使内含物排出

C　切下后部　　　　　　　D　用刀切除外围角质层

E　会阴角质层内壁清理　　　F　挑取转移会阴角质层

图 4-3　根结线虫会阴花纹制作图示（仿 Eisenback, 1985）

1）将解剖出的根结线虫雌虫夹出，放在透明塑料培养皿内的一滴 45%乳酸中。

2）以锋利解剖刀先将雌虫颈部切去或用细尖针刺破颈基部，轻压虫体将内含物从切口挤出，再从虫体后部约 1/3 处将虫体后部切下。

3）用特制的竹针尖端的纤丝、硬毛针或塑料细条锉（由塑料条削磨而成，前端较细，不光滑，具有一定坚韧性）将虫体后部角质层内侧的内含物、粘连物轻轻剔除，直到看清阴门裂等的轮廓为止。在剔除清理内含物时，操作一定要轻，避免弄破会阴区角质层。

4）将会阴角质层挑至一滴纯甘油中，以阴门区为目标，将其四周角质层切下，最好切成方形。用硬毛针进一步清理内侧，使其不粘连任何内含物。

5）最后将会阴花纹成品转移至载玻片上的一小滴纯甘油中，使其外侧朝上，内侧朝下，并用毛发针轻压使之平展，避免上浮。

6）用同样的方法制作 20 个会阴花纹后，加盖盖玻片，并用封片剂封固。在加盖盖玻片前，最好放置盖玻片支撑物。

孢囊线虫阴门锥的制作过程与上述大致相同，不同之处是阴门锥的切除和清理可在水滴中进行，而壁厚色深种类的阴门锥在观察前需要用双氧水进行漂白处理。

四、线虫死活的鉴别方法

在许多线虫学的研究中，如杀线虫剂杀线活性测定、线虫接种体制备等，均需要确定目标线虫的死活。由于目前尚无通用的线虫死活区别方法，下面介绍几种较常用方法，供参考和研究。

1. 虫体姿态观察鉴别法

多数情况下，线虫死的虫体在水中多呈僵直状态，而活的体态是几度弯曲，一般盘卷和蠕动。

2. 理化刺激鉴别法

针刺法：用细尖针探刺线虫虫体，活线虫通常做出扭曲、蠕动等反应，而死线虫则无反应。

NaOH和NaClO刺激法：在1 mL线虫悬浮液中，加入20～200 μL的1 mol/L NaOH或5%NaClO，经过约30 s后立即观察，大豆孢囊线虫的2龄幼虫活体从伸直状变为卷曲或钩状，而死体没有变化。活体的卷曲姿态可保持10 min，10 min后，线虫死亡，虫体变直。也可以试用其他化学试剂，但有些试剂使活线虫出现卷曲反应较慢，有些则在很短时间内便杀死线虫（以上方法中加入50 μL 1 mol/L HCl可使活线虫在30 s内改变虫体姿态，但1 min后却又变直），不利于观察计数。

NaCl 胁迫法：将线虫挑入凹玻片上的 2%～5% NaCl 溶液中，3～5 min 后在显微镜下观察，死线虫无反应，而活线虫卷曲或活动剧烈。

3. 内部体压鉴别法

用眼科手术刀在水中将线虫从虫体中部切成两半，观察内含物从切口溢出情况：活线虫一般有内含物溢出，而死线虫通常没有内含物溢出。

4. 染色鉴别法

（1）常规试剂染色法

用染色法来区别线虫死活，常用试剂和浓度为 0.005%柯衣定（chrysoidin）、0.05%

新蓝 R（new blue R）、5%焰红染料 B（phloxine B）、0.1%耐尔兰 A（nile blue A）、0.67%曙红-Y（eosin-Y）、0.025%～0.05%麦尔多拉蓝（Medola's blue）、0.5%番红和 1%～10%高锰酸钾水溶液等，染色后死体线虫通常着色深（深蓝、暗紫、红、棕红、紫红、紫黑等），而活体线虫不着色或着色浅。染剂处理的时间和浓度，因线虫种类和虫态的不同而不同。线形的幼虫和成虫染色所需处理时间较短，数分钟到数小时，所需浓度也较低；孢囊和卵囊内卵和幼虫染色所需处理时间要长得多，通常为 1 周或更长时间。以上试剂大多数存在局限性。例如，有报道称柯衣定可能对鲦鲦鱼有致癌作用；焰红染料 B 染色后，有时会出现一些死体不着色，而一些活体着色的现象；新蓝 R、曙红-Y 和高锰酸钾对活线虫有毒害作用等。在现有染色试剂中，只有耐尔兰 A 和 Medola's blue 还继续较广泛地用于卵和孢囊内幼虫的染色。

Medola's blue 染色法：首先将孢囊放入蒸馏水中浸泡 1～7 天，然后用 0.05%（W/V）Medola's blue 水溶液取代蒸馏水，进行 7 天（2～14 天）的染色处理，最后将孢囊放在蒸馏水中浸泡清洗 24 h，除去多余的染剂。在金属块上 0.5 mm 凹穴内或直接在载玻片上用盖玻片将孢囊压破，将游离出来的卵和幼虫移到计数玻片上。在显微镜下检查，不着色的卵和幼虫计为活体，而全部或部分着色的计为死体。

高锰酸钾染色法：在凹玻片上加 1 滴 0.5%～1.0%高锰酸钾溶液，然后挑入数条线虫，2～3 min 后在显微镜下观察，死线虫被染成棕红色，而活线虫基本不着色。

（2）荧光染色法

Bird（1979）介绍了一种荧光快速染色法，其原理为活线虫体内的酯酶能够水解非荧光的脂肪酸酯而产生荧光素，从而荧光可被检测到。实验对象为爪哇根结线虫的 2 龄幼虫和秀丽隐杆线虫的成虫。具体操作如下。

在 5 mg/mL 丙酮中配制二乙酸荧光素（FDA）并保存在-10℃冰箱中。使用时将 FDA 用 0.067 mol/L 磷酸缓冲液（pH 7.3）稀释 25 倍。将一定量的 FDA 稀释液加入含有线虫悬浮液的凹玻片凹穴中，使 FDA 在混合液中的最终浓度为 0.01%。加盖盖玻片并封固。在加有 450～490 nm 光波可通滤片和≥520 nm 光波阻挡滤片的干涉显微镜下，在紫外线下观察。活线虫肠内呈现明显分离的荧光素颗粒，而死线虫整个虫体内散布荧光。钨灯或碘钨灯灯光均可用来代替紫外线，但是必须使用特定滤光片。

第三节　根结线虫的分子生物学鉴定方法

在生产科研中根结线虫的准确鉴定一直是难点，有以下一些原因：生长发育的不同阶段线虫栖息场所不同、寄主的广泛性、不同种间的差别十分细微、种类繁多，以及在人类介入下的传播等。依赖形态学和解剖学的表型特征鉴定种和亚种，是长期以来形成的比较系统的分类及鉴定方法。主要特征包括雌虫的会阴花纹，雌虫、雄虫及 2 龄幼虫的头部形态，雌虫和雄虫的口针形态，以及 2 龄幼虫尾部形态等。以侵染阶段的根结线虫鉴定为例，通过土壤取样提取线虫的方法，通常只能收集到很小的（<0.6 mm）、处于侵染阶段的 2 龄幼虫，富有经验的研究者可通过解剖镜观察，根据线虫的一些外部特征，如口针、尾部特征、躯体的移动方式或躯体形状进行鉴定。但是，该方法需要研究者具

备较高的技巧，而且由于同一种群个体间因寄主和环境条件等方面的差异，其在形态上相应也会有一些变化，不能由单个个体就确定该种群的分类地位，必要时还应结合其他方法确认。具体而言，由于不能保证一块田里只存在一种根结线虫，同时，也不能保证所有根结线虫的形态特征已有确定的描述，因此仅依靠对根结线虫形态特征的观察而得出的鉴定结果不完全可靠。

土壤中存在多种根结线虫还不是鉴定的唯一难点，待鉴定线虫的基因特征显得更为重要。随着根结线虫基因组相关技术的不断完善，渐渐发现人们所说的"种"都是一些血统（世系）的集合，可能有或可能没有共同的近代世系。相同世系及其分支提供了一个"种"概念的框架及种界限的认知。对于根结线虫而言，这种框架尚处于发展的早期阶段（Roland et al., 2009）。

在这一节中，将简要介绍基于 DNA 的分子生物学根结线虫鉴定方法。基于分子生物学的鉴定方法通常费用较高，在实际应用过程中往往需对测试结果的准确性及所花费用统筹考虑。在运用分子生物学方法进行根结线虫鉴定时，还需要考虑所用样品的种类、样品的生长阶段（卵、2 龄幼虫、雌虫、雄虫）等因素，因为它们可能会对所选择的鉴定方法的特异性和灵敏度产生较大的影响。同时，根据不同的研究目的，传统的提取、显微镜观察虽然较为耗时耗力，但由于其对实验设备及费用的要求不高，仍被广泛使用。基于分子生物学的鉴定方法能得到定性及定量的分析结果，且在将来还可能实现样品分析高度自动化，但这一方法对设备及资金的要求较高。

一、DNA 的抽提

目前，根结线虫的 DNA 可以从以下材料中提取得到：群体或单条根结线虫（卵、2 龄幼虫、雌虫和雄虫）、已感染根结线虫的植物的根或根结，以及土壤样品。

单条2龄幼虫DNA的抽提方法主要有3种：载玻片和枪头粉碎线虫法（可参考http://nematode.unl.edu/nemaid.pdf）、NaOH处理（Stanton et al.,1998）、蛋白酶K线虫裂解液处理法（Castagnone-Sereno et al., 1995）。这些方法的特点是经过处理后的样品可直接用于PCR扩增。

2007 年，Adam 等利用"蛋白酶 K 处理法"提供了一套鉴定单条根结线虫的流程，该流程最多 3 个步骤，即可对 7 种主要根结线虫（南方根结线虫 M. incognita、爪哇根结线虫 M. javanica、花生根结线虫 M. arenaria、玛雅古根结线虫 M. mayaguensis、北方根结线虫 M. hapla、奇特伍德根结线虫 M. chitwoodi 和法郎克斯根结线虫 M. fallax）进行系统诊断。

如果供试材料是大量 2 龄幼虫或大量卵块，也可以使用苯酚/氯仿抽提法（Blok et al.,1997a）或 DNA 提取试剂盒。

线虫从土壤中分离可用贝曼漏斗法。土壤直接提取 DNA 的方法有：蛋白酶 K-苯酚/氯仿抽提法、NaOH 抽提、钢珠磨碎试剂盒等。

二、基于 DNA 的鉴定方法

1. 限制性片段长度多态性

早期利用限制性片段长度多态性（RFLP）分析根结线虫种的方法主要是，通过对提取和纯化基因组 DNA 进行限制性内切，得到长短不一的 DNA 片段，通过凝胶电泳得到可视条带。Curran 等（1985，1986）报道了关于 RFLP 在根结线虫鉴定上的应用。他们利用大量卵块 DNA 提取物进行实验，经过消化、琼脂糖凝胶电泳及溴化乙锭（EB）染色呈现电泳条带，并根据条带所呈现的多态性区分样品。这种方法的局限性主要是：要求大量模板 DNA 及所得条带常伴有弥散情况。

虽然此后 RFLP 与重组 DNA 技术结合放射或非放射性标记的特异（随机）DNA、线粒体 DNA 和微卫星 DNA 片段作探针进行 Southern 杂交，广泛应用于线虫的遗传变异和鉴定研究（Curran and Webster, 1987; Castagnone-Sereno et al., 1991; Gárate et al., 1991; Cenis et al., 1992; Piotte et al., 1992,1995; Xue et al., 1992; Baum et al., 1994; Hiatt et al., 1995），但是，其具有灵敏度较低，需要大量模板 DNA、辐射源，技术较复杂等缺点。PCR 技术的发展克服了基于杂交的 RFLP 技术的缺陷，并在线虫种鉴定分析中得到很好的运用。

2. 微卫星 DNA 探针

微卫星DNA（satDNA）是指小片段随机高重复序列（长度70～2000 bp）。DNA与微卫星探针杂交的鉴定方法，所要求的分子设备较少，可有效利用大量的混合样品（如来自土壤的混合样品），通常不要求提取DNA，同时，所使用的非放射性检测系统地高辛（DIG）是安全、稳定、可循环利用的（Castagnone-Sereno et al., 1999）。不同种间微卫星DNA特征序列不同，不同根结线虫，其拷贝数、片段长度及多态区域不同（Meštrović et al., 2006）。南方根结线虫基因组含2.5%微卫星DNA（Piotte et al., 1994），北方根结线虫含20%（Castagnone- Sereno et al., 1998）。微卫星DNA序列的分布及其进化机制并不十分明确，然而，随着南方根结线虫和北方根结线虫基因组测序的进行，其类型及定位逐步被揭示，并有利于进一步开发以鉴定为目的的satDNA序列。

放射性标记北方根结线虫重复序列，可以检测单条雌虫和存在于根结里的雌虫（Piotte et al., 1995; Dong et al., 2001a）。2000 年和 2005 年，Castagnone-Sereno 等和 Mestrovic 等分别从花生根结线虫、爪哇根结线虫上分离得到保守的 Sau3A 微卫星 DNA。2002 年，Randing 等从花生根结线虫中克隆了一个 BglⅡ微卫星 DNA，并把它作为放射性标记探针检测单条线虫（2 龄幼虫、雌虫、卵块群及磨碎于尼龙膜上的虫瘿），并以 8 个根结线虫为对照证明了它对花生根结线虫的特异性。

3. 核糖体 DNA PCR

核糖体 DNA（rDNA）重复单元，包括 18S、28S 和 5.8S 编码基因及其内转录间隔区（ITS）、外转录间隔区（ETS）、基因间区间（IGS）。在鉴定分析中，核糖体 DNA 的运用非常广泛。ITS 区间是在活体组织中使用最广泛的基因标记，也是植物、原生生物和真菌种水平标记中使用最普遍的（Hajibabaei et al., 2007）。基于 rDNA 的多位点拷贝，为 PCR 扩增提供了丰富的靶标，从而产生充分的变异和稳定性，可以可靠区分大多数种，但是，已经发现种间变异（Zijlstra et al., 1995; Hugall et al., 1999; Adam et al., 2007），并已证实存在个体间变异（Blok et al., 1997b; Powers et al., 1997; Zijlstra et al., 1997; Hugall et al., 1999）。比起转录和非转录区间（ITS、ETS、IGS），发生在 rDNA 反转录区间和编码结构 RNA（18S、28S、5.8S）区间之间的序列的变异不同，具有更强的保守性。

在鉴定领域，rDNA PCR产物的片段长度多态性及限制性内切核酸酶作用，已广泛用于根结线虫的鉴定。例如，ITS区间的PCR-RFLP已被用于鉴定 *M. arenaria*、*M. camelliae*、*M. mali*、*M. marylandi*、*M. suginamiensis*（Orui, 1999）、*M. incognita*、*M. javanica*、*M. hapla*、*M. chitwoodi*、*M. fallax*（Zijlstra et al., 1995）、*M. naasi*（Schmitz et al.,1998）。Adam等（2005）证明了rDNA扩增产物的片段长度多态性存在种的特异性。1992年，Vrain等设计ITS区间引物对根结线虫DNA进行扩增，得到大小为800 bp的特异性片段，同时，对不同种的根结线虫的此片段进行测序，并根据测序结果进行种的特异性引物设计，而达到鉴定的目的。1997年，Zijlstra等利用此方法对 *M. naasi*、*M. chitwoodi*、*M. fallax*、*M. hapla*、*M. minor* 和 *M. incognita* 进行扩增及测序，并设计出了可以鉴定它们的特异性引物。

ITS-RFLP方法还可用于混合样品的鉴定检测，因为不同种所得到的PCR扩增产物条带清晰度不同。1997年，Zijlstra等成功将 *M. hapla*、*M. chitwoodi*、*M. incognita* 和 *M. fallax* 混合样品鉴定出来。

多数报道认为ITS序列鉴定对于 *M. incognita*、*M. javanica* 和 *M. arenaria* 的鉴定具有局限性。1999年，Hugall等在序列分析中，揭示了ITS区间多态性，证明了 *M. incognita*、*M. javanica* 和 *M. arenaria* 基因谱系是共有的，且ITS序列用于这些种的鉴定存在误差。由于用于准确区分 *M. incognita*、*M. javanica* 和 *M. arenaria* 的rDNA ITS区间序列多态性的局限性，表征特异序列扩增区间（SCAR）引物已被开发出来。虽然这些引物号称"种特异性"，但是仍局限于实验中所用的种样品而已。

现已被证明很难以形态学和生物学特性区分开的其他种的组合，如来自南方根结线虫和花生根结线虫的西班牙根结线虫，可通过比对它们的ITS序列、18S亚基序列和D2-D3序列（28S亚基内的可变区域）而得以区分。然而，已有报道显示，西班牙根结线虫含有一个与埃塞俄比亚根结线虫相同的ITS序列，这一报道提醒人们即使这些种可以通过它们的D2-D3序列来区分，但使用这一鉴定方法仍需谨慎。IGS区间已被发现存在重复序列和序列多态性，这些特性已被开发用于区分 *M. chitwoodi*、*M. fallax*、*M. enterolobii*、*M. hapla*、*M. incognita*、*M. javanica* 和 *M. arenaria*（Blok et al., 1997a, 2002; Petersen et al., 1997; Wishart et al., 2002）。

4. 线粒体 DNA

线粒体DNA（mtDNA）是一种小的核外基因组，为基因标记鉴定提供了丰富的来源（Rubinoff and Holland, 2005; Hu and Glasser, 2006）。环状线粒体基因组的多重拷贝存在于每一个细胞中，为PCR实验提供了充足的模板。

Okimoto等（1991）发表了根结线虫线粒体的部分基因结构图谱。虽然该图谱并不完全，但仍可看出根结线虫的线粒体基因中包含12个编码蛋白质基因的位点、长短不一的rRNA基因和tRNA基因（图4-4）。总之，从该图谱显示的基因内容和结构来看，根结线虫的线粒体与其他动物的mtDNA相似，均具有环状的分子结构。同时，根结线虫的线粒体DNA也有几个特点，这些特点可用于基于DNA技术的鉴定分析。

首先，根结线虫线粒体DNA的基因排序与其他两种线虫 *Ascaris suum* 和 *Caenorhabditis elegans* 不同，利用这一差异可以发展出基于PCR的鉴定识别技术。其次，根结线虫的线粒体基因中存在独特的非编码基因序列，这在其他动物的线粒体DNA基因序列中是较为罕见的。这3套非编码基因大小分别为102 bp、63 bp和8 bp。2002年，Bolk

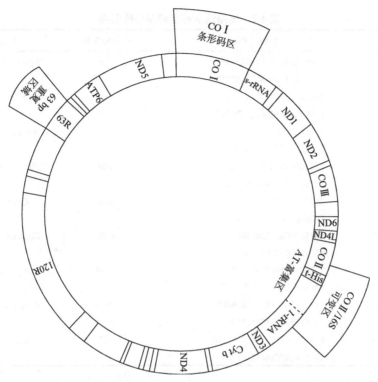

图 4-4 根结线虫线粒体的基因结构图（Okimoto et al.，1991）

等发现，通过使用侧翼引物扩增*M. enterolobii*的一个63 bp重复区域，得到不连续的320 bp扩增产物，使用同样的方法扩增根结线虫的基因得到的产物是几个较宽的条带或无条带。1996年和2002年，Hyman等和Lunt等分别尝试了使用重复区域作为标记来研究种群动态（population dynamic）。2002年，Lunt等报道了根结线虫亲本和子代的线粒体基因在这一重复区域存在着显著差异，这一特点可用于物种的系谱研究。

　　根结线虫的基因中，另一可用于鉴定研究的区域是CO Ⅱ基因序列与16S核糖体基因之间的区域。这一区域是tRNA-His基因，这一区域曾被认为可用于区分5种常见的根结线虫。1993年，Powers 和 Harris报道了将引物置于CO Ⅱ的3′端与16S rRNA 5′端之间，扩增后的产物为互不相同的特异性条带，可用来鉴别常见的根结线虫。主要扩增产物根据条带片段大小可分为3类：①北方根结线虫扩增产物条带约为530 bp，包括CO Ⅱ和16S rDNA两侧区域，以及完整的tRNA-His区域；②花生根结线虫扩增产物条带约为1.1 kb，包括约570 bp的 AT-富集区；③南方根结线虫及爪哇根结线虫的扩增产物为大于1.6 kb的条带，其中AT-富集区约为1.0 kb。到目前为止，随着大量新根结线虫被发现，随之而来的是这一区域的扩增产物片段类型更加丰富，表4-2中列举了部分已报道的片段类型。这些大小不同的扩增产物片段主要由扩增过程中所采取的插入或删去AT-富集区片段不同引起。很大一类扩增产物为较小片段类型，这是由于扩增过程中没有包括AT-富集区。随着新的根结线虫品种的发现，仅根据这一区域扩增所得片段大小不同来进行鉴定，其所得结果的可靠性有所降低。

表4-2　根结线虫鉴定种特异性引物

线虫	引物（5'→3'）	片段长度/bp	参考文献
M. arenaria	TCGGCGATAGAGGTAAATGAC	420	Zijlstra et al., 2000
	TCGGCGATAGACACTACAACT		
M. chitwoodi	GATCTATGGCAGATGGTATGGA	900	Petersen et al., 1997
	AGCCAAAACAGCGACCGTCTAC		
M. fallax	TGGGTAGTGGTCCCACTCTG	1100	Petersen et al., 1997
	AGCCAAAACAGCGACCGTCTAC		
M. hapla	CAGGCCCTTCCAGCTAAAGA	960	Williamson et al., 1997
	CTTCGTTGGGGAACTGAAGA		
	TGACGGCGGTGAGTGCGA	610	Zijlstra, 2000
	TGACGGCGGTACCTCATAG		
M. incognita	CTCTGCCCAATGAGCTGTCC	1200	Zijlstra et al., 2000
	CTCTGCCCTCACATTAGG		
	TAGGCAGTAGGTTGTCGGG	1350	Dong et al., 2001b
	CAGATATCTCTGCATTGGTGC		
M. javanica	CCTTAATGTCAACACTAGAGCC	1650	Dong et al., 2001b
	GGCCTTAACCGACAATTAGA		
M. mayaguensis	GAAATTGCTTTATTGTTACTAAG	322	Blok et al., 2002
	TAGCCACAGCAAAATAGTTTTC		

5. 序列特异扩增区间（SCAR）

特异性引物已被用于PCR技术中，用于检测基因序列中的重复片段，这一技术通常被称为序列特异扩增区间（SCAR）。一般方法为，首先辨认特征性重复序列，然后用RAPD引物（8～10个碱基）对一组孤立片段加以检测分析，将所得的不同条带分离、测序，并在此基础上设计更长的特异性引物。一些基于不同RAPD产物和rDNA序列而设计的"种特异性"引物序列在表4-2中列出。一些根结线虫品种存在着一种以上的种特异引物对，这些引物的敏感度和特异性，取决于上述引物设计过程中所用的根结线虫种类及所得的孤立片段的数量。一些SCAR引物用于复合式反应，这种反应是在单一反应中鉴定多个混合的种（Zijlstra, 2000; Randig et al., 2002b）。引物间的干扰是复合式反应中存在的问题，可导致引物特异性下降，而且通常复合式反应只有几个有限引物可以完成。

6. 随机扩增多态性 DNA

随机扩增多态性DNA（RAPD）常用于鉴定根结线虫种内和种间关系，在此基础上开发出来的SCAR引物可用于种的鉴定。从特定RAPD引物中获得的特征性扩增模式也被用于个体间的鉴别。种特异性鉴定引物优先用于高退火温度下的鉴定，以增强引物的特异性。然而，特异性引物偶然也有模糊的结果出现，这可能是连接位点多态性或是扩增区域的删除所导致的扩增产物的非典型片段。此时，即使是单条线虫也可使用RAPD方法鉴定（Adam et al., 2007）。1999年，Orui利用RAPD扩增将单条2龄幼虫或雄虫的DNA鉴定为10种根结线虫。2001年，Randig等观察到单条雌虫稳定的RAPD剖面图，并在每一步反应中展示了其持续稳定的DNA半保留复制了3条亚序列子代。2007年，Adam等利用RAPD方法也发现*M. javanica*单条2龄幼虫、雌虫和雄虫中一致的扩增模式。用RAPD方法获得可复制的扩增模式，对实验技术的要求很高，然而，在某些特定情况下，在根结线虫的鉴定工作中这一方法是非常有效和不可替代的。

7. 使用其他 PCR 靶标的方法

利用根结线虫的病理学和病毒学因子进行鉴定具有巨大的可开发潜能，并可为将来的抗性发展及作物管理提供基础。例如，2003年，Tesarŏvá等利用咽腺蛋白SEC1把*M. incognita* 从*M. javanica*、*M. arenaria*、*M. hapla*、*M. chitwoodi* 和 *M. fallax*中鉴定出来，虽然没有解释鉴定的分子基础。

8. 实时荧光定量 PCR

已发表的利用实时定量PCR方法对根结线虫的鉴定及定量分析的例子很少。与传统的PCR相比较，其优势主要为①灵敏度较高；②可同时检测一个以上的种；③不需要后PCR处理步骤。但是，实时荧光定量PCR确实需要特殊的仪器和试剂。使用探针可以增加实时定量PCR实验的特异性，并缩小序列的多态性，可以用于开发具有较高序列特异性的新型探针，特别是当产物的片段大小不同、鉴定不可靠时或是当异源双链的形成混淆翻译时，高序列特异性新型探针的设计就显得十分重要。这一方法可应用于生态混种研究及存在极相似种的检疫型样本的检测。2006年，Zijlstra等报道了实时定量复合检测*M. chitwoodi* 和*M. fallax*，这两个种同时在同一地域出现，使得鉴别十分困难，然而，这两个品种却是许多国家和地区的重点检疫品种。Ciancio等（2005）和Toyota等（2008）报道了*M. incognita*实时定量PCR引物，Berry等（2008）报道了*M. javanica*实时定量PCR引物。2004年，Stirling等描述了利用实时定量PCR对400 g土壤样品中根结线虫对马铃薯破坏程度的风险评价。

9. 基因芯片技术

在繁杂的植物寄生线虫的鉴定领域，基因芯片技术仍为一种有待开发的新技术。其基本原理已在利用寡核苷酸斑点矩阵检测人类和植物病原物方法中得到验证。基因芯片技术，避免了复杂的 PCR 技术的一些局限性。例如，当使用一个以上的引物时，扩增反应过程中会存在引物间的相互干扰、竞争，降低了 PCR 扩增反应的特异性，从而导致鉴定方法的灵敏度及结果的可靠性降低。基因芯片技术的优点之一在于其具有同时监测多个靶标的能力，这一特点对于大量样品的快速分析、鉴定具有重要意义。基因芯片技术的特异性取决于每个物种所具有的特定序列。同时，这一特性，即同时使用多个特异性引物进行扩增分析将极大提高鉴定结果的可靠性。目前，基因芯片技术中的检测阵列的灵敏度和特异性，通过使用更具序列特异性的寡聚核酸作为探针已得到较大的提高。其主要问题仍然是来自未知的复杂样品序列扩增及一些探针工作时的不确定性，即其与靶标错配的序列杂交反应，比与靶标完全匹配的杂交反应更好。

已发表的关于线虫基因芯片的文章仍然很少，但它们预示了此项技术的广阔应用前景（Szemes et al., 2005; François et al., 2006; van Doorn et al., 2007）。使用基因芯片进行根结线虫鉴定时，为了达到必要的灵敏度，需要首先对样品的DNA进行扩增。在对样品DNA进行扩增时，可使用两种扩增方法：①使用通用引物进行扩增；②使用多个引物进行同时扩增。这两种方法均面临严重的局限性。以一个保守基因区域作为靶标来进行分析不利于基于分类学的特种鉴定，如果在分析中针对不同的靶标，同时采用几个特异引物对，可以克服这一问题，但在技术上存在较大的困难。因此，基因芯片技术还有待于进一步发展完善。

三、结论和讨论

目前，分子生物学鉴定根结线虫的方法已广泛应用，其作为鉴定方法的重要性日益增加。然而，在对多个未知根结线虫样品的鉴定中，如仅依靠这一方法进行鉴定，则所得结果的准确性仍存在问题。在这种情况下，对根结线虫品种的准确鉴定及足够样品的数量就显得尤为重要。

另一个重要的方面是种间杂交增加了准确鉴定根结线虫品种的困难。例如，Lunt（2008）指出，热带地区无融合生殖根结线虫可能源于种间杂交；Abad等（2008）进一步指出，种间杂交的结果也反映到了 *M. incognita* 的基因序列中。这一现象，增加了基于单一基因位点的分子生物学鉴定方法的困难及复杂性。综上所述，在进行根结线虫的鉴定中，在用分子生物学鉴定方法的同时，还应考虑适当运用其他如生物化学、形态学和解剖学等方法，这样所得的鉴定结果才会趋于准确、可靠。

第四节　杀线虫剂药效评价方法

许多植物线虫病害是顽固的土传病害，在其综合治理中，杀线虫剂的使用是一项重要措施。杀线虫剂药效的评价，可分为离体生物测定和活体试验，也可分为初步试验和高级试验。初步试验包括离体生测和活体试验，而高级试验主要是活体试验。在这些试验中，初期试验需要大量的线虫接种体，这便涉及植物线虫的培养和接种体制备等技术。

一、植物线虫的培养

植物线虫一般都是专性寄生物，很难在人工培养基上培养，只能在相应的寄主植物上生长。因此，大量种植相应的寄主植物，让线虫在其上大量繁殖，是目前获得线虫接种体最常用的方法。

同时，人们也可以利用新鲜的植物愈伤组织、离体根、某些植物器官等来培养植物线虫；而兼食真菌的线虫（如一些滑刃属线虫和松材线虫）也可以用某些真菌菌丝来培养。下面仅介绍几种植物组织上线虫的培养方法。

1. 胡萝卜愈伤组织培养

采用无菌操作。取新鲜、健康的胡萝卜，清洗干净，避免损伤表皮。切取中部一段，长约 50 mm，放入烧杯中，用 0.1%升汞全部浸没，表面消毒 30 min 后，倒去升汞溶液，用无菌水冲洗 3 次，用灭菌的解剖刀将两端厚约 10 mm 的部分切除，将中段切成 5 mm 厚的薄片，在无菌条件下置于 10 g/L 琼脂粉培养基（或 White 改良培养基）上，置 25℃条件下培养 10 天左右即可产生愈伤组织，培养 20 天左右便可获得大量愈伤组织来接种和培养线虫。将经过硫酸链霉素等消毒的线虫接种到愈伤组织上，在 25℃条件下黑暗培养 45～60 天。也可用火焰对胡萝卜消毒（陈淳等，2006）：将 95%乙醇喷于洗净的胡萝卜表面，置酒精灯火焰上烧，重复 3 次，直到表皮变黑、变干，用灭菌刀削去胡萝卜表皮，然后将去皮的胡萝卜切成薄片。

2. 番茄离体根培养

采用无菌操作。在无菌培养皿内对番茄种子进行消毒（用 1%的溴水溶液浸种 5 min，用无菌水冲洗 5 次；或者先用 80%乙醇浸种 1 min，吸去乙醇后加入 1.6%次氯酸钠溶液浸种 10 min，用无菌水清洗 3 次）。将消毒的种子（6～10 粒）转移到培养皿内的无菌滤纸上，加无菌水，在 25℃条件下黑暗培养 5 天左右。当幼根长至 30～40 mm 时，用灭菌的解剖刀切取带根尖长约 10 mm 的根段，移入组培瓶内的生根培养基上，使其与培养基充分接触，同时避免损伤根尖。在 25℃条件下培养，当根尖有一定生长并发出侧根时接种消毒的线虫或卵。

二、植物线虫的接种技术

根结线虫 *Meloidogyne* spp.和孢囊线虫 *Heterodera* spp.较易获得大量的线虫个体，而短体线虫 *Pratylenchus* spp.、茎线虫 *Ditylenchus* spp.等需要进行活体培养来繁殖大量线虫个体，才能满足接种或室内生测的需要。

（一）线虫接种物的制备

1. 根结线虫卵悬浮液的制备

（1）材料与器具

有根结的番茄、黄瓜等根系，电动搅拌器，200 目、500 目网筛，实体解剖镜，体视显微镜，线虫计数皿，吸管，量筒，烧杯，剪刀等。

（2）操作步骤

1）将有根结的根系切成 1 cm 长的根段，并与适量清水一起放入电动搅拌器中，搅拌 20～30 s。

2）将电动搅拌器中的根碎片浆液倒入 200 目+500 目嵌套的网筛，用清水冲洗 200 目网筛上的根碎片，在 500 目网筛上回收游离卵。

3）将 500 目网筛上的卵收集于烧杯中，定容后制成卵悬浮液。

4）使用计数皿在体视显微镜下对悬浮液中的卵计数，并重复 1 次，确定每毫升悬浮液中的卵量。

5）将卵悬浮液置 4～5℃冰箱中保存待用。保存时间不宜太长，最好现制现用。

制备根结线虫卵悬浮液的另一种方法是 Barker 等（1985a, b）介绍的 NaClO 方法，操作步骤为：①洗净根表土，切成 2～4 cm 长的根段，放入 1000 mL 烧瓶中。②向烧瓶中加入 200 mL 含量为 5.25%的 NaClO 溶液，加盖，摇动 3 min。③立即将根段和 NaClO 溶液倒入 200 目+500 目嵌套的网筛，用自来水充分冲洗 200 目网筛，之后缓慢冲洗 500 目网筛，将卵集中于一处。④将 500 目网筛上的卵收集于 250 mL 烧杯内，定容并计数。由于 NaClO 对线虫有杀伤作用，因此，处理时间应尽可能短一些；同时，在接种时需要考虑到 NaClO 方法获得的卵或幼虫只有约 20%具有侵染力。

2. 孢囊线虫卵悬浮液的制备

（1）材料与器具

含孢囊土壤样本，40 目、60 目、200 目、500 目网筛，实体解剖镜，组织破碎器，线虫计数皿，滤纸，漏斗，烧杯，吸管，软毛刷等。

（2）操作步骤

1）使用 40 目+60 目嵌套的网筛，从土样中分离孢囊，收集在烧杯中的清水中。

2）将含有孢囊的清水倒入铺有一张滤纸的漏斗过滤后，取下滤纸，置于几层滤纸上吸水，待水分吸干后，用软毛刷小心收集孢囊，放入组织破碎器中。

3）轻轻扭动组织破碎器芯 1～2 次后，用吸管加入 5～10 mL 清水，把孢囊碎皮及卵洗入烧杯内。

4）将破碎孢囊及卵悬浮液倒入 200 目+500 目嵌套的网筛，用清水将 200 目网筛上的卵轻轻冲到 500 目网筛上。

5）将 500 目网筛上的卵收集到烧杯内，定容并用计数皿确定每毫升卵悬浮液的卵量。

说明：每次破碎孢囊的数量视破碎器的大小而定；扭动破碎器芯的次数要根据破碎器的间隙来确定。也可使用橡皮塞对 200 目网筛上的孢囊轻磨，破碎孢囊获得游离卵。

（二）接种技术

1. 根结线虫的接种技术

（1）材料与器具

感病的番茄或黄瓜等种子，直径 15 cm 的花盆，量筒，育苗盘，烧杯，吸管，温室，工作台，灭菌箱等。

（2）操作步骤

1）接种苗的准备：准备直径约 15 cm 的花盆，装满经热力消毒的沙壤土和建筑沙（1∶1 混合），装土量约为 2.5 kg；提前 3～4 周利用育苗盘培育番茄幼苗，长至 2～4 片真叶时，选择长势一致的健康幼苗移栽到花盆土中。

2）线虫接种和培育：待移栽后的幼苗缓苗后，用吸管将适量卵悬浮液滴入根围土中，接种量通常为 5000～10 000 个卵/盆；每个番茄品种重复 10 次；接种后将花盆置于温室内工作台上，温度控制在 24～30℃；进行正常肥水管理，切忌过度浇水。

2. 孢囊线虫的接种技术

（1）材料与器具

感病的大豆等种子，直径 9 cm 的花盆，培养皿，吸管，玻璃棒，烘箱，温室，工作台等。

（2）操作步骤

1）将大豆种子在培养皿中浸泡 4～6 h，待充分吸胀后播入培养皿内经热力消毒的蛭石中，当胚根长至 4～5 cm 时准备移栽。

2）将田园土壤和沙土按 1∶1 体积比混匀，在烘箱中干热消毒，然后装入花盆。

3）用玻璃棒在盆土中央插出 3～4 cm 深种植穴，选一致的大豆幼苗，每盆移栽 1 株。同时按 4000 个卵/盆的接种量，将已制备好的大豆孢囊线虫卵悬浮液用吸管注入种植穴内，然后覆土、浇透水。每个大豆品种种植 10 盆，即重复 10 次。

4）接种后将花盆置于温室工作台上，温度控制在 28℃（24～30℃），并进行常规的肥水管理。

说明：Riggs 报道，对于直径为 7.5～10 cm 的花盆，最佳接种量为 4000 个卵/盆。如果花盆较大和盆土较多，应适当增加接种量。

三、杀线虫剂药效评价的初步试验

杀线虫剂杀线活性的活体初步测定，需要对寄主植物进行线虫接种。在准备接种时，应确保繁殖的线虫是健康和有活力的。卵和侵染态幼虫均可用作接种体。接种时应注意均匀性，且避免损伤线虫。用卵作接种体时，可通过轻轻搅拌使卵充分分散在土中。用 2 龄幼虫作接种体时，因其对搅拌敏感而应禁止搅拌，可在土中均匀地钻几个小孔，将幼虫接种体倒入孔内然后用土将孔封好，并在其上盖 2～3 cm 厚的土层。杀线虫剂活体评价试验一般要使用土壤，而在无土溶液中栽种植物，然后接种线虫，也可用来进行杀线虫剂评价试验。另外，将几片滤纸放在培养皿内，倒入适量水使其湿润，然后放几粒敏感寄主品种的种子，覆上湿润滤纸，放在温室中使种子发芽生根。然后接种根结线虫 2 龄幼虫，再用杀线虫剂处理湿润滤纸。由于虫瘿产生得较快，可在 10 天内测出杀线虫剂的杀线效果。

如果某杀线虫剂具有较强的挥发性、溶解性和吸附性，理想的做法是将其施入土壤中进行杀线效果试验。试验时，可将其用注射器注入感染线虫的土壤中，并设几个施药浓度处理。对不具挥发性的杀线虫剂，可将其机械地混入土壤中或使其随水进入土壤。对于内吸性杀线虫剂，要测定其在植物体内的向基移动性。在此类杀线虫剂试验中，向叶片喷杀线虫剂之前，可用一塑料布盖住地面，确保喷洒的杀线虫剂不漏入土壤。在土壤中进行内吸性杀线虫剂药效试验比较困难，需要掌握确定其向顶系统移动的方法，而取食生物测定提供了这种可能性。叶片取食生物测定即将取食叶片的线虫接种到叶片上，用供试内吸性杀线虫剂处理土壤，3～4 周后，测定取食叶片线虫的数量以评价内吸性杀线虫剂的向顶移动性。

1. 室内离体生测试验

杀线虫剂杀线活性的室内离体生测是评价其杀线效果的第一步。

（1）线虫体的获得

从培育的寄主组织或病土中，分离获得有活性的卵块、孢囊或活动态线虫。

利用上面介绍的方法获得根结线虫或孢囊线虫的游离卵。如果需要卵的数量不大，可在实体解剖镜下从卵块或孢囊中直接分离。

将卵块或孢囊移入培养皿内的蒸馏水中，加盖盖玻片，在适温黑暗条件下诱使卵孵化。不同线虫种类孵化的适宜温度不同，如根结线虫、孢囊线虫等大多数重要植物线虫，卵孵化适宜温度为 20～28℃（如根结线虫为 21～24℃），但小麦孢囊线虫是个例外，其卵的孵化需要在 5～7℃条件下冷处理 30 天，然后在 14～17℃条件下孵化最好。此外，有些线虫卵的孵化需要外物刺激，如大豆根系分泌物和 Zn^{2+} 能刺激大豆孢囊线虫的孵化。定期（每隔 3～5 天）在卵悬浮液中收集孵化出的 2 龄幼虫，并更换蒸馏水。对于根结线虫，孵化 10～14 天后可得到卵的最大获得量。在卵悬浮液中加入适量杀菌剂（如最终含量为 50 mg/L 的硫酸链霉素），可抑制霉菌的生长及其对卵和孢囊的破坏。

（2）药剂处理

将一定量（50～500 个）的卵块、孢囊、游离卵或 2 龄幼虫，放入培养皿或其他容器的蒸馏水或灭菌土（线虫载体）中，设计不同的处理剂量和时间，对线虫载体进行处理。

（3）死亡率检测和统计

从线虫载体中回收线虫，利用线虫死活的鉴定方法，检查死卵、活卵或幼虫的数量。或者在适宜条件下诱使卵孵化，测定孵化率。最终计算线虫死亡率、卵孵化抑制率和相对防治效果。

对于杀线虫剂的室内离体生测试验，靶标线虫种类的选择非常重要。较常用的靶标线虫包括秀丽隐杆线虫 *Caenorhabditis elegans*、根结线虫 *Meloidogyne* spp.、孢囊线虫 *Heterodera* spp.和燕麦真滑刃线虫 *Aphelenchus avenae*。

2. 温室内盆栽初步试验

由于非挥发性杀线虫剂主要是干扰线虫侵染过程中的定向性移动，因此，对于这类杀线虫剂，设计简单快速的田间药效试验比较困难。相反，非挥发性杀线虫剂药效的初期试验易在温室内进行，设计简单且结果可靠。Caswell 和 Thomason（1991）曾设计了一个温室内测定丰索磷（fensulfothion / dasanit）杀线效果试验，现简述如下。

（1）试验材料

供试杀线虫剂：15%丰索磷颗粒剂。靶标线虫：根结线虫。供试植物：番茄。

（2）处理和重复

共设 6 个处理：处理 a，不接种线虫，不用杀线虫剂；处理 b，不接种线虫，用中浓度杀线虫剂，处理浓度为 36 mg/1500 cm³ 土；处理 c，接种线虫，不用杀线虫剂处理；处理 d，接种线虫，用低浓度杀线虫剂，处理浓度为 18 mg/1500 cm³ 土；处理 e，接种线虫，用中浓度杀线虫剂处理；处理 f，接种线虫，用高浓度杀线虫剂处理，处理浓度为 54 mg/1500 cm³ 土。

（3）试验步骤

1）第一天，取 30 个容量为 1500 cm³ 的花盆，装满灭菌的沙壤土，并注明日期、处理号和重复号。

2）用尖木棒（直径约为 2.5 cm）围绕盆土中央扎 6 个孔，在处理 c～处理 f 的花盆的每个孔中加入约含有 2500 个卵的 1 mL 卵悬浮液，然后用一定量的灭菌土将孔封好。

3）对所有标有处理 d 的花盆土壤，进行丰索磷低浓度处理，即将 18 mg 药剂均匀地喷洒在土壤表面，随即均匀覆盖厚约 0.5 cm 的灭菌土。用相同方法和设计好的剂量对标有处理 b、处理 e 和处理 f 的盆土施用丰索磷。对标有处理 a 和处理 b 的花盆只撒盖一层等量的灭菌土。

4）将花盆在温室中随机摆放，浇足水（150～200 mL），使土壤保持湿润。

5）第二天，对每个花盆浇 50～100 mL 的营养液。

6）第三天，向每个花盆移植番茄实生苗：从标记处理 a 和处理 b 的花盆开始，用点播器或打孔器在每个花盆的中央扎 1 个深约 4 cm 的孔，将实生苗植入。注意：在不同处理盆土上扎孔前后要冲洗打孔器。番茄应为感病品种，苗龄应为 2~3 周，生有 2 片真叶。

（4）调查与记录

1）4~6 周后开始调查。将植株地上部轻轻剪下，称量并记录每个处理各重复的植株地上部鲜重。

2）将每个花盆反扣在铁丝网上，将根轻轻取出，用水将根上的土冲掉，将根上的水轻轻吸干，称量并记录每个处理各重复的根鲜重。

3）目测每个根系的根结状况，可用临时标准，如 0 级（无根结）~5 级（大量根结）；也可计算根结指数，并记录。

（5）数据分析

1）进行根鲜重、地上部鲜重和植株总鲜重的方差分析，比较处理间有无显著差异。

2）计算每个处理的根结指数及其标准误，比较处理间根结水平有何不同。

3）分析根结指数与植物生长量有无联系。

4）比较处理 a、处理 b 和处理 c 3 个处理，讨论线虫和杀线虫剂对植物生长的影响。

5）绘制地上部鲜重和根鲜重的柱形图。

6）根据以上数据的比较与分析，讨论 15%丰索磷颗粒剂的总体药效及最适用量。

3. 大田条件下的初步试验

熏蒸性杀线虫剂药效初步试验可以在大田条件下进行。Christie（1945）设计了一种令人满意的熏蒸剂田间测试方法，具体步骤如下。

1）挖一个 15 cm 深、2 m 长的地沟。

2）将感染线虫的土放在粗布小袋里，将小袋放入沟内，每隔 7.5 cm 放 1 个，然后盖上土。

3）将熏蒸剂注入地沟土壤中，施药深度为 15 cm。

4）过一定时间后，测定小袋中线虫的群体情况。也可改变小袋的距离，观察线虫对熏蒸剂的反应。这种方法的优点是可以在大田条件下，在小面积上相当容易地比较许多杀线虫剂的药效，在很短时间内便可获得大量数据。

四、杀线虫剂药效评价的高级试验

1. 杀线虫剂高级试验的特点和总体要求

对一种具有杀线虫活性的化学药剂，应通过复杂的田间试验对其药效进一步测定。在大田试验中，应选择经济价值高、种植面积大的作物作为供试植物。在试验中，应特别注意试验设计和结果分析，以提高试验的科学性和成功率。

（1）试验地块

杀线虫剂的田间试验比生长室或温室试验要复杂得多，对试验时间和地点的要求比较严格。在田间试验材料方面，最关键的是地块选择。所选地块上靶标线虫（或之一）群体数量应在危害阈值以上。这就要求研究者在试验前预先进行田间取样以确定线虫的初始群体密度。另外，田块土壤质地要均匀，适合作物生长，并无其他杂草、病原物和昆虫等有害生物的干扰。所种植的作物应是靶标线虫（或之一）的敏感寄主，但不应是过敏感寄主。

（2）施药方法

试验时，杀线虫剂的施药方法取决于药剂的挥发性、剂型及作物种类。

挥发性杀线虫剂。通常挥发性杀线虫剂产生的气体比空气轻，可在土壤中向上扩散。但有的杀线虫剂产生的气体比空气重，应将其施在土壤表层。施药深度可设计为 7.5 cm、15 cm 和 30 cm。曾有人试验，现已全球禁用的二溴氯丙烷（DBCP）浅施（20 cm）比深施（40 cm）更能有效控制南方根结线虫；而另一种禁用的二溴乙烷（EDB）当施药深度≥25 cm 时，其控制大豆孢囊线虫的效果是稳定的，而浅施则会出现不稳定效果。

非挥发性杀线虫剂。这类杀线虫剂主要有沟施或撒施等施药方法，采用何种方法则主要取决于药剂的溶解性和吸附性。撒施时，可将杀线虫剂撒在翻耕的土壤表面，施药带宽控制在 6～30 cm，然后用耙或旋耕犁将其混入 0～15 cm 深的表层土。可溶性杀线虫剂也可随灌溉水施入土壤。对无植物毒性的杀线虫剂，可通过蘸根方法在能够无性繁殖且可被靶标线虫侵染的植物上试验。可设计不同的蘸药量，测定根吸附多大浓度的药剂才能足以阻止线虫侵染或将之降到最低程度。具体步骤为，将受线虫侵染的根取出，用药剂处理后截成根段扦插到消毒的培养土中，4～8 周后观察寄主感染和线虫繁殖情况；也可将未被线虫侵染的植物根用杀线虫剂处理后，植入线虫病土中，来确定根所吸附的能够阻止或推迟线虫侵染的杀线虫剂最低浓度。

（3）施药量表示和确定

杀线虫剂行施或条施，施药量可用每 100 m² 施用的有效药剂的克数或毫升数表示；撒施施药量可用每平方米所用有效药剂的克数或毫升数表示。可设计一个杀线虫剂施药量试验，设置一系列不同浓度（0 到一个相当大的值）的处理，以确定杀线虫剂的最低和最佳施药量。

（4）确定线虫死亡率和病情指数

杀线虫剂处理后，土壤中线虫的死亡率取决于药剂浓度和作用时间，故需要估计"浓度×时间"参数。这个参数很难准确测定，对于非挥发性杀线虫剂试验更是如此。

目前，在植物线虫病害中，根结线虫病的病情指数分级较成系统，称为根结指数，主要有 4 个系统（表 4-3）。当在田间或温室评价杀线虫剂对根结线虫防治效果时，推荐采用"1～6"根结指数系统。

由于一定数量 2 龄幼虫引起的根结数量和大小可随线虫-寄主组合的不同而发生变化，因而当确定根结线虫产生根结的级别时会出现一些混乱。但如果只重点测定有根结根系所占的比例而不考虑根结的大小，可在很大程度上解决上述问题。当根结不明显时，可用 0.05%的酸性品红在乳酸酚中对根系染色，之后在乳酸酚中透明，最后确定根内幼虫、卵和成虫的数量。具有根结的根系占总根的百分率如图 4-5 所示。

根结线虫的根结指数仅限于评价根结形成程度。Powell 等（1971）提出了一个分级系统，适用于评定与根结有关的坏死：0 级，无坏死；1 级，少于 10%根系坏死；2 级，11%～25%根系坏死；3 级，25%～50%根系坏死；4 级，51%～75%根系坏死；5 级，76%～100%根系坏死。基于每个处理的所有根系，病情指数或坏死指数的计算如下：

$$病情指数=\frac{(1级植株数量×1)+(2级植株数量×2)+\cdots+(5级植株数量×5)}{处理中植株数量×5}×100$$

表 4-3　几种根结指数系统分级比较图解（Barker, 1985a, b）

根结指数系统[a]				形成根结的根系占总根系的百分率/%
0~4	0~5	1~6[b]	0~10	
0	0	1	0	0
	1	2	1	10
	2	3	2	20
1			3	30
			4	40
2	3	4	5	50
			6	60
			7	70
3				
	4	5	8	80
			9	90
4	5	6	10	100

注：a. 记录根系根结的产生程度可以使用以上几种根结指数分级系统，它们可以互相比较和换算；而每一处理至少有10 株根系。b. 1~6 级根结指数系统推荐用于评价杀线虫剂效果（Barker, 1978）

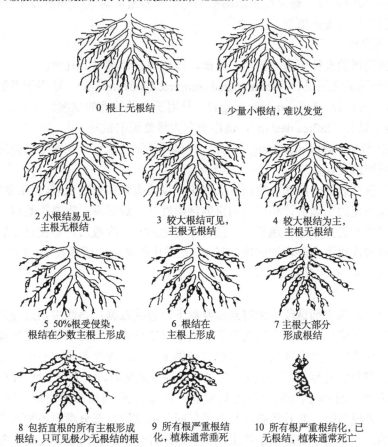

0 根上无根结　　　　　1 少量小根结，难以发觉

2 小根结易见，主根无根结　　　3 较大根结可见，主根无根结　　　4 较大根结为主，主根无根结

5 50%根受侵染，根结在少数主根上形成　　　6 根结在主根上形成　　　7 主根大部分形成根结

8 包括直根的所有主根形成根结，只可见极少无根结的根　　　9 所有根严重根结化，植株通常垂死　　　10 所有根严重根结化，已无根结，植株通常死亡

图 4-5　根结线虫的根结分级示意图（Bridge and Page, 1980）

（5）环境因素对杀线虫剂的影响

许多土壤因子影响杀线虫剂的效果，其中最重要的是土壤类型和含水量。另外，土壤温度、pH、有机质含量、营养状况、物理性质（如孔隙度、质地）都对杀线虫剂的防效有影响。土壤内空气和含水量直接影响熏蒸剂的扩散，而含水量则直接影响非熏蒸剂的溶解和吸附。如果土壤温度上升，湿度下降可明显降低熏蒸剂的吸附。

（6）线虫群体动态和作物反应

一个有效杀线虫剂势必影响土壤中靶标线虫的群体动态，并可能完全改变线虫群落结构。因此，在药剂试验中有必要得到整个生长季节关于线虫群体主要变化的数据。关键的取样时间包括处理前、处理后不久、生长季节中期和收获期。作物的产量和品质是杀线虫剂试验的最终测定内容。另外，还需要掌握作物不同生长时期的一些重要变化，如长势、地上部症状、根结及可能出现的坏死等情况。这些指标均可为生长季节杀线虫剂防治效果评价提供重要参考。

（7）杀线虫剂的负面影响

有些杀线虫剂易使作物产生药害，有些可长期残留在土壤、地下水或农产品中，给人类带来极大危害。另外，一些杀线虫剂可毒害野生动物、改变微生物区系或破坏理想植被。通过试验应充分了解杀线虫剂的植物毒性和残留等对人类和生态环境的不利影响，为改进和科学使用提供依据。

2. 试验设计

杀线虫剂试验设计应力求简单、均衡，理想的设计有以下几种。

1）完全随机区组设计（randomized complete-block design），适用于多因子试验。

2）拉丁方设计（latin square design），只用于少量处理的试验。

3）格子设计（lattice design），适用于有大量处理的试验。

4）裂区设计（split-plot design），是一种多因子试验设计，在两个试验因子的重要性不同时可采用此设计。

试验重复次数的确定在一定程度上取决于设计类型和预期误差，但重复应尽可能多，以保证试验误差的正确估计和试验结果的精确性。一般而言，重复次数越多，试验结果越精确，但并不是重复越多越科学，因为重复达到一定次数后，即使再增加重复次数试验结果的精确性也不会再增加或增加有限。通常田间试验一般重复6~8次，而温室和生长室内试验设4~6次重复即可。

3. 结果与分析

通过一个杀线虫剂试验，应得到涉及以下内容的数据：杀线虫剂处理方法和步骤；线虫群体的季节变化；供试作物的产量和病情指数变化；在无杀线虫剂处理、不同浓度的相同或不同杀线虫剂处理后，供试线虫和供试作物的表现差异。另外，还需要测定杀线虫剂的药害和残留等。统计分析旨在建立各种关系模型，如杀线虫剂-线虫群体变化关系模型、杀线虫剂-供试作物产量关系模型、杀线虫剂-病情指数关系模型、病情指数-作物产量关系模型等，并且还要计算各重复间的标准误，充分考虑各种因素对试验结果的可能影响。一个科学合理的杀线虫剂试验，统计分析应该简单、清晰，并能有利于区分处理和随机带来的影响，有利于得到代表性数据，且能提供一个表示试验精确程度的标准误。

此外,杀线虫剂只有接触到线虫才能发挥其杀线作用,故而应掌握其剂型、流动性、内吸传导性、对容器的影响(如腐蚀性)、水溶性及其他固有特性,以便于进一步改善。

参 考 文 献

陈淳, 谢辉, 蔚应俊, 等. 2006.香蕉穿孔线虫培养技术及其种群繁殖力研究. 华南农业大学学报, 27 (1): 61-64

段玉玺. 2011. 植物线虫学. 北京: 科学出版社

冯志新. 2001. 植物线虫学. 北京: 中国农业出版社

刘维志. 1995. 植物线虫学研究技术. 沈阳: 辽宁科学技术出版社

刘维志. 2000. 植物病原线虫学. 北京:中国农业出版社

彭德良. 1998. 蔬菜线虫病害的发生和防治. 中国蔬菜, 4: 57-58

万树青. 1993. 杀线虫剂活性测定中线虫死活鉴别的染色方法. 植物保护, 3: 37

万树青. 1993. 杀线虫剂生物活性测定. 农药科学与管理, 4: 14-15

喻盛甫, 王扬, 胡先奇, 等. 1998. 四种常见根结线虫基因组 DNA 的 RAPD 分析. 植物病理学报, 28: 359- 365

邹雅新, 曹素芳, 马娟, 等. 阿维菌素和硫线磷对南方根结线虫的毒力. 植物保护, 35 (2): 39-43

Abad P, Gouzy J, Aury J M, et al. 2008. Genome sequence of the metazoan plant-parasitic nematode *Meloidogyne incognita*. Nature Biotechnology, 26: 909-915

Adam M A M, Phillips M S, Blok V C. 2005. Identification of *Meloidogyne* spp. from north east Libya and comparison of their inter- and intro-specific genetic variation using RAPDs. Nematology, 7: 599-609

Adam M A M, Phillips M S, Blok V C. 2007. Molecular diagnostic key for identification for single juveniles of seven common and economically important species of root-knot nematode (*Meloidogyne* spp.). Plant Pathology, 56: 190-197

Barker K R. 1985a. Nematode extraction and bioassays. *In*: Barker K R, Carter C C, Sasser J N. An Advanced Treatise on *Meloidogyne* Volume II Methodology. Raleigh, North Carolina: North Carolina State University Graphics: 19-35

Barker K R. 1985b. Sampling nematode communities. *In*: Barker K R, Carter C C, Sasser J N. An Advanced Treatise on *Meloidogyne* Volume II Methodology. Raleigh, North Carolina: North Carolina State University Graphics: 3-17

Barker K R.1978.Determining nematode population responses to control agents. *In*: Zehr E I.Methods for Evaluating Plant Fungicides, Nematicides, and Bactericides, American Phytopathology Society, St. Paul, Minnesota, 114–125

Baum T J, Lewis S A, Dean R A. 1994. Isolation, characterization and application of DNA probes specific to *Meloidogyne arenari*a. Phytopathology, 84: 489-494

Berry S D, Fargette M, Spaull V W, et al. 2008. Detection and qunatification of rootknot nematode (*Meloidogyne javanica*) , lesion nematode (*Pratylenchus zeae*) and adagger nematode (*Xiphinema elongatum*) parasites of sugarcane using real-time PCR. Molecular and Cellular Probes, 22: 168-176

Bird A F. 1979. A method of distinguishing between living and dead nematodes by enzymatically induced fluorescence. Journal of Nematology, 11 (1): 103-105

Blok V C, Phillips M S, Fargette M. 1997a. Comparison of sequences from the ribosomal DNA intergenic region of *Meloidogyne mayaguensis* and other major tropical root knot nematodes. Journal of Nematology, 29: 16-22

Blok V C, Phillips M S, McNicol J W, et al. 1997b. Genetic variation in tropical *Meloidogyne* spp. as shown by RAPDs. Fundamental and Applied Nematology, 20: 127-133

Blok V C, Wishart J, Fargette M, et al. 2002. Mitochondrial differences distinguishing *Meloidogyne mayaguensis* from the major species of tropical root-knot nematodes. Nematology, 4: 773-781

Bridge J, Page S L J. 1980. Estimation of root-knot nematode infestation levels on roots using a rating chart. Tropical Pest Management, 26: 296-298

Castagnone-Sereno P, Esparrago G, Abad P, et al. 1995. Satellite DNA as a target for PCR-specific detection of the plant-parasitic nematode *Meloidogyne hapla*. Current Genetics, 28: 566-570

Castagnone-Sereno P, Leroy F, Abad P. 2000. Cloning and characterization of an extremely conserved satellite DNA family from the root-knot nematode *Meloidogyne arenaria*. Genome, 43: 346-353

Castagnone-Sereno P, Leroy F, Bongiovanni M, et al. 1999. Specific diagnosis of two root-knot nematodes, *Meloidogyne chitwoodi* and *M. fallax*, with satellite DNA probes. Phytopathology, 89: 380-384

Castagnone-Sereno P, Piotte C, Abad P, et al. 1991. Isolation of a repeated DNA probe showing polymorphism among *Meloidogyne incognita* populations. Journal of Nematology, 23: 316-320

Castagnone-Sereno P, Semblat J P, Leroy F, et al. 1998. A new AluI satellite DNA family in the root-knot nematode *Meloidogyne fallax*: relationships with satellites from the sympatric species *M. hapla* and *M. chitwoodi*. Molecular Biology and Evolution, 15: 1115-1122

Caswell E P, Thomason I J. 1991. A model of egg production by *Heterodera schachtii* (Nematoda: Heteroderidae). Canadian Journal of Zoology,69: 2085–2088

Cenis J L, Opperman C H, Triantaphyllou A C. 1992. Cytogenetic, enzymatic and restriction fragment length polymorphism variation of *Meloidogyne* spp. from Spain. Phytopathology, 82: 527-531

Chen S Y, Dickson D W. 2000. A technique for determining live second-stage juveniles of *Heterodera glycines*. Journal of Nemtology, 32 (1): 117-121

Christie J R. 1945. Some preliminary tests to determine the efficacy of certain substances when used as soil fumigants to control the root-knot nematode, *Heterodera marioni* (Cornu) Goodey. Proceedings of the Helminthological Society of Washington,12: 14-19

Ciancio A, Loffredo A, Paradies F, et al. 2005. Detection of *Meloidogyne incognita* and *Pochonia chlamydosporia* by fluorogenic molecular probes. EPPO Bulletin, 35: 157-164

Curran J, Webster J M. 1987. Identification of nematodes using restriction fragment length differences and species-specific DNA probes. Canadian Journal of Plant Pathology, 9: 162-166

Curran J, Baillie D L, Webster J M. 1985.Use of genomic DNA restriction fragment length difference to identify nematode species. Parasitology, 90: 137-144

Curran J, McGlure M A, Webster J M. 1985.Genotypic differentiation of *Meloidogyne* populations by detection of restriction fragment length difference in total DNA. Journal of Nematology,18 (1): 83-86

Dong K, Dean R A, Fortnum B A, et al. 2001a. A species-specific DNA probe for the identification of *Meloidogyne hapla*. Nematropica, 31: 17-23

Dong K, Dean R A, Fortnum B A, et al. 2001b. Development of PCR primers to identify species of root-knot nematodes: *Meloidogyne arenaria*, *M. hapla*, *M. incognita* and *M. javanica*. Nematropica, 31: 271-280

Eisenback J D. 1985. Techniques for preparing nematodes for scanning electron microscopy. *In*: Barker K R, Carter C C, Sasser J N. An Advanced Treatise on *Meloidogyne* Volume Ⅱ Methodology. Raleigh, North Carolina: North Carolina State University Graphics: 79-105

François C, Kebdani N, Barker I, et al. 2006. Towards specific diagnosis of plant-parasitic nematodes using DNA oligonucleotide microarray technology: a case study with the quarantine species *Meloidogyne chitwoodi*. Molecular and Cellular Probes, 20: 64-69

Gárate T, Robinson T,Chacón M R.1991. Characterization of species and races of the genus *Meloidogyne* by DNA restriction enzyme analysis.Journal of Nematology,23 (4): 414-420

Hajibabaei M, Singer G A C, Hebert P D N, et al. 2007. DNA barcoding: how it complements taxonomy, molecular phylogenetics and population genetics. Trends in Genetics, 23: 167-172

Hiatt E E, Georgi L, Huston S, et al. 1995. Intra- and interpopulation genome variation in *Meloidogyne arenaria*. Journal of Nematology, 27: 143-152

Hooper D J, Evans K. 1993. Extraction, identification and control of plant parasitic nematodes. *In*: Evans K, Trudgill D L, Webster J M. Plant Parasitic Nematodes in Temperate Agriculture. Wallingford: CAB International

Hooper D J, Hallmann J, Subbotin S. 2005. Methods for extraction, processing and detection of plant and soil nematodes. *In*: Luc M, Sikora R A, Bridge J. Plant Parasitic Nematodes in Subtropical and Tropical Agriculture. Wallingford: CABI Publishing

Hu M, Gasser R B. 2006. Mitochondrial genomes of parasitic nematodes — progress and perspectives. Trends in Parasitology, 22: 78-84

Hugall A, Moritz C, Stanton J, et al. 1994. Low, but strongly structured mitochondrial DNA diversity in root-knot nematodes (*Meloidogyne*). Genetics, 136: 903-912

Hugall A, Stanton J, Moritz C. 1997. Evolution of the AT-rich mitochondrial DNA of the root knot nematode, *Meloidogyne hapla*. Molecular and Biological Evolution, 14: 40-48

Hugall A, Stanton J, Moritz C. 1999. Reticulate evolution and the origins of ribosomal internal transcribed spacer diversity in apomictic *Meloidogyne*. Molecular and Biological Evolution, 16: 157-164

Hyman B C, Whipple L E. 1996. Application of mitochondrial DNA polymorphism to *Meloidogyne molecular* population biology. Journal of Nematology, 20: 268-276

Kleynhans K P N. 1999. Collecting and Preserving Nematodes (A Manual for Nematology). Pretoria: ARC-Plant Protection Research Institute

Lunt D H, Whipple L E, Hyman B C. 2002. Mitochondrial DNA variable number tandem repeats (VNTRs): utility and problems in molecular ecology. Molecular Ecology, 7: 1441-1455

Lunt D H. 2008. Genetic tests of ancient asexuality in root knot nematodes reveal recent hybrid origins. BMC Evolutionary Biology, 8: 194

Meštrović N, Catagnone-Sereno P, Plohl M. 2006. High conservation of the differentially amplified MPA2 satellie DNA family in parthenogenetic root-knot nematodes. Gene, 376: 260-267

Meyer S L F, Sayer R M, Huettel R N. 1988. Comparisons of selected stains for distinguishing between live and dead eggs of the plant-parasitic nematode *Heterodera glycines*. Proceeding of the Helminthological Society Washington, 55 (2): 132-139

Nickle W R. 1991. Manual of Agricultural Nematology. New York: Marcel Dekker, INC

Okimoto R, Chamberlin H M, Macfarlane J L, et al. 1991. Repeated sequence sets in mitochondrial DNA molecules of root knot nematodes (*Meloidogyne*): nucleotide sequences genome location and potential for host-race identification. Nucleic Acids Research, 19: 1619-1626

Orui Y. 1999. Species identification of *Meloidogyne* spp. (Nematoda: Meloidogynidae) in Japan by random amplified polymorphic DNA (RAPD-PCR). Japanese Journal of Nematology, 29: 7-15

Petersen D J, Zijlstra C, Wishart J, et al. 1997. Specific probes efficiently distinguish root-knot nematode species using signature sequences in the ribosomal intergenic spacer. Fundamental and Applied Nematology, 20: 619-626

Piotte C, Castagnone-Sereno P, Bongiovanni M, et al. 1994. Cloning and characterization of two satellite DNAs in the low-C-value genome of *Meloidogyne* spp. Gene, 138: 175-180

Piotte C, Castagnone-Sereno P, Bongiovanni M, et al. 1995. Analysis of a satellite DNA from *Meloidogyne hapla* and its use as a diagnostic probe. Phytopathology, 85: 458-462

Piotte C, Castagnone-Sereno P, Uijthof J, et al. 1992. Molecular characterization of species and populations of *Meloidogyne* from various geographic origins with repeated-DNA homologous probes. Fundamental and Applied Nematology, 15: 271-276

Powell N T，Meléndez P L, Batten C K. Disease complexes in tobacco involving *Meloidogyne incognita* and certain soil-boren fungi. Phytopathology,61: 1332-1337

Powers T O, Harris T S. 1993. A polymerase chain reaction for the identification of five major *Meloidogyne* species. Journal of Nematology, 25: 1-6

Powers T O, Mullin P G, Harris T S, et al. 2005. Incorporating molecular identification of *Meloidogyne* spp. into large-scale regional nematode survey. Journal of Nematology, 37: 226-235

Powers T O, Todd T C, Burnell A M, et al. 1997. The rDNA internal transcribed spacer region as a taxonomic marker for nematodes. Journal of Nematology, 29: 441-450

Powers T. 2004. Nematode molecular diagnostics: from bands to barcodes. Annual Review of Phytopathology, 42: 367-383

Randig O, Bongiovanni M, Carneiro R M D G, et al. 2002a. A species-specific satellite DNA family in the genome of the coffee root-knot nematode *Meloidogyne exigua*: application to molecular diagnostics of the parasite. Molecular Plant Pathology, 3: 431-437

Randig O, Bongiovanni M, Carneiro R M D G, et al. 2002b. Genetic diversity of root-knot nematodes from Brazil and development of SCAR markers specific for the coffee-damaging species. Genome, 45: 862-870

Randig O, Leroy F, Bongiovanni M, et al. 2001. RAPD characterisation for single females of the root-knot nematodes, *Meloidogyne* spp. European Journal of Plant Pathology, 107: 639-643

Roland N, Perry M M, James L S, et al. 2009. Root-knot Nematodes. Cambridge: CAB International, UK

Rubinoff D, Holland B S. 2005. Between two extremes: mitochondrial DNA is neither the panacea nor the nemesis of phylogenetic and taxonomic inference. Systematic Biology, 54: 952-961

Schmitz B, Burgermeister W, Braasch H. 1998. Molecular genetic classification of Central European *Meloidogyne chitwoodi* and *M. fallax*. Nachrichtenblatt des Deutschen Pflanzenschutzdienstes, 50: 310-317

Stanton J M, McNicol C D, Steele V. 1998. Non-manual lysis of second-stage *Meloidogyne juveniles* for identification of pure and mixed samples based on the polymerase chain reaction. Australian Plant Pathology, 27: 112-115

Stirling G R, Griffin D, Ophel-Keller K, et al. 2004. Combining an intial risk assessment process with DNA assays to improve prediction of soilborne diseases caused by root-knot nematode (*Meloidogyne* spp.) and *Fusarium oxysporum* f. sp. *lycopersici* in the Queensland tomato industry. Australasian Plant Pathology, 33: 285-293

Szemes M, Bonants P, de Weerdt M, et al. 2005. Diagnostic application of padlock probes – multiplex detection of plant pathogens using universal microarrays. Nucleic Acids Research, 33: e70

Tesarŏvá B, Zouhar M, Ryšánek P. 2003. Development of PCR for specific determination of rootknot nematode *Meloidogyne incognita*. Plant Protection Sciences, 39: 23-28

Toyota K, Shirakashi T, Sato E, et al. 2008. Development of a real-time PCR method for the potato-cyst nematode *Globodera rostochiensis* and the root-knot nematode *Meloidogyne incognita*. Soil Science and Plant Nutrition, 54: 72-76

van Doorn R, Szemes M, Bonants P, et al. 2007. Quantitative multiplex detection of plant pathogens using a novel ligation probe-base system coupled with universal, high-throughput real-time PCR and OpenArrays. BMC Genomics, 8: 276

Williamson V M, Caswell-Chen E P, Westerdahl B B, et al. A PCR assay to identify and distinguish single juveniles of *Meloidogyne hapla* and *M.chitwoodi*. Journal of Nematology, 29 (1): 9-15

Wishart J, Phillips M S, Blok V C. 2002. Ribosomal intergenic spacer: a PCR diagnostic for *Meloidogyne chitwoodi*, *M. fallax* and *M. hapla*. Phytopathology, 92: 884-892

Xue B, Baillie D L, Beckenbach K, et al. 1992. DNA hybridisation probes for studying the affinities of three *Meloidogyne* populations. Fundamental and Applied Nematology, 15: 35-41

Zijlstra C, Donkers-Venne D T H M, Fargette M, et al. 2000. Identification of *Meloidogyne incognita*, *M. javanica* and *M. arenaria* using sequence characterised amplified region (SCAR) based PCR assays. Nematology, 2: 847-853

Zijlstra C, Lever A E M, Uenk B J, et al. 1995. Differences between ITS regions of isolates of root-knot nematodes *Meloidogyne hapla* and *M. chitwoodi*. Phytopathology, 85: 1231-1237

Zijlstra C, Uenk B J, van Silfhout C H. 1997. A reliable, precise method to differentiate species of root-knot nematodes in mixtures on the basis of ITS-RFLPs. Fundamental and Applied Nematology, 20: 59-63

Zijlstra C, van Hoof R A. 2006. A multiplex real-time polymerase chain reaction (*Taq* Man) assay for the simultaneous detection of *Meloidogyne chitwoodi* and *M. fallax*. Phytopathology, 96: 1255-1262

Zijlstra C, van Hoof R, Donkers-Venne D. 2004. A PCR test to detect the cereal root-knot nematode *Meloidogyne naasi*. European Journal of Plant Pathology, 110: 855-860

Zijlstra C. 1997. A fast PCR assay to identify *Meloidogyne hapla*, *M. chitwoodi* and *M. fallax* and to sensitively differentiate them from each other and from *M. incognita* in mixtures. Fundamental and Applied Nematology, 20: 505-511

Zijlstra C. 2000. Identification of *Meloidogyne chitwoodi*, *M. fallax* and *M. hapla* based on SCAR-PCR: a powerful way of enabling reliable identification of populations or individuals that share common traits. European Journal of Plant Pathology, 106: 283-290

Zuckerman B M, Mai W F, Krusberg L R. 1985. Plant Nematology Laboratory Manual. Massachusetts: University of Massachusetts Agricultural Experiments Station

第五章 土壤消毒技术

第一节 溴甲烷土壤消毒替代品/替代技术

一、溴甲烷土壤消毒替代品及替代技术

为淘汰溴甲烷，联合国环境规划署（UNEP）组织各国专家成立了溴甲烷技术选择委员会（MBTOC），根据 MBTOC 对各种替代品评估的结果，目前在土壤消毒上尚无一种物质能够完全替代溴甲烷，也没有一种物质能达到溴甲烷宽广的应用效果。因此溴甲烷的淘汰需要根据各国的实际情况，采用多种技术进行综合替代。MBTOC 提出的用于土壤消毒的替代品/替代技术有 40 余种，见表 5-1。

表 5-1 MBTOC 提出的溴甲烷土壤消毒替代技术

非化学	化学
作物轮作和休闲	氯化苦
土壤改良和堆肥	1,3-二氯丙烯
生物熏蒸	异硫氰酸甲酯产生物
改变种植时间	异硫氰酸甲酯
深耕	威百亩
水控和漫灌	棉隆
覆盖和绿肥	碘甲烷
田园卫生	二甲基二硫
使用无病种苗	有待进一步发展的替代品
无土栽培	异硫氰酸烯丙酯
生物防治	炔丙基溴
嫁接	臭氧
抗性品种	甲醛
植物促生菌	四硫代碳酸钠
内生菌	无水氨
菌根	无机叠氮化合物
物理防治	环氧丙烷
太阳能消毒	氧硫化碳
蒸汽消毒	乙二腈

续表

非化学	化学
热水处理	自然发生的物质
燃烧法	农药混用
	化学和非化学法的结合使用

　　由于不同国家的自然生态和农业生产条件不同，栽培的作物和土壤中病、虫、草害的发生情况也有很大的差别，加之各国的经济水平有很大的差异，因而采用的溴甲烷替代品也不相同。因此，在溴甲烷替代技术的选择上，只能根据各国的条件，因地制宜地采用综合治理的措施来替代溴甲烷。目前国外使用较多、较成功的替代技术见表 5-2。

表 5-2　世界各国商业化使用的溴甲烷替代品

非化学技术	化学替代品	减少溴甲烷用量技术
蒸汽消毒法	棉隆	不渗透膜（TIF）
太阳能消毒法	威百亩	溴甲烷与氯化苦混用
抗病品种及嫁接技术	氯化苦	条施代替全田施用
基质栽培	1,3-二氯丙烯	
浮盘育苗法	氯化苦+1,3-二氯丙烯	
生物熏蒸		

　　由于非化学替代技术需要复杂的技术或设备，或很丰富的经验，在使用中存在诸多限制，当前世界上主要采用的还是化学替代品。但大量研究表明，单一使用表 5-2 所列的药剂，并不能达到溴甲烷广谱的效果，需要混用才能作为溴甲烷的替代品。

　　化学和非化学替代品对土传病害的防治谱见表 5-3。

表 5-3　不同替代品及溴甲烷对土壤有害生物的防治谱

替代品	线虫	真菌	杂草	昆虫
非化学替代品				
生物防治	▲	▲	▲	▲
作物轮作	▲▲	▲▲	▲	▲
嫁接	▲	▲		
抗性品种	▲	▲		
土壤有机质补充	▲▲	▲▲	▲	
太阳能消毒	▲▲▲	▲▲	▲▲▲	▲▲
蒸汽消毒	▲▲▲	▲▲▲	▲▲▲	▲▲▲
基质栽培	▲▲▲	▲▲▲	▲▲▲	▲▲▲
化学替代品				
溴甲烷	▲▲▲	▲▲▲	▲▲▲	▲▲▲
氯化苦	▲▲	▲▲▲	▲▲	▲▲
1,3-二氯丙烯	▲▲▲	▲	▲	▲▲

续表

替代品	线虫	真菌	杂草	昆虫
威百亩	▲▲	▲▲▲	▲▲▲	▲▲
棉隆	▲▲	▲▲▲	▲▲	▲▲
异硫氰酸甲酯	▲▲	▲▲▲	▲▲▲	▲▲

注："▲"表示窄谱；"▲▲"表示中等谱；"▲▲▲"表示宽谱

目前，溴甲烷技术选择委员会（MBTOC）推荐的化学替代品是氯化苦、1,3-二氯丙烯、1,3-二氯丙烯和氯化苦混剂、异硫氰酸甲酯（MITC）产生物如棉隆和威百亩。上述溴甲烷的替代品均具有杀线虫、杀菌、除草的效果，其效果见表5-4。

表5-4　不同熏蒸剂对靶标生物的效果及防治谱

替代品	真菌	线虫	杂草
氯化苦	√√√	√√	√√
1,3-二氯丙烯	√√	√√√	√
氯化苦/1,3-二氯丙烯	√√√	√√√	√√
威百亩	√√	√√	√√√
棉隆	√√	√√	√√√
威百亩/氯化苦	√√√	√√√	√√√

注："√"表示低效；"√√"表示中等效果；"√√√"表示高效

由于各地自然条件不同，农业栽培制度有很大的差别，因此，不同的地区应根据自己的条件选择不同的替代品。

近年来，随着溴甲烷的淘汰，世界各国加大了对替代品的投入。一些新的替代品在不断地出现和使用。

二、减少溴甲烷用量和散发的技术研究进展

除寻找溴甲烷的替代技术/替代品以外，减少溴甲烷的用量及其向大气层的扩散，而不影响其效果的方法也受到人们的关注。当前提出的技术有以下几种。

1）增加溴甲烷剂型中氯化苦的比例。

2）采用低渗透膜（LBPE）或完全不渗透塑料薄膜（TIF）。

3）整田施用改为条施。

4）增加使用深度。

5）减少使用频率。

增加氯化苦在溴甲烷剂型中的比例是一种减少溴甲烷用量很有效的方法，如当前国际上商品化的溴甲烷:氯化苦剂型有98:2、70:30、66:33、57:43、50:50和30:70。因此，如果将98:2的剂型改为50:50或30:70，可大幅度减少溴甲烷的用量。

氯化苦与溴甲烷混用后，可显著提高对土壤真菌消毒的效果，并具有增效作用。但氯化苦与溴甲烷混用需要专门的施药设备。

正确使用不渗透膜，可显著减少溴甲烷的渗漏。研究表明，采用TIF膜，溴甲烷可做到完全不渗漏；使用不渗透塑料薄膜（VIF），溴甲烷的渗漏可降低到4%以下，而采用高密度聚乙烯膜（HDPE），溴甲烷的散发率为68%。在防效相同时，使用TIF膜可减少溴甲烷用量40%～50%，而并不需要额外的技术和增加使用成本。

深施结合覆膜可显著降低溴甲烷的散发，而我国大量使用的罐装溴甲烷施用方法，其溴甲烷的散发率高达80%～90%。罐装溴甲烷只能采用"冷法"施药，并且难以增加氯化苦在混合制剂中的比例。

三、我国溴甲烷替代品登记和使用概况

我国溴甲烷化学替代品的登记情况见表5-5。

表5-5　我国溴甲烷化学替代品登记一览表

替代品	作物							
	草莓	番茄	黄瓜	茄子	生姜	辣椒	人参	花卉
氯化苦	√			√	√		△	√
棉隆	√	√						√
威百亩	△	√	√	√		√		
噻唑磷		√	√					
阿维菌素			√					
氰胺化钙		√	√					
1,3-二氯丙烯								
二甲基二硫								
硫酰氟			√					

注："√"代表已注册；"△"表示正在注册；"空格"表示未注册

我国大面积应用的溴甲烷替代品和有待进一步发展的替代技术见表5-6。

表5-6　我国使用和有待进一步发展的溴甲烷替代技术

作物	替代品	有待进一步发展的技术
草莓	氯化苦、棉隆	威百亩、辣根素
蔬菜	威百亩、棉隆、阿维菌素、氰胺化钙、嫁接或抗性品种	硫酰氟、1,3-二氯丙烯、二甲基二硫、生物熏蒸、有机质补充、无土栽培
生姜	氯化苦	氯化苦+1,3-二氯丙烯、氯化苦+二甲基二硫棉隆、碘甲烷等
种苗		无土栽培、熏蒸剂处理、种子消毒等综合措施

第二节　土壤消毒施药方法

土壤消毒分化学消毒法和非化学消毒法。化学消毒法主要是在土壤中施用熏蒸剂，熏蒸剂的施药有下列几种：注射施药法、化学灌溉法、分布带施药法、混土施药法、胶囊施药法及臭氧消毒法。非化学土壤消毒的方法有：太阳能消毒法、蒸汽消毒法、热水消毒法、火焰消毒法、生物熏蒸法等。

一、化学消毒法

由于土壤消毒主要采用熏蒸剂，因此，需要有专门的设备将熏蒸剂均匀施于土壤中，常用的施药方法有如下几种。

1. 注射施药法

注射施药法即将熏蒸剂通过特制的注射施药器械将药剂均匀施入土壤中。目前施药器械有手动施药器和机动施药器。

根据药剂在土壤中的分布特性，将药剂以一定的距离注射到土壤中，注射深度通常是 10～15 cm，注射间隔是 20～30 cm，单孔注射量为 1～3 mL。其步骤如下所述。

（1）注药

注药有手动机械施药法和小型动力机械注射施药法两种。

手动机械注射施药法（图 5-1）：手动注射是利用活塞的工作原理，将储液桶中的药剂通过人工冲压手动压杆，在活塞的作用下，药液通过活塞筒、喷口阀喷射到土壤中。

图 5-1　手动机械注射施药

注入的药量通过注入量调节阀进行调节。注入的深度可通过深度定位盘的位置调节。该方法操作简单，但功效较低，适用于小面积的施药。

注射氯化苦时，需穿好防护服，戴好防毒面具，将药剂加入手动注射器中。调节注入量，将药剂注入 15～20 cm 的土壤中，注入点间距为 30 cm，尽量将药剂均匀注入土壤内。边注入边用脚将注药穴孔踩实，操作人员需逆风向操作。

动力机械注射施药法（图 5-2）：动力注射是通过机械动力驱动，用"凿式"结构的注射装置将药剂注入土壤中，注射通常是每隔 30 cm 注射药液 2～3 mL，注射深度通常是土下 15～30 cm，但在果园再植等深根性作物时，需要注射到 50～60 cm。

图 5-2　动力机械注射施药

确定药剂施用量后，调节注射量。将药桶置于专用的施药机械上，该机械需配置具有 6 马力①以上动力的小型手扶拖拉机，施药机械与手扶拖拉机连接后，将药剂均匀地施用于试验小区的土壤内。建议由专业人员进行操作，在操作中必须做好防护措施。

（2）覆盖塑料薄膜

为了防止药剂过分挥发，施完一块地后，立即覆盖塑料薄膜（图 5-3、图 5-4）。

图 5-3　正确覆盖塑料薄膜的方法

（3）揭膜

温度越低，覆盖塑料薄膜时间越长。在夏季，通常覆盖塑料薄膜 1～2 周。揭膜时，先揭开膜的两端，通风 1 天后，再完全揭开塑料薄膜；揭膜后敞气 1～2 周。

（4）注意事项

1）进行土壤消毒的适宜土壤温度是指土表以下 15 cm 处温度，适宜温度为 15～20℃。

2）避免在极端气温（低于 10℃或高于 30℃）下操作，夏季尽量避开中午天气暴热

① 1 马力=745.7 W。

图 5-4 错误覆盖塑料薄膜的方法

时段施药。

3）向注射器内注药时避开人群，将注射器插入地下。施药时必须逆风向作业，土壤温度至少在 12℃以上。注药完成后迅速拧紧盖子，然后再向地里打药。

4）施药地块周边有其他作物时，需要边注药边盖膜，防止农药扩散，影响其他作物生长。

5）无明显风力的小面积低洼地且旁边有其他作物时，不宜施药。

6）施药操作人员下地施药时，必须戴好专配的防毒面具和防护眼镜。

7）施药时，杜绝人群围观。禁止儿童玩耍。

8）严禁在河流、养殖池塘、水源上游、浇地水沟内清洗机具和包装物品。

2. 混土施药法

混土施药法主要是施用固体药剂，如棉隆。该法简便易行，可借助机械实现大量快速施药。其优点为①高效，一台大型施药机，1 h 可施药 1 hm² 以上；②对施药人员安全；③简便、易掌握；④施药成本低。混土施药法也可施用低毒的液体药剂，如威百亩，但需要专门的混土机械。以固体药剂棉隆为例，混土施药法的操作步骤如下。

（1）均匀撒药

先将棉隆称量后，均匀撒施于土壤表面。为了撒施均匀，可将一个大可乐瓶底部均匀打上小孔，放于地面，然后将称好的棉隆微粒剂倒入瓶中，拿起瓶子将棉隆微粒剂均匀撒入地表面。也可让施药人员戴好口罩和手套，人工撒施棉隆（图 5-5）。

（2）混土

撒完药剂后，用旋耕机将棉隆微粒剂均匀混于土中，如防治根结线虫，则混土深度需要达到 30 cm（图 5-6、图 5-7）。

（3）浇水

如土壤较干燥，施用棉隆后在土壤表面浇水，以土表 1～2 cm 的土层全部湿润为止。

（4）覆盖塑料薄膜

浇水后，立即覆盖塑料薄膜，四周压实。覆膜天数受气温影响，温度越低，覆膜时间越长（图 5-8）。

图 5-5　撒施

图 5-6　小型机械混土施药法

图 5-7　大型机械混土施药法

图 5-8　覆膜（一）

（5）揭膜

种植或移栽前 7～15 天，揭膜。揭膜后，翻土透气，土温越低，散气时间越长。揭膜时，先揭开膜的两端，等通风 1 天后，再完全揭开塑料薄膜。

棉隆应至少早于播种或定殖 4 周前使用。施用棉隆土壤 10 cm 的温度最好在 12℃以上。

（6）注意事项

1）施药时，应戴橡皮手套、口罩和穿靴子等安全防护用具，避免皮肤直接接触药剂，一旦沾污皮肤，应立即用肥皂、清水彻底冲洗。

2）撒药时，应背身逆风撒药。

3）该药剂对鱼类有毒，防止药粉飘移到附近池塘。

4）储存应密封于原包装中，并存放在阴凉、干燥的地方。

5）不得与食品、饲料一起储存。

3. 化学灌溉法（又称滴灌施药法）

化学灌溉是一种用滴灌施用农药的精确施药技术。可施用威百亩、氯化苦、1,3-二氯丙烯、二甲基二硫、氯化苦+1,3-二氯丙烯混合制剂。化学灌溉法具有下列优点。

1）施药均匀。

2）可按农药规定的剂量精确施药。

3）可将不同的农药品种混合使用，如氯化苦+1,3-二氯丙烯。

4）减少土壤的板结。

5）减少农药对施用者的危害。

6）减少化学农药的用量。

7）减少施药人员的劳动强度。

8）减少对环境的影响。

9）均匀有效。

以威百亩为例，化学灌溉法施威百亩的步骤如下所述。

（1）安装滴灌系统

首先安装并调试好滴灌设备，滴灌管之间的距离应控制在 40 cm 以内（图 5-9）。

（2）覆盖塑料薄膜

将滴灌系统用塑料薄膜盖好，四周用土压实（图 5-10）。

图 5-9　安装滴灌　　　　　　　　　图 5-10　覆膜（二）

（3）施用药剂

先滴清水 1 h，待土表湿透，然后将具有负压的吸药管插入威百亩水剂中，通过滴灌系统将药剂施于试验小区土壤内。由于威百亩在低于 4%的浓度时易分解，因此，应快速将威百亩液剂施于土壤中，施完药剂后，继续滴清水 0.5 h 以上（图 5-11、图 5-12）。

图 5-11　施用药剂　　　　　　　　图 5-12　化学灌溉法示范图

（4）揭膜

种植或移栽前7～15天，揭膜。揭膜后，翻土透气，土温越低，散气时间越长。

（5）注意事项

1）威百亩应于播种或定殖前至少3～4周使用。

2）威百亩在稀溶液中容易分解，使用时现配现用。

3）威百亩能与金属盐发生反应，在包装时应避免使用金属器具。

4）不能与其他含钙的农药混用。

5）对眼及黏膜具有刺激作用，施药时应戴防护用具；万一接触眼睛，立即使用大量清水冲洗并就医诊治。

6）不准在河流、养殖池塘、水源上游、浇地水沟内清洗工具和包装物品。

4. 分布带施药法

一些熏蒸剂如溴甲烷、硫酰氟等在常温下是气体，可采用分布带施药法。此法具有下列优点：①高效；②气体可快速穿透至深层土壤；③不需要复杂的施药设备；④施药受气候条件影响较小。

分布带施药的步骤如下。

（1）埋分布带

在施药前，先在土壤一端挖一个30 cm深的坑，将具有小孔的分布带一端打一个死结，放在所挖的坑中埋好压实（图5-13）。

（2）覆盖塑料薄膜

盖好塑料薄膜，四周用土埋实，在塑料薄膜四周浇水（图5-14）。

图5-13　埋分布带　　　　　　　　　　　图5-14　覆膜（三）

（3）安装输药管

在分布带的开口端用塑料胶布将抗腐蚀的输药管包裹好，施药管与熏蒸剂的减压阀门相连，保证不漏气。然后将输药管处的塑料薄膜用土埋实（图5-15）。

（4）施药

将熏蒸剂钢瓶放在电子秤上，开启阀门，将熏蒸剂气化通过分布带施于土壤中（图5-16、图5-17）。

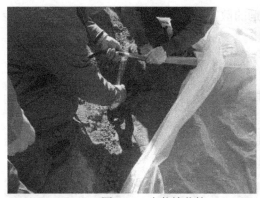

图 5-15　安装输药管

图 5-16　施药

（5）剪断分布带

施药完成后，关闭阀门，剪断分布带，让分布带自动缩回到塑料薄膜覆盖的土壤表面（图 5-18）。

图 5-17　施药剂量控制天平

图 5-18　剪断分布带

（6）揭膜

一般熏蒸 5～7 天后，即可揭开塑料薄膜，揭膜应先将膜两端揭开，待通风敞气 1 天后，再将膜全部揭开。

（7）注意事项

1）气体熏蒸剂具有很高的危险性，必须保证所有的施药过程无泄漏。

2）塑料薄膜必须无破损，否则漏气影响效果，并威胁施药人员的安全。

3）施药人员必须穿好防护服，佩戴好防毒面具、手套。

4）施药完成后，关好阀门和盖好保护盖。

5．胶囊施药法

将高毒和高危害的熏蒸剂制成胶囊（图 5-19），可减少施药过程对施药人员的伤害，并且无需任何施药机械。胶囊施药具有下列优点：①安全，由于熏蒸剂胶囊在土壤中 8 h 后开始释放，对使用者安全；②无需任何施药器械，可人工施用；③可精确施药；

④减少熏蒸剂对地下水的污染；⑤减少熏蒸剂的散发；⑥减少熏蒸剂的用药量。施药步骤如下所述。

（1）施药

胶囊施药可采用下列两种方法。

开沟施用胶囊法：计算每平方米需要的胶囊数，然后开沟，将计算好的胶囊施于沟中，覆土（图5-20）。

打孔施用胶囊法：计算每平方米需要的胶囊数，然后打孔，施入胶囊，将孔用土压实（图5-21）。

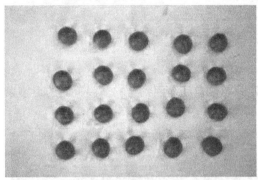

图5-19 胶囊

图5-20 开沟施用胶囊

图5-21 打孔施用胶囊

（2）浇水

施完胶囊后，在土表面浇水1cm效果更好。如土壤较湿润，可不用浇水。

（3）覆盖塑料薄膜

施完药后，覆盖塑料薄膜，薄膜四周用土压实。

（4）注意事项

1）施药人员戴好手套。

2）胶囊应存放于安全、干燥的地方，由专人看管，防止他人或儿童误食。

3）废弃的包装应妥善处置。

二、非化学消毒法

1. 太阳能消毒法

太阳能土壤消毒是指在高温季节通过较长时间覆盖塑料薄膜来提高土壤温度，借以杀死土壤中包括病原菌在内的许多有害生物。由于它具有经济易行、对生态友好等诸多优点，其研究和应用日益受到人们的重视。太阳能消毒的技术要点是：在气温较高、太阳辐射较强烈的季节给土壤覆盖薄膜；保持土壤湿润以增加病原休眠体的热敏性和热传导性能（图 5-22）。

图 5-22　采用滴灌滴水后，覆盖塑料薄膜的太阳能消毒法

用最薄的透明塑料薄膜（25～30 μm），可减少花费，增强效果；如有可能，在太阳能消毒后，施入生物防治制剂，可取得更好的效果。在巴西，制造了简易太阳能收集器，将土壤装入收集器 3 天后，倒出土壤，即可使用。

2. 生物熏蒸法

生物熏蒸结合太阳能消毒技术在西班牙等国已开始商品化的应用，特别是有机农业种植区。生物熏蒸通常是采用鲜鸡粪与鲜牛粪的混合物，再加入作物的秸秆或废弃物，用量通常是 2.5 kg/m² 鲜鸡粪+2.5 kg/m² 鲜牛粪+植物残体或废弃物，如甜菜渣、沤制过的橄榄渣等，与土壤均匀混合后，覆盖塑料薄膜 4～6 周，对土传病害和根结线虫均有良好的防治效果，并可较好地处理作物的废弃物。为了节省成本，可采用废旧塑料薄膜覆盖（图 5-23）。

图 5-23　粪便与秸秆混合

3. 蒸汽消毒法

　　蒸汽消毒技术是通过高压密集的蒸汽，杀死土壤中的病原生物。此外，蒸汽消毒还可使病土变为团粒，提高土壤的排水性和通透性。蒸汽消毒具有如下优点：消毒速度快，均匀有效，只需用高压蒸汽持续处理土壤，使土壤保持 70℃ 30 min 即可达到杀灭土壤中病原菌、线虫、地下害虫、病毒和杂草的目的，冷却后即可栽种；无残留药害；对人畜安全；无有害生物的抗药性问题。因此，蒸汽消毒法是一种良好的溴甲烷替代技术，该方法在欧洲已广泛使用。

　　根据蒸汽管道输送方式，蒸汽消毒可分为如下几种。

　　1）地表覆膜蒸汽消毒法（汤姆斯法）：在地表覆盖帆布或抗热塑料布，在开口处放入蒸汽管，该法效率较低，通常低于 30%（图 5-24、图 5-25）。

图 5-24　蒸汽消毒机

图 5-25　通进蒸汽后示范图

　　2）管道法：在地下埋一个直径 40 mm 的网状管道，通常埋于地下 40 cm 处，在管道上，每 10 cm 有一个 3 mm 的孔，该法效率较高，通常为 25%～80%。

　　3）负压蒸汽消毒法：在地下埋设多孔的聚丙烯管道，用抽风机产生负压将空气抽出，将地表的蒸汽吸入地下。该法在深土层中的温度比地表覆膜高，该法热效率通常为50%。

4）冷蒸汽消毒法：一些研究人员认为，85～100℃的蒸汽通常杀死有益生物如菌根，并产生对作物有害的物质，因此，提出将蒸汽与空气混合，使之冷却到需要温度，较为理想的温度是70℃，30 min。由于该法消毒后只需冷却即可栽种作物，因而在苗床和花卉栽培中应用最为广泛。

除上述消毒技术外，热水消毒、火焰消毒、微波消毒、射频消毒、电消毒等技术也在不断地发展之中。

第三节　土壤消毒技术要点

土壤翻耕、土壤温度、土壤湿度、气候情况对土壤消毒效果有很大的影响，具体技术要点如下。

一、深耕土壤

正确的土壤准备是影响土壤熏蒸效果最重要的因素。土壤需仔细翻耕如苗床一样，无作物秸秆、无大的土块，特别应清除土壤中的残根。这是因为氯化苦不能穿透残根内部、杀死残根中的病原菌。同时保证土壤疏松深度35 cm以上。保持土壤的通透性将有助于熏蒸剂在土壤中的移动，从而达到均匀消毒的效果。

在一块地中，土壤的结构应一致。土壤需平整，不能太干，也不能太湿。在土壤熏蒸前，将土壤进行浇灌，使土壤湿度达到90%以上，让土壤中的病原菌和杂草处于"活"的状态。然后让土壤干几天，通常是沙壤土4～5天，黏性土壤7～10天。然后将土壤用旋耕机旋耕。旋耕前可将所有的有机肥施于土壤中（图5-26）。

图5-26　土壤旋耕

二、土壤温度

土壤温度对熏蒸剂在土壤中的移动有很大的影响。同时土壤温度也影响土壤中活的"生物体"。适宜的土壤温度有助于熏蒸剂的移动。温度太低，熏蒸剂移动较慢；温度太高，熏蒸剂则移动加快。适宜的温度是让靶标生物处于"活的"状态，以利于更好地被杀灭。通常在15 cm处适宜的土温是15～20℃。

测试温度应在实施熏蒸的早晨，以确保晚间的温度不会对熏蒸剂产生负面的影响。通常采用长的温度计或温度探头。

三、土壤湿度

适宜的土壤湿度是确保杂草的种皮软化、有害生物处于"生长的"状态、有充足的湿度"活化"熏蒸剂，如威百亩和棉隆。此外，湿度有助于熏蒸剂在土壤中的移动。通常土壤湿度应在60%左右。为了获得理想的含水量，可在熏蒸前进行灌溉，或雨后几天再进行土壤消毒。在熏蒸前后，过分地灌溉则破坏土壤的通透性，不利于熏蒸剂在土壤中的移动。

从5～30 cm土层中取土样，攒压在掌中。根据土壤质地判断土壤湿度：细质土壤，如黏土，在手中能形成一个球，用拇指和食指挤压，能变形，但不成带状；中等质地土壤，如壤土，在手中能形成一个球，用拇指和食指轻压，能黏在一起，但不黏手指；粗糙质地，如沙土，在手中能形成一个球，但易在手中粉碎。如果符合上述条件，则说明湿度适于熏蒸。另外，也可用湿度计进行精确的测定。

四、薄膜准备

由于熏蒸剂都易气化，并且穿透性强，因此薄膜的质量显著影响熏蒸的效果。推荐使用0.04 mm以上的原生膜，不推荐使用再生膜。如果塑料布破损或变薄，需要用宽的塑料胶带进行修补。当前最有效的塑料膜是不渗透膜，可大幅度减少熏蒸剂的用量。

薄膜覆盖时，应全田覆盖，不留死角。薄膜相连处，应采用反埋法。为了防止四周塑料布漏气，如条件许可，可在塑料布四周浇水，以阻止气体从四周渗漏。如棚中有柱，应将柱周围的土壤消毒，不留未熏蒸土壤（图5-27、图5-28）。

图5-27　塑料布的反埋法　　　　　　图5-28　有柱棚中的塑料布反埋法

五、气候状况对熏蒸效果的影响

不要在极端的气候状况下熏蒸。应当避免以下情况。

一场大的降雨或低温状况（如低于10℃），这将减慢熏蒸剂在土壤中的移动。在极端的情况下，将导致作物产生药害。除非还有很长的作物栽种时间。

高温（高于30℃）将加速熏蒸剂的逃逸。这意味着有害生物不能充分接触熏蒸剂，将导致效果降低。

避免在逆温层下熏蒸：一般情况下，在低层大气中，通常气温是随高度的增加而降低的，但有时在某些层次可能出现相反的情况，气温随高度的增加而升高，这种现象称为逆温，出现逆温现象的大气层称为逆温层。由于逆温层而造成的天气异常变化，对人们生产、生活影响很大，甚至给人们的生命财产带来极大危害。冬春时节的早晨或傍晚，在城市和市郊，常常见到烟雾上升到一定高度之后，就向水平方向漂浮起来，弥漫四方。如果在无风又降温剧烈的情况下，整个视野很快就变得模糊起来，随着烟雾的袭来，天气阴沉，太阳无光，压得人透不过气来，同时也会闻到煤烟味和其他难闻的气味。身体抵抗能力较差的人，便会出现胸闷、咳嗽、喉痛、呕吐、呼吸困难等症状。这是空气中形成了逆温和逆温层，使低层空气迅速污染而造成的。

第四节　熏蒸后的田园管理措施

土壤消毒后加强田园管理对土壤消毒效果的维持有重要作用，具体如下所述。

一、无病种苗的培育

1. 选用优良的品种

根据本地蔬菜病虫害的发展情况，选用适宜本地区栽培的抗病品种，做到良种配良法。

2. 种子消毒

播种前进行种子消毒，如温汤浸种、高温干热消毒、药剂拌种、药液浸种等，能够减轻或抵制病害发生。

（1）温汤浸种法

温汤浸种通常所用水温为55℃左右，用水量是种子体积的5～6倍。具体操作：先用常温水浸15 min，之后转入55～60℃热水中浸种，不断搅拌，并保持该水温10～15 min，然后让水温下降，耐寒蔬菜降至20℃左右，喜温蔬菜降至30℃左右，继续浸种。不同的蔬菜种子其浸泡的时间不同，辣椒种子浸种5～6 h，茄子种子浸种6～7 h，番茄种子浸种4～5 h，黄瓜种子浸种3～4 h，最后洗干净种子。用温汤浸结合药液浸种，杀菌效果更好。

（2）热水烫种法

一般用于难以吸水的种子。首先种子要经过充分干燥，水量不宜超过种子量的5倍，水温一般为70～75℃，甚至更高一些。例如，冬瓜种子有时可用100℃沸水烫种。

但对于种皮薄的喜凉蔬菜，如白菜、莴苣等，不宜采用此法。具体操作：烫种时用两个容器，将热水来回倾倒，最初几次动作快而猛，使热气散发并提供氧气。一直倾倒至水温降到55℃时，再改为不断地搅动，并保持这样的温度7～8 min。以后的步骤同温汤浸种法。

（3）化学处理法

使用化学药剂可杀死种子携带的病原物，保护或治疗带病的种子，使其能正常萌芽，也可以用来防止土传病原物的侵害。种子处理后的防病效果及安全性与所选的药剂种类及其浓度、处理时间、处理温度及病害的种类和种子类型有关。常用的杀菌剂有克菌丹、甲基托布津、萎锈灵、甲霜灵、苯菌灵、福美双、代森锰锌、次氯酸钠、乙酸、甲醛、磷酸钠、春雷霉素、硫酸铜等。建议采用商品化的拌种剂。

浸种法：将种子浸渍在一定浓度的药液中一定时间，然后取出晾干即行播种，从而消灭种子表面和内部所带病原菌或害虫的方法。浸种法消毒比较彻底，但浸种后种子不能堆放时间过长，应在晾干后立即播种。

所选药剂的品种及其浓度、浸泡时间和浸泡温度是影响浸种处理药效和可能造成药害的3个重要因素。通过增加药剂浓度或延长浸泡时间或提高浸泡温度，可以明显地提高浸种处理的效果，但同时会增加产生药害的风险程度，因此需要恰当控制这3项因素。

以番茄种子为例进行说明。①磷酸钠浸种：先将种子用清水浸种3～4 h，再用10%磷酸钠溶液浸泡40～50 min，清水洗净后晾干即可播种。磷酸钠可使病毒钝化，有防治病毒病的作用。②福尔马林浸种：用清水浸种4～5 h，再用1%福尔马林溶液（40%甲醛溶液1份、水99份）浸泡15～20 min，之后用湿布包好，于密闭容器中熏蒸2～3 h，然后用清水洗净后晾干即可播种。福尔马林浸种可以减轻和控制番茄早疫病和枯萎病的发生。③高锰酸钾浸种：先将种子用40℃温水浸种3～4 h，再用1%高锰酸钾溶液浸泡10～15 min，清水洗净后晾干即可播种。高锰酸钾是一种强氧化剂，可以杀死种子表面的病菌，减轻溃疡病和烟草花叶病毒危害。

拌种法：将选定数量和规格的拌种药剂与种子按照一定比例进行混合，使被处理种子外面都均匀覆盖一层药剂，并形成药剂保护层的种子处理方法。拌种处理又可以分为干拌和湿拌。

干拌：干拌的药剂必须为粉状，使用干燥的药剂和种子有利于所有的种子表面均匀黏附上药粉。例如，采用粉状的杀真菌剂（甲霜灵、苯菌灵、福美双等）与蔬菜干种子进行拌种，可以有效防除种子上的土传病害（丝核属、腐霉属等），其中甲霜灵对腐霉属真菌有特效。一般用药量为种子质量的0.1%～0.5%。

湿拌：湿拌的药剂一般为胶悬剂、乳油和可湿性粉剂。湿拌是目前应用普遍的拌种方法。具体方法是：先根据种子量用适量的水将药剂稀释，再用喷雾器械将药剂均匀喷施在种子表面，并同时不断搅拌。与浸种法不同，湿拌后种子不必即行播种，可以晾干后储存一段时间再行播种。

种衣法：将种衣剂包覆在种子表面形成一层牢固种衣的种子处理方法，也是一项把防病、治虫、消毒、促生长融为一体的种子处理技术。

由于当前种传病害的多样性和复杂性，种子消毒可能不是某一种方法就可以解决的。

它可能需要两种或多种方法的联合，才能最终保证种子消毒的效果更好、更持久。种子处理需要更多的技术创新和方法改进，正逐渐由以前简单的保护种子，到今天的广谱的防治病虫危害，再到将来可以完全控制病虫的危害，同时保证种子的高活力和营养需求，又增加种子的抗逆能力，确保处理后的种子拥有更高的品质。

3．种苗消毒

种苗消毒主要是对育苗基质及土壤消毒，采用的具体方法如下所述。

（1）育苗基质消毒

荷兰当地种植草莓不用溴甲烷进行土壤消毒，土传病害的防治主要通过基质栽培解决。荷兰草莓采用日光温室和露地栽培两种模式，其中有约 5000 英亩①的露地栽培草莓。荷兰草莓的种植密度很高，在草莓生长过程中通过施用杀菌剂控制田间真菌病害。

（2）堆肥消毒技术

在美国加利福尼亚州，种苗生产商通过施堆肥技术替代溴甲烷控制土传病害。俄亥俄州的种苗产业在 20 世纪 70 年代就放弃施用溴甲烷进行土壤消毒，当地农场主通过施用堆肥抑制土传病害的发生。堆肥的来源非常广泛，包括人畜粪便、绿肥深加工产物等。

（3）蒸汽消毒

对于保护地栽培的种苗生产，蒸汽消毒可以有效地控制土传病害。在美国加利福尼亚州，蒸汽消毒是一项重要的溴甲烷替代技术。但是在美国其他州和其他国家蒸汽消毒还在为进一步降低蒸汽消毒的价格和提高其效果而努力。由于蒸汽消毒成本很高，目前主要用于高经济附加值的作物。

（4）化学消毒

氯化苦和威百亩复合使用控制苗圃的土传病害和杂草的危害在美国加利福尼亚州取得了良好的效果。在美国加利福尼亚州、美国西部和加拿大的一些地区采用棉隆防治林木苗圃的土传病害。棉隆不会破坏大气的臭氧层，对土传病害的防治效果也很显著。

（5）高温热水土壤消毒

高温热水土壤消毒机是将高温热水直接注入土壤深层，对土壤中的病原菌线虫、虫卵、杂草种子等进行杀灭，达到消毒的目的。高温热水土壤消毒机最高出水温度可达 95℃，热水可渗透至 50 cm 以下，对 30 cm 以内的耕作层消毒效果尤为显著。国外试验数据表明，高温热水土壤消毒后 30 cm 以内土层中番茄枯萎病、黄萎病、青枯病、苗立枯病、根腐病的发病率几乎为 0，对线虫的灭杀率基本能达到 100%。该消毒方法最大的优势是不使用农药，具有环境亲和性，避免了传统土壤熏蒸剂如溴甲烷造成的环境污染，对作物生长发育没有影响，为高质量、无污染的生产创造了优越条件。高温热水土壤消毒机便于移动、操作方便、用途广泛，可用于土壤消毒、基质消毒，且不受季节限制，随时可以进行。土壤消毒成本一般为 600～700 元/亩②，低于传统的化学消毒方法。

---

① 1 英亩＝0.404 856 hm²。

② 1 亩≈666.7 m²。

4．基质育苗

采用基质育苗，可防止土传病害随土侵入种苗。目前，已有商品化的育苗基质和育苗块出售。

二、熏蒸后田园卫生的管理

土壤熏蒸消毒之后，避免病虫害的再进入是至关重要的。为了降低有害生物蔓延到已熏蒸消毒土壤中的风险，可以采取以下措施。

1）需清洗掉准备在熏蒸消毒后的土壤中使用的机械和工具上黏附的未处理土壤。

2）避免鞋子、衣服将未处理的土壤带入已处理的田地中，特别是在种植的时候。

3）当土壤处理后移走防水布时，小心不要将未处理的土壤带入处理中。

4）不要在处理土壤层以下耕作，以免可能将有害生物带上来。

确保供应水的洁净，需要注意以下几点。

1）一些线虫和病菌，可能通过供应水传播。

2）尽量减少土壤沉积物进入用于灌溉的集水区。

3）通过诊断设施定期检验水源中的线虫和病菌。

4）实行科学灌水，保护地内提倡膜下暗灌和滴灌、渗灌，露地栽培推广滴灌和喷灌。

5）不要引入有病虫害的植物材料。熏蒸地引入被污染的植物材料会导致大规模病虫害的发生。另外，一些病害可以在前作物的植物残体上存活。

6）采用认证种植的植物材料可以避免病害侵入的危险。

7）不要将有病害前作物的非堆肥植物材料和垃圾纳入已熏蒸消毒的土壤。

8）确保土壤熏蒸消毒之前植物垃圾已经完全分解（一些虫害能在未分解的植物残体上存活）。

建议：制订农场卫生管理计划，培训卫生管理的工作人员。

三、熏蒸后种植时间

熏蒸后种植时间依赖于处理后的敞气时间，让熏蒸毒气散发出去，以免种植作物时出现药害。熏蒸后种植时间在很大程度上与熏蒸剂的特性和土壤状况有关，如土壤温度和湿度。当冷和湿时，应增加敞气时间；当热和干燥时，可减少敞气时间；高有机质土壤应增加敞气时间；黏土比砂土需要更长的敞气时间。

可以通过萌发试验定性判断是否有药剂残留，即拿两个罐头瓶，一个瓶中快速装入半瓶熏蒸过的土壤，另一个瓶中装入半瓶未熏蒸过的土壤（注意：取样时可取同一块田中最低位置的土壤，通常此地土壤的残留较高）。然后在罐头瓶中用镊子将一块湿的棉花铺在土壤的上部，再在棉花上放 20 粒莴苣种子，盖上瓶盖。放罐头瓶在无直接光照的室内 2～3 天。2～3 天后，拿出棉花块，统计莴苣发芽数，并观察种苗的状态。如果莴苣发芽较少或根尖有烧根的现象，则表明有熏蒸剂残留。如果未熏蒸的土壤发芽种子少于 15 粒，或莴苣根尖有烧尖现象，应替换莴苣种子，重新进行测试。如果熏蒸过的土壤发芽种子少于 15 粒，1 周后重复进行测试。如果熏蒸过的土壤莴苣根尖出现烧根现象，推迟种植，1 周后再进行测试。如果熏蒸过的土壤莴苣发芽种子多于 15 粒，并且无根尖烧根现象，即可栽种，如图 5-29 所示。

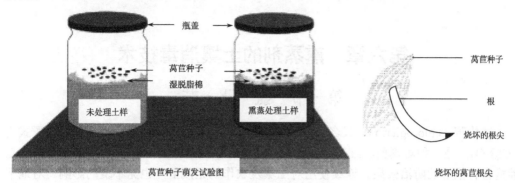

图 5-29　莴苣种子萌发试验示意图（仿 Alan et al.，2004）

参 考 文 献

Alan S, Dr Scott M, Robyn B, et al. 2004. A Guide to Soil Disinfestation Strategies in the Absence of Methyl Bromide. Victoria: Department of Primary Industries

第六章 熏蒸剂的土壤消毒技术

第一节 氯化苦

氯化苦（chloropicrin），又名氯苦、硝基氯仿，化学名称为三氯硝基甲烷，分子式为 CCl_3NO_2，是一种对真菌、细菌、昆虫、螨类和鼠类均有杀灭作用的熏蒸剂，尤其对重茬病害有很好的防治效果。连续使用对土壤及农作物无残留，也无不良的影响。对地下水无污染。

一、氯化苦特性

1. 理化性质

氯化苦纯品为无色或微黄色油状液体，有极强的催泪性。熔点为–64℃，沸点为112℃，相对密度为1.656，蒸汽压为2.44 kPa/20℃、3.17 kPa/25℃、10.8 kPa/30℃。几乎不溶于水，但易溶于苯、乙醇、煤油及脂肪等多种溶剂。在空气中能挥发成气体，其气体质量比空气质量大4.67倍，但挥发速度较慢，扩散深度为0.75～1 m。易被多孔物质和活性炭吸附，特别是在潮湿物上，可以保持很久。

氯化苦化学性质比较稳定，除遇发烟硫酸和亚硝基硫酸可分解成光气（$COCl_2$）外，不易与其他酸、碱作用，无爆炸和燃烧性。遇亚硫酸钠分解，可以用该方法消除氯化苦的毒性。

2. 毒性

急性毒性：大白鼠经口 LD_{50} 为 250 mg/kg。

按我国农药毒性分级标准，氯化苦属高毒类杀虫剂。即使空气中含有极少量的氯化苦也能使人流泪，易被察觉，故为警戒性气体。在不同氯化苦浓度下人的中毒状况：在每升空气中，若含有 0.016 mg 氯化苦，能使人眼睛流泪；若含有 0.075 mg，对喉咙有刺激作用，引起咳嗽；若含有 0.125 mg，则咳嗽、呕吐，0.5～1 h 则死亡；若含有 0.2 mg，10 min 即可死亡。氯化苦原液接触到皮肤，可引起红肿、溃烂。

对鱼高毒。

3. 剂型及生产厂家

中国主要生产厂家有辽宁省大连绿峰化学股份有限公司；生产的剂型有：99.5%氯化苦原液。

4. 注册信息

CAS 号（美国化学文摘社登记号）：76-06-2。

RTECS 号（化学物质毒性作用登记）：PB6300000。

UN 编号（联合国危险货物运输专家委员会对危险物质制定的编号）：1580。

危险物编号：61051。

农药登记证号：PD84129。

5. 应用范围及作用特点

氯化苦具有杀虫、杀菌、杀线虫和灭鼠等作用，但毒杀作用比较缓慢。药效与温度呈正相关，温度高时，药效显著。

二、施药技术

氯化苦属于危险化学品，是国家公安、安检部门专项管理的产品之一。该产品用于农业土壤消毒，防治草莓重茬病害。经试验，效果良好，且无残留、无公害。发达国家将该产品主要用于土壤消毒，是联合国 MBTOC 推荐的重要替代产品之一。但该产品在施药技术、安全运输保管、专用施药机械、工具养护等方面有严格要求。

1. 施药量

试验表明，在防治草莓重茬病害时，每平方米使用 30～50 g。重茬年限越长，使用量越高。通常草莓品种'全明星'和'丰香'抗病性较差，用药量高，而'日本 3 号'、'日本 19'、'达赛莱克特'较抗病，用药量可稍低（表 6-1）。

表 6-1　氯化苦登记施药量

登记作物	防治对象	用药量	施用方法
草莓	黄枯萎病	240～360 kg/hm²	土壤熏蒸
姜	姜瘟病	621～869 kg/hm²	土壤消毒
花生	根瘤线虫	500 kg/hm²	开沟施药
茄子	黄萎病	292.5～447.75 kg/hm²	注射法土壤熏蒸，施药后覆土盖地膜
甜瓜	黄萎病	275～382.5 kg/hm²	土壤熏蒸
东方百合	根腐病	375～525 kg/hm²	土壤消毒
烟草	黑胫病	373.125～522.375 kg/hm²	土壤熏蒸
农田	田鼠	5～10 g/鼠穴	细沙与药混合投入

2. 土壤条件

首先，旋耕 20 cm 深，充分碎土，捡净杂物，特别是作物的残根。由于氯化苦不能穿透病残体的内部，不能杀灭残体内部的病原菌，这些病原菌很容易成为新的传染源。

土壤湿度对氯化苦的使用效果有很大的影响，湿度过大、过小都不宜施药。参考施药前的准备部分。

3. 施药方法

（1）人工注射法

用手动注射器将氯化苦注入土壤中，注入深度为 15～20 cm，注入点的距离为 30 cm，每孔注入量为 2～3 mL。注入后，用脚踩实穴孔，并覆盖塑料布。需逆风向作业。

施药时，土温至少 5℃以上。

（2）动力机械施药法

必须使用专用的施药机械进行施药。

4. 覆膜熏蒸

施药后，应立即用塑料膜覆盖，膜周围用土盖上。地温不同，覆盖时间也不同。低温：5～15℃，20～30 天。中温：15～25℃，10～15 天。高温：25～30℃，7～10 天。

在施药前，首先让用药农户准备好农膜，边注药边盖膜，防止药液挥发。用土压严四周，不能跑气漏气。农户需随时观察，发现漏气，及时补救，否则影响药效。严重者应重新施药进行熏蒸。

5. 施药时间

每天早晨 4 时至 10 时，下午 16 时至 20 时，以避开中午天气暴热时间。

6. 注意事项

1）向注射器内注药时避开人群，将注射器插入地下。人在上风向站立注药，注完后迅速拧紧盖子，然后再向地里打药。

2）施药地块周边有其他作物时，特别是下风向、低洼地块，周边有草莓秧、葡萄树、叶菜类植物等其他作物，需用塑料布将其他作物盖住或用塑料布架一道墙遮挡，或边注药边盖膜，防止农药扩散，影响其他作物生长。

3）施药地为小面积低洼地且旁边还有其他作物时，无明显风力不宜施药。

4）施药操作人员在施药时，必须穿长袖衫、长裤，戴手套，严禁光脚和皮肤裸露。

5）向工具里注药和向土壤里施药时，必须戴好专配的防毒口罩和防护眼镜。

6）施药时，杜绝人群围观。施药地块下风向有其他劳动人群时，应另选时间施药。施药现场禁止儿童玩耍。

7）施药人员在带药下地，取药过程中，要轻拿轻放，需把药和运输工具捆绑牢固，防止破碎和丢失。一旦掉地摔破，药液溢出，应立即用干土掩埋。如在室内出现上述情况，人员应远离，打开门窗，充分通风，然后用干土掩埋，待药液被干土吸收后，用塑料袋将土装出，封好口，拿到室外，埋入地下。

8）每天根据用药量取药。如当天没有用完，应妥善保管。不准失盗，一旦失盗应立即报告情况，以便追查。

9）施药人员下地，应自带清水（用 20 kg 容积的塑料桶装），一旦药液进入眼睛，接触皮肤，应立即用清水冲洗，然后用肥皂水洗净，严重者应送到医院诊治。

10）不准在河流、养殖池塘、水源上游、浇地水沟内清洗工具和包装物品。

11）不准将氯化苦送给或卖给他人，或用作其他用途。

三、安全措施

1. 施药前的准备

施药的地块应清理干净前茬作物的残渣，土地应旋耕好，施药地点不要让儿童或家禽进入。地块上不能有绿色植物，施药必须使用专用土壤注射器或动力土壤消毒机，并检查设备完好性；绝对不准沟施或洒施，以防中毒或污染。备好施药用的防护用具，如胶皮手套、防毒面具等。施药时，操作者应站在上风头（详见设备使用说明书）；施药作业人员应经过安全技术培训，培训合格后方能操作。滤毒罐超重 20 g，要更换新罐。

2. 施药时的安全

施药时，存放氯化苦的地点应设立安全警示牌，要有特殊情况下的安全通道。施药过程中，手动注射器应保持基本垂直状态，注射器与地面夹角不得小于 60°；一组施药人员操作手动注射器，应平行顶风操作前行。已施药地块应迅速覆膜，以免氯化苦从土壤中挥发出的浓度过大。不准用注射器向地面或空中注射，注射到土壤中的深度应大于 15 cm，注射针拔出地面，应迅速踩实注射点。棚内作业时，需留有排风口。

3. 施药结束后的安全

施药结束，施药人员应迅速离开现场，剩余药液应倒回药桶或药瓶中。手动注射器和机动土壤消毒机应用煤油清洗干净，避免污染，以备再用。所用防毒面具，应用酒精棉擦洗消毒，以备再用。

（1）包装物保管处理

1）塑料瓶包装：施药人员每天施药完工后，把用过的塑料瓶包装收集在一起，找废闲沟、坡地深埋。

2）铁桶包装：应如数交回公司。

（2）施药机械、工具养护

1）施药动力机不许带动其他动力，并注意保养。加足机油，以保证正常使用。

2）每天用完施药机械后，应用清水或煤油冲刷，防止腐蚀，影响使用效果。

3）手动注射工具：使用半天后，就要用清水或煤油冲刷。

四、应急措施

氯化苦进入眼中时，马上用大量清水冲洗即可；接触到皮肤时，马上用肥皂水清洗即可；吸入时，立即将吸入者移到新鲜空气的场所，或立即送往医院。一旦遇有氯化苦液体泄漏，立即撒上备用的亚硫酸钠粉末，吸附后，立即装入容器中反应，生成无毒的硝基甲烷磺酸钠盐，其反应方程式如下：

$$CCl_3NO_2 + 3Na_2SO_3 + H_2O \longrightarrow CHNO_2(SO_3Na)_2 + 3NaCl + NaHSO_4$$

五、药品储存及运输

1. 储存安全

氯化苦包装桶或包装瓶应储存于阴凉、干燥通风的库房内，应远离火种、热源、氧化剂、强还原剂、发烟硫酸等物质，不得与食物、饲料等混放，应隔离并单独存放，氯化苦储存时间最多不得超过 2 年。

2. 运输安全

氯化苦应由专门的危险品运输车辆运输，装卸车应轻拿轻放，防止包装物破损，不能与其他物品（食品、饲料、酸、碱等）混运，装好的车辆应按规定捆绑结实，并用棚布盖严，以防阳光直射和受潮。

遇交通事故时，应有作为应急措施的上风侧救护通道，并在道路上放置危险品标志。容器破损时，用塑料袋和绳子将容器包好。将泄漏的液体收回到密封的容器中。少量泄漏时，可用抹布擦净，然后装入塑料袋中，也可加入解毒剂（亚硫酸钠）吸收分解，然后将分解物装入塑料袋中密封。大量泄漏时，有强烈的刺激气体产生，周边人畜有中毒的可能。此时，首先，禁止人员进入周边地区，更不要让人进入下风地区，为预防中毒必须佩戴保护用具。其次，用砂土将泄漏液体围起来防止扩散，然后用大量的干土覆盖，让它充分吸收，或加分解剂。注意不要让泄漏物排到井中、河川、湖泊、养鱼池等，吸附物和分解物应装入塑料袋和铁桶中密封，然后按要求妥善处理。

第二节　威　百　亩

威百亩（metam sodium），又名维巴姆、线克、斯美地、保丰收。化学名称：N-甲基二硫代氨基甲酸钠，分子式为 $C_2H_4NNaS_2·2H_2O$，是一种具有杀线虫、杀菌、杀虫和除草活性的土壤熏蒸剂。

一、威百亩特性

1. 理化性质

本品的二水化合物为无色晶体，其溶解性（20℃）：水中 722 g/L，在乙醇中有一定的溶解度，在其他有机溶剂中几乎不溶。浓溶液稳定，但稀释后不稳定，土壤、酸和重金属盐促进其分解。与酸接触释放出有毒气体，水溶液对铜、锌等金属有腐蚀性。

2. 毒性

大鼠急性经口 LD_{50}：雄性 1800 mg/kg，雌性 1700 mg/kg；兔急性经皮 LD_{50} 为 130 mg/kg。对皮肤有轻微刺激，刺激眼睛、皮肤和器官，与其接触按烧伤处理。对水生生物极毒，可能导致对水生环境的长期不良影响。

3. 剂型及生产厂家

中国生产厂家有利民化工股份有限公司、山东鸿汇烟草用药有限公司、沈阳丰收农药有限公司；主要剂型有 35%威百亩水剂、42%威百亩水剂。

此外美国的 Amvac 公司、Buckman 公司，西班牙、澳大利亚和比利时的多家公司都有生产。

4. 注册信息

CAS 号（美国化学文摘社登记号）：137-42-8。

EINECS 登录号（欧洲现有商业化学品目录登记号）：205-293-0。

UN 编号（联合国危险货物运输专家委员会对危险物质制定的编号）：3006。

危险类别码：R22、R31、R34、R50/53。

农药登记证号：PD20081123（35%）、PD20095715（35%）、PD20101411（42%）、PD20101546（35%）。

5. 应用范围及作用特点

威百亩为具有熏蒸作用的土壤杀菌剂、杀线虫剂，兼具除草和杀虫作用，用于播种前土壤处理。对黄瓜根结线虫病、花生根结线虫病、烟草线虫病、棉花黄萎病、根病、苹果子纹羽病、十字花科蔬菜根肿病等均有效，对马唐、看麦娘、马齿苋、豚草、狗牙根、石茅和莎草等杂草也有很好的防治效果。

二、施药技术

1. 施药量

防治对象不同，使用剂量有很大的差别。一般使用有效剂量为 35 mL/m²，约合 35% 威百亩水剂 100 mL/m²。防治根结线虫，用量需进一步提高（表 6-2）。

表 6-2　威百亩登记施药量

登记作物	防治对象	用药量（35%威百亩水剂制剂用量）/（kg/hm²）
番茄	根结线虫	400～800
黄瓜	根结线虫	400～800
烟草（苗床）	猝倒病	500～750
烟草（苗床）	一年生杂草	500～750

2. 土壤条件

土壤质地、湿度和 pH 对威百亩的释放有影响。在处理前，应确保无大土块；土壤湿度必须是 50%～75%，在表土 5.0～7.5 cm 处的土温为 5～32℃。

3. 施药方法

威百亩有两种施药方法。

（1）滴灌施药

首先安装好滴灌设备，将威百亩试剂溶于水，然后采用负压施药或压力泵混合进行滴灌施药。施药的浓度应控制在4%以上，因为过低的浓度，威百亩易分解。用水应为20～40 L/m²。

采用滴灌施药应注意下列事项。

根据土壤的质地不同，滴灌线的密度（滴灌线的间隔距离）为 30～40 cm。需要特别注意的是，通过吸肥器施药时，应防止药液倒流入水源而造成污染。因此，通过滴灌施用农药，应有防水流倒流装置。在关闭滴灌系统前，应先关闭施药系统，用清水继续滴灌 20～30 min 后，再关闭滴灌系统。如果无防止水流倒流装置，可先将水放入一个至少 100 L 的储存桶中，或用塑料布建一个简易水池，然后将水泵施入储存桶或水池中。

（2）沟施

在播种前 2～3 周，开 15～20 cm 深的沟，沟距 25～30 cm，将药液灌施后随即覆土压实。如果覆盖塑料膜，结合太阳能消毒则效果更好。待药效充分发挥后（约 2 周）即可播种或移栽。土壤干燥时应加大稀释倍数，也可先浇底水再施药。

4. 施药时间

夏季避开中午天气暴热时间施药。

5. 注意事项

1）威百亩若用量和施药方式不当，对作物易产生药害，应特别注意。

2）该药在稀溶液中易分解，使用时应现配。

3）该药能与金属盐发生反应，在包装时应避免用金属器具。

4）不能与波尔多液、石硫合剂及其他含钙的农药混用。

5）对眼及黏膜具有刺激作用，施药时应戴防护用具。

6）万一接触眼睛，立即使用大量清水冲洗并送医院诊治。

7）穿戴合适的防护服、手套并使用防护眼镜或者面罩；使用后的衣物应进行彻底的清洗和更换。

8）出现意外或者感到不适，立刻到医生那里寻求帮助（最好带去产品标签）。

9）药品残余物和容器必须作为危险废物处理，避免排放到环境中。

10）不准在河流、养殖池塘、水源上游、浇地水垄沟内清洗工具和包装物品。

三、安全措施

1. 施药前的准备

施药的地块应清理干净前茬作物的残渣，土地应旋耕好，施药地点不要让儿童或家禽进入。地块上不能有绿色植物。施药人员应配备防护用具如胶皮手套、防毒面具等。

2. 施药时的安全

施药应快速地进行，操作时不应嗅到威百亩的气味。操作人员应站在上风头。

3. 施药结束后的安全

施药结束，施药人员应迅速离开现场，并在施用威百亩的地点设立安全警示牌。剩余药液应倒回药桶或药瓶中。

（1）残余物和包装物保管处理

残余物和容器必须作为危险废物处理，避免排放到环境中，造成污染。可以采用溶解或混合在可燃性溶剂中用化学焚烧炉焚烧的方法处理，同时废弃处理应当采用地方法律法规允许的处理方法。

（2）施药机械、工具养护

1）施药动力机不许带动其他动力，并注意保养。加足机油，以保证正常使用。

2）每天用完施药机械后，应用清水或煤油冲刷，防止腐蚀，影响使用效果。

四、应急措施

1）皮肤接触：用大量清水冲洗至少 15 min，重新穿着前衣物必须经过清洗。

2）眼睛接触：分开眼睑，用大量流动清水冲洗至少 20 min，或送医院诊治。

3）吸入：如果吸入气体，立即移到新鲜空气处，保持安静和温暖。如果必要，立即进行人工呼吸，就医。

4）食入：催吐。如果有吞咽，用大量水直接清洗口腔，给其喝水或牛奶，就医。

五、消防措施

1）危险特性：对人体健康有害，对环境有影响。酸性条件下释放出硫化氢和异硫氰酸甲酯有毒气体。

2）有害燃烧产物：CO、CO_2、SO_x、NO_x。

3）灭火方法及灭火剂：此物质不易燃烧，但可以助燃。可用适当的灭火剂围住火源。可使用二氧化碳、干粉、泡沫灭火。

4）应急处理：隔离危险地带，使用适当的通风措施，疏散人群于上风向。建议应急处理人员穿戴有明确压力模式的自给式呼吸器、防护服和防护眼镜。

5）消除方法：若为少量的溢出和泄漏，则用吸附性材料（如泥土、锯屑、稻草、垃圾等）覆盖吸收液体，然后清扫到一个开口的桶内，用家用清洁剂和刷子刷洗污染的地点，用水清洗成浆状，吸收并清扫到同一个桶内。将桶封闭，进行废物处理。

若为大量的溢出和泄漏，则用围堰将泄漏物围住，以防止对水源造成污染。将围住的物料用虹吸的方法放入桶内，根据当时的情况进行重新使用或废物处理。像少量的泄漏那样清洗受污染的地点。

六、药品储存及运输

1. 储存安全

不要与食物、饲料等混存，储存和丢弃时不可以进食。储存于阴凉、干燥、通风处，不要放置于儿童可以接触的地方。储存温度不能低于0℃，因为产品在低温下容易结晶。避免与强酸接触。

2. 运输安全

药品应由专门的危险品运输车辆运输。装卸车要轻拿轻放，防止包装物破损，不能与其他物品（食品、饲料、酸、碱等）混运，装好的车辆应按规定捆绑结实，并用棚布盖严，以防阳光直射和受潮。按规定线路行驶。

第三节　棉　　隆

棉隆（dazomet），又名必速灭、二甲噻二嗪。化学名称：3,5-二甲基-3,4,5,6-四氢化-2H-1,3,5-硫二氮苯-2-硫酮，分子式为 $C_5H_{10}N_2S_2$。

一、棉隆特性

1. 理化性质

纯品为无色晶状固体，熔点为104～105℃（分解），蒸汽压为0.37 MPa（20℃），溶解性（20℃）：水中3 g/kg，丙酮中173 g/kg，苯中51 g/kg，氯仿中391 g/kg，环己烷中400 g/kg，乙醇中15 g/kg，二乙醚中6 g/kg；棉隆中等稳定，但对水及35℃以上温度敏感。

2. 毒性

按我国农药毒性分级标准，棉隆属低毒杀菌、杀线虫剂。原药对雌、雄性大鼠急性经口 LD_{50} 分别为710 mg/kg和550 mg/kg，对雌、雄性兔急性经皮 LD_{50} 分别为2600 mg/kg和2300 mg/kg，对兔皮肤无刺激作用。对眼睛黏膜有轻微的刺激作用。在试验剂量内，对动物无致畸、致癌作用。

3. 剂型及生产厂家

中国主要生产厂家有：江苏省南通施壮化工有限公司，登记的主要剂型有 98%微粒剂和 98%原药，此外德国巴斯夫公司也有生产。

4. 注册信息

CAS 号（美国化学文摘社登记号）：533-74-4。

EINECS 登录号（欧洲现有商业化学品目录登记号）：208-576-7。

RTECS（化学物质毒性作用登记）号：XI2800000。

UN 编号（联合国危险货物运输专家委员会对危险物质制定的编号）：3077 9/PG3。

EC 编号：613-008-00-X。

农药登记证号：PD20070012、PD20070013、LS20080654。

危险货物编号：61904

5. 应用范围及作用特点

棉隆是一种广谱性的土壤熏蒸剂，可用于苗床、新耕地、盆栽、温室、花圃、苗圃、木圃及果园等。棉隆施用于潮湿土壤中时，会产生异硫氰酸甲酯气体，迅速扩散至土壤团粒间，使土壤中各种病原菌、线虫、害虫及杂草无法生存而达到杀灭效果。对土壤中的镰刀菌、腐霉菌、丝核菌、轮枝菌和刺盘孢菌等，以及短体线虫、肾形线虫、矮化线虫、剑线虫、垫刃线虫、根结线虫和孢囊线虫等有效，对萌发的杂草和地下害虫也有很好的防治效果。

二、施药技术

1. 施药量

棉隆的用药量受土壤质地、土壤温度和湿度等的影响，登记用药量见表 6-3。施药后均应当立即混土，然后覆盖塑料薄膜。

表 6-3　98%棉隆微粒粉剂登记用药量

登记作物	防治对象	用药量（制剂用量）/（kg/hm²）	施用方法
番茄（保护地）	线虫	300～450	土壤处理
草莓	线虫	300～400	土壤处理
花卉	线虫	300～400	土壤处理

棉隆对棉花枯、黄萎病菌有良好的防治效果。每平方米 40 cm 深的病土中拌入 70 g原粉，或以 135 g 50%棉隆可湿性粉剂溶于 45 kg 水中浇灌，均可彻底消除病菌。

2. 使用时间

播种或定殖前使用。

3. 使用方法

施药前应仔细整地，撒施或沟施，深度 20 cm；施药后立即混土，加盖塑料薄膜，如土壤较干燥，施用棉隆后应浇水，相对湿度应保持在 76%以上，然后覆上塑料薄膜，土壤的温度应在6℃以上，最好在12～18℃。覆膜天数受气温影响，温度低，覆膜时间就长。揭膜后，翻土透气，土温越低，透气时间越长。土温与施药间隔期的关系见表6-4。因为棉隆的活性受土壤的温度、湿度及结构的影响，施药的剂量应根据当地条件进行调整。

表6-4　使用程序

土壤温度/℃		密封时间/天		通气时间/天		安全试验时间/天	
25	开	4	松	2	安	2	可
20	始	6		3	全	2	以
15	施	8	土	5	试	2	种
10	药	12		10	验	2	植
5		25		20		2	

4. 施药时间

夏季避开中午天气暴热时间施药。

5. 注意事项

1）施药时，应穿靴子和戴橡皮手套等安全防护用具，避免皮肤直接接触药剂，一旦沾污皮肤，应立即用肥皂并用清水彻底冲洗。

2）施药后应彻底清洗用过的衣服和器械，废旧容器及剩余药剂应妥善处理和保管。

3）该药剂对鱼有毒，防止污染池塘。

4）药剂应密封于原包装中，并存放在阴凉、干燥的地方，不得与食品、饲料一起储存。

5）严禁拌种使用。

三、安全措施

1. 施药前的准备

施药的地块应清理干净前茬作物的残渣，土地应旋耕好，施药地点不要让儿童或家禽进入。地块上不能有绿色植物；操作人员使用前，要认真阅读农药标签或请教有关技术人员。使用时应严格遵守《农药安全使用标准》和《农药安全使用规定》，明确使用方法和使用范围；必须经过专门培训，严格遵守操作规程。建议操作人员佩戴防尘口罩，戴化学安全防护眼镜，穿防毒物渗透工作服，戴橡胶手套。

2. 施药时的安全

施药时，存放棉隆的地点要设立安全警示牌，远离火种、水源、热源，工作场所严禁吸烟。配药时要远离儿童和家禽、水源，用过的农药包装物要深埋或烧毁。

3. 施药结束后的安全

施药结束，施药人员应迅速离开现场，剩余药品应倒回药桶并密封；所用防毒面具用酒精棉擦洗消毒，以备再用。把用过的包装袋收集在一起，找废闲沟、坡地深埋。

四、应急措施

1. 泄漏应急处理

首先清理泄漏源。避免泄漏物扩散到土壤中，或者进入水体。操作者必须穿戴安全防护服。泄漏必须立即清理。用吸附剂吸附泄漏物，置于统一的设备中。用洗涤剂清洗泄漏范围。最后必须将所有用于清理的物品清理干净。按照有关法规进行处理。

2. 急救应急处理

皮肤接触：立即脱去污染衣物，用清水或者肥皂水冲洗。严重时，及时送医院治疗。

眼睛接触：用大量清水冲洗眼睛。及时送医院治疗。

吸入：将患者移至新鲜空气处。如果患者已经没有呼吸，给予人工呼吸，并及时送医院治疗。

食入：给患者饮水 1～2 杯，引导呕吐。如果患者已经失去意识，不要给予任何食物，立即送医院治疗。

五、消防措施

危险特性：高于闪点时可产生大量的蒸汽，能引起大范围着火。燃烧可产生有害气体。

有害燃烧产物：一氧化碳等。

灭火方法及灭火剂：灭火剂有泡沫、干粉、二氧化碳；灭火时使用合适的灭火设备。

灭火员必须穿戴安全防护服。避免气体、烟尘和燃烧物的吸入。用水灭火可引起一定的环境危害。如果用水灭火，则必须将所用水回收，避免环境污染。

六、药品储存及运输

本品应储存在干燥、阴凉、通风、防雨处，远离火源或热源。勿与食品、饮料、饲料等其他商品同储同运。运输时严防潮湿和日晒，装卸人员穿戴防护用具，应轻搬轻放。车辆运输完毕应进行彻底清扫。铁路运输时禁止溜放。

第四节　1,3-二氯丙烯

1,3-二氯丙烯（1,3-dichloropropene）又名 1,3-D，化学结构式为 $C_3H_4Cl_2$，是一种无色有甜味的挥发性液体，不纯时呈白色或琥珀色。由顺式和反式异构体组成，顺式 1,3-二氯丙烯沸点为 104.3℃；反式 1,3-二氯丙烯沸点为 112℃。1,3-二氯丙烯微溶于水，可溶于丙酮、苯、四氯化碳，是一种很有潜力的溴甲烷替代物。作物种植前用作土壤熏蒸杀线虫剂，对线虫、土壤害虫、植物病原菌和杂草具有良好的防治效果。

一、1,3-二氯丙烯特性

1. 理化性质

原药外观无色或呈淡黄色液体，有刺激性甜味，相对密度（20℃）为 1.211，折射率为 1.4730（顺式）、1.4682（反式），相对密度为 1.2170（顺式）、1.2240（反式），蒸汽压为 3.73 kPa（25℃），闪点为 35℃，气体密度为 3.8 g/L（20℃），熔点为−84℃，沸点为 112℃（顺式）、104.3℃（反式），微溶于水，可溶于乙醚、苯、氯仿、丙酮、甲苯和辛烷溶液。

2. 毒性

急性毒性：吸入或与皮肤接触有毒。接触皮肤能引起过敏。对眼睛、呼吸系统及皮肤有刺激性。急性中毒可出现肝、肾和肺的损害。

鸟 LD_{50}：鹌鹑为 152 mg/kg。鱼 LD_{50}：虹鳟（96 h）为 3.9 mg/L，太阳鱼为 7.1 mg/L。蜜蜂（90 h）LD_{50}：6.6 mg/头。

3. 剂型及生产厂家

国际上已取得登记或曾经登记的商品主要有美国陶氏益农 Dowagro Sciences 的 Telone（93.6%1,3-DEC）、Cordon（70.7%1,3-DEC）、Curfew（97.5%1,3-DEC）；意大利农化公司 Isagro 的 Nematox；土耳其 Hektaş 的 Rapsodi；美国杜邦的 Sepisol；日本三桂 Sankei 的 Tellon92；美国 Trical 的 Trilone Ⅱ。主要复配的商品有：美国陶氏益农 Dowagro Sciences 的 Inline、TeloneC-17、TeloneC-35；日本三井化学株式会社 Mitsui Chemicals 的 Soilean；日本化药株式会社 Nippon Kayaku 的 Double Stopper；以色列死海（Dead Sea）的 Telopic。

目前中国尚无作为农药登记的剂型产品，由于 1,3-D 的慢性毒性，国际上也已陆续停止了对它的登记。

4. 注册信息

CAS 号（美国化学文摘社登记号）：542-75-6。

危险物编号：33528。

5. 应用范围及作用特点

1,3-二氯丙烯主要用途是作为土壤熏蒸杀线虫剂，用于果树、草莓、葡萄、甘薯、瓜类、烟草、胡萝卜、番茄、花椰菜、甜菜、花生、花卉等多种作物种植前土壤处理，对线虫、地下害虫、植物病原菌和杂草都有一定的防治效果。1,3-二氯丙烯不同于接触性杀线剂的是：1,3-二氯丙烯通过本身的蒸汽移动，而杀线虫剂需要通过水或混合土壤达到杀线虫效果，所以1,3-二氯丙烯能提供更有效、更持久的保护作物的效果。土壤温度影响其效果，最适土壤温度为21～27℃，土壤湿度为5%～25%，过干过湿都不好。用药量根据土壤线虫情况，每亩用15～20 L，用量砂质土＞壤质土＞黏土。施药方法：可进行点洞施药，点洞深15 cm，直径2 cm，相距30 cm，形成等边三角形排列，每洞灌药2～3 mL，7～14天后进行播种或移植。地温在15℃以下，湿度大的土壤要再延长一周才能播种。对皮肤、眼、黏膜有强烈的刺激作用。长时间与皮肤接触能导致烧伤。由于蒸汽对作物有较强的接触性毒害作用，田间如有作物时，必须距离作物50 cm以上。为了节省用药，可采用播沟处理，用药量为土壤处理的1/3～1/2，或采用植穴处理方法，用药量为土壤处理用药量的1/10。1,3-二氯丙烯具有慢性毒性和急性毒性，且在水中的残留会对环境和人类健康产生较大影响。目前1,3-二氯丙烯残留引起的水污染问题在美国许多州已有报道，因此美国新的环境保护法规对1,3-二氯丙烯的应用地区和使用剂量都做了严格的限制。近年来发现，1,3-二氯丙烯与氯化苦混用具有很好的效果，并出现商品化的剂型，如Telone C-17（78.3％1,3-二氯丙烯+16.5％氯化苦）和Telone C-35（61.8％1,3-二氯丙烯+35％氯化苦），两者混用能显著扩大防治谱。近年来，随着溴甲烷的淘汰，1,3-二氯丙烯与氯化苦的混合物已成为溴甲烷的良好替代品之一。

二、施药技术

1. 施药量

药剂的施药剂量主要受以下 3 个方面的因素的影响：①作物的轮作制度；②历史发病情况及土壤中线虫的发生程度；③产量的预期。

1,3-二氯丙烯乳油被推荐用来控制蔬菜、大田作物、水果和坚果、苗圃种植地线虫。1,3-二氯丙烯的最大施用量见表6-5。

表 6-5　线虫控制的施用量

作物	施用量/（kg/hm²）
大田作物、蔬菜	100～200
水果	100～300

2. 土壤条件

土壤施药处最低温度不能低于4℃，低于4℃ 1,3-二氯丙烯蒸汽移动速率慢，不建议施药。通常情况下，沙壤土或沙土有利于药剂在土壤间隙之间的扩散发挥药效。

3. 种植间隔

施药后14天内不要种植，保持土壤不受干扰。低温或是湿润条件下的土壤则需要更长间隔时间。熏蒸后，为避免危害植物的毒性，种植前可让熏蒸剂消散完全。在最佳土壤消散条件下，$10 \ g/m^2$ 的施药量施药14天后，推荐消散1周。种子可作为检测1,3-二氯丙烯乳油的存在量是否会引起植物损害的生物鉴定物。如果还有1,3-二氯丙烯乳油的气味存在则不要种植。

4. 施药方法

1,3-二氯丙烯乳油施药方法主要有两种：滴灌施药和注射施药。

（1）滴灌施药（参考 Telone 使用手册）

只能使用由铜、不锈钢、钢铁、聚丙烯、聚乙烯、尼龙、聚四氟乙烯、硬质聚氯乙烯（PVC）、三元乙丙橡胶和氟橡胶（VITON）构成的滴灌系统。硬质 PVC 不能与未稀释的或高于 1500 ppm[①]浓度的 1,3-二氯丙烯乳油接触。不要使用由铝、镁、锌、镉、锡、合金或乙烯基构成的滴灌管道。

滴灌灌水器应安置在距滴灌线 30～60 cm 的地方。在处理区域内种植。

步骤1：砂土在处理前需预浇水。在处理区域灌溉足够的水以增加土壤湿度到或接近其田间持水量。然后按照说明施药。

步骤 2：选择合适的 1,3-二氯丙烯乳油施药剂量以使处理区保持足够的土壤湿度接

---

① 1 ppm＝$1×10^{-6}$。

近或达到田间持水量。滴灌的 1,3-二氯丙烯乳油浓度必须为 500～1500 ppm，不要超过 1500 ppm。1,3-二氯丙烯乳油分布到滴灌系统之前需通过计量器和混合装置（离心泵或静态混合器）以确保合适的搅动。如发生积水、烂泥和溢流，要立即停止施药，并覆盖土壤吸收。

步骤 3：施药后继续用未处理过的水冲洗灌溉系统，不能有 1,3-二氯丙烯乳油残留。至少保持土壤 14 天内不受干扰，然后再进行常规的作物种植管理活动。

（2）注射施药

同氯化苦注射施药。

5. 注意事项

1）仅通过地表和地下滴灌系统进行施药。不得使用其他任何类型的灌溉系统。

2）药水的非均匀分布会导致作物药害或有效性缺乏。

3）如果对设备标度有疑问，联系推广服务专家、设备制造商或其他专家。

4）不要将施药的灌溉系统与公共供水系统连接，除非农药标签标明其是安全的。

5）除了标签上所描述的，不得使用其他任何类型的灌溉系统。

6）只有了解化学熏蒸系统并懂得操作的人员，或是在负责人的监管之下的人员才能操作这个系统并在需要的时候对其作出调整。

7）灌溉管道中必须安置一个止回功能阀、真空安全阀和低压排水沟以防止回流污染水源。

8）农药注射管道需含有一个自动快速关闭止回功能阀来防止液体回流到给药源头或注射泵。

9）农药注射管道的入口还需含有一个自动正常关闭的止回功能阀，它与系统连锁以防止当系统自动或手动关闭时，供水槽的液体回流。

10）系统需包含一个功能性连锁，当水泵发动机关闭时其可以自动关闭药品注射泵。

11）灌溉管线或水泵需含有一个压力开关，当水压低到对药水分布产生不利影响时它会关闭水泵发动机。

12）注射系统需使用一个计量泵，如容积注射泵或隔膜泵，文丘里系统，或一个装 1,3-二氯丙烯乳油的安全压力缸配备一个计量阀和流量计。这套装备的材料必须能与 1,3-二氯丙烯乳油兼容并能与系统连锁。

13）使用合适的滴管将 1,3-二氯丙烯乳油注射到灌溉水流中，这样可以防止未稀释的药品在注射的瞬间接触到 PVC 管。

三、安全措施

1. 施药前的准备

施药的地块应清理干净前茬作物的残渣，土地应旋耕好，施药地点不要让儿童或家禽进入。地块上不能有绿色植物。施药人员应配备防护用具如胶皮手套、防毒面具等。

2. 施药时的安全

施药应快速地进行，操作人员应站在上风头。

3. 施药结束后的安全

施药结束，施药人员应迅速离开现场，并在施用 1,3-二氯丙烯的地点设立安全警示牌。剩余药液应倒回药桶或药瓶中。

（1）残余物和包装物保管处理

残余物和容器必须作为危险废物处理，避免排放到环境中，造成污染。可以采用溶解或混合在可燃性溶剂中用化学焚烧炉焚烧的方法处理，同时废弃处理应当遵守地方法律法规允许的处理方法。

（2）施药机械、工具养护

施药动力机不许带动其他动力，并注意保养。加足机油，以保证正常使用。每天用完施药机械后，应用清水或煤油冲刷，防止腐蚀，影响使用效果。

四、应急措施

1. 泄漏应急处理

迅速撤离泄漏污染区人员至安全区，并进行隔离，严格限制出入，切断火源，建议应急处理人员戴自给正压式呼吸器，穿消防防护服，尽可能切断泄漏源，防止进入下水道、排洪沟等限制性空间。少量泄漏：用砂土或其他不燃材料吸附或吸收，也可以用不燃性分散剂制成的乳液刷洗，洗液稀释后放入废水系统。大量泄漏：构筑围堤或挖坑收容；用泡沫覆盖，降低蒸汽灾害，用防爆泵转移至槽车或专用收集器内，回收或运至废物处理场所处置。

2. 防护措施

呼吸系统防护：可能接触其蒸汽时，应该佩戴自吸过滤式防毒面具（全面罩），紧急事态抢救或撤离时，建议佩戴自给式呼吸器。

眼睛防护：呼吸系统防护中已作防护。

身体防护：穿胶布防毒衣。

手防护：戴橡胶手套。

其他：工作现场禁止吸烟、进食和饮水，工作毕，淋浴更衣，注意个人清洁卫生。

3. 急救措施

皮肤接触：立即脱去被污染的衣物，用大量流动清水冲洗，至少 15 min，就医。

眼睛接触：立即提起眼睑，用大量流动清水或生理盐水彻底冲洗至少 15 min，就医。

吸入：迅速脱离现场至空气新鲜处，保持呼吸道通畅，如呼吸困难，给输氧，如呼吸停止，立即进行人工呼吸，就医。

食入：误服者用水漱口，给饮牛奶或蛋清，就医。

灭火方法：喷水冷却容器，可能的话将容器从火场移至空旷处。

灭火剂：泡沫、二氧化碳、干粉、砂土。

五、药品储存及运输

储存和处置不要污染水、食物和饲料。

储藏：储藏在紧密封口的原装容器中置于阴凉处，远离住所。不得污染种子、植物、肥料或其他化学农药。不要污染食物、饲料、药物及生活供水。

处置：农药废弃物是有毒的。某些情况下 1,3-二氯丙烯是有腐蚀性的，使用后，应用燃料油、煤油或其他相近类型的溶剂油冲洗施药装置。保管前用新机油或者 50%机油与燃料油的混合物充满泵和仪表。不可用水清洗。不可使清洗液或未使用的 1,3-二氯丙烯进入地表或地下水供给系统。

运输：搬运时应轻拿轻放，防止激烈振荡和日晒。

第五节 硫 酰 氟

硫酰氟，商品名为硫酰氟、熏灭净、Vikane、ProFume，英文通用名 sulfuryl fluoride（ISO-E），分子式为 SO_2F_2，1957 年由 E E Kenaga 报道了本品的杀虫性质，由 Dow Chemical Co.（现为 Dow AgroSciences）于 1960 年首次开发，获专利 US2875127、US3092458。

一、硫酰氟特性

1. 理化性质

纯品在常温下为无色无味气体，沸点为 -55.2℃；熔点为 -136.7℃；蒸汽压为 $1.7×10^3$ kPa（21.1℃），相对密度为 1.36（20℃）。密度：气体（空气=1）2.88；液体（在4℃时，水=1）1.342。25℃时蒸汽压为 $1.79×10^6$ Pa，10℃（SOF）时为 1.22 MPa，1 kg 体积为 745.1 mL，1 L 质量为 1.342 kg。溶解性（25℃，1 个大气压）：水中 750 mg/kg，四氯化碳中 1.36～1.38 L/L，乙醇中 240～270 mL/L，甲苯中 2.1～2.2 L/L。在干燥时大约 500℃下是稳定的，对光稳定，在碱溶液中易水解，但在水中水解缓慢。硫酰氟易于扩散和渗透，其渗透扩散能力比溴甲烷高 5～9 倍。易于解吸（即将吸附在被熏蒸物上的药剂通风移去），一般熏蒸后散气 8～12 h 后就难以检测到药剂了。无腐蚀，不燃不爆。

2. 毒性

对人、畜毒性中等。大鼠急性经口 LD_{50} 为 100 mg/kg。急性吸入 LC_{50}：（4 h）雄大鼠 1122 mg/L，雌大鼠 991 mg/L；（1 h）雄大鼠 3730 mg/L，雌大鼠 3021 mg/L。在大鼠和兔 90 天吸入试验中，无作用剂量为 30 mg/L（每天暴露 6 h，每周 5 天）。对人的急性接触毒性很强。硫酰氟的急性接触毒性为溴甲烷的 1/3。一般对昆虫胚胎期以后的所有发育阶段的毒性都很强。但是很多昆虫的卵对其有很强的抗性，这主要是由硫酰氟不能渗透卵壳层的性质决定。

3. 剂型及生产厂家

山东省龙口市化工厂 99%的熏蒸剂、气体制剂及原药；浙江省临海利民化工有限公司 99.8%的原药；杭州茂宇电子化学有限公司 99.8%的原药及气体制剂；上海皆丰药械有限公司 50%的杀虫气体制剂。

4. 注册信息

CAS 号（美国化学文摘社登记号）：2699-79-8。

UN 编号：2191。

危险物编号：23034。

EINECS 登录号（欧洲现有商业化学品目录登记号）农药登记证：220-281-5。

5. 应用范围及作用特点

硫酰氟是优良的广谱性熏蒸杀虫剂。杀虫谱广、渗透力强、用药量少、不燃不爆、适合低温下使用。主要通过昆虫呼吸系统进入体内，作用于中枢神经系统而致昆虫死亡。硫酰氟蒸汽压低，穿透性强，施用后，能很快栽种下茬作物。硫酰氟在常温甚至极低温度下是汽体，可直接用气体分布管输送施药。缺点是硫酰氟水溶性低，土壤湿度较大时，药剂不能穿透至深层土壤。可利用硫酰氟水溶性小的特点，覆盖硫酰氟的塑料膜可用水在四周密封。

二、施药技术

1. 施药量

硫酰氟在我国黄瓜作物上进行了土壤熏蒸上登记。登记用药量见表6-6。

表 6-6　硫酰氟田间施药量

试验作物	防治对象	用药量/（kg/hm^2）	施用方法
黄瓜（保护地）	根结线虫	500～700	分布带施药

2. 使用时间

播种、定殖前使用。

3. 使用方法

硫酰氟使用方法为分布带施药法。

4. 施药时间

夏季避开中午天气暴热、光照强烈时施药。

5. 注意事项

1）根据动物试验，推荐人体长期接触硫酰氟的安全浓度应低于 5 mg/L。

2）施药人员必须身体健康，并佩戴有效防毒面具。施药前要严格检查各处接头和密封处，不能有泄漏现象，可采用涂布肥皂水的方法来检漏。施药时，钢瓶应直立，不要横卧或倾斜。

3）硫酰氟钢瓶应储存在干燥、阴凉和通风良好的仓库内，严防受热，搬运时应轻拿轻放，防止激烈振荡和日晒。

4）硫酰氟对高等动物毒性虽属中等，但对人的毒性很大，能通过呼吸道等引起中毒，主要损害中枢神经系统和呼吸系统，动物中毒后发生强直性痉挛，反复出现惊厥，脑电图出现癫痫波，尸检可见肺肿。如发生头晕、恶心等中毒现象，应立即离开熏蒸现场，呼吸新鲜空气，可注射苯巴比妥钠和硫代巴比妥钠进行治疗。镇静、催眠的药物如安定、硝基安定、冬眠灵等对中毒治疗无效。

三、安全措施

1. 施药前的准备

施药的地块应清理干净前茬作物的残渣，土地应旋耕好，施药地点不要让儿童或家禽进入。备好施药用的防护用具，如胶皮手套、防毒面具等。施药时，操作者应站在上风头；施药作业人员应经过安全技术培训，培训合格后方能操作。面具用 1 L 滤毒罐，滤毒罐超重 20 g，要更换新罐。

2. 施药时的安全

施药时，存放硫酰氟的地点应立安全警示牌，要有特殊情况下的安全通道。施药地点应位于上风处。棚内作业时，需留有排风口。

3. 施药结束后的安全

施药结束时，剪断分布带，并踩实施药口。拆下施药管道，并将钢瓶安全帽拧紧，最后施药人员应迅速离开现场。所用防毒面具，应用酒精棉擦洗消毒，以备再用。用完的钢瓶应如数交回公司。

四、应急措施

如发生泄漏，应迅速撤离泄漏污染区人员至上风处，并立即进行隔离，小泄漏时隔离 150 m，大泄漏时隔离 300 m，严格限制出入。建议应急处理人员戴自给正压式呼吸器，穿防毒服。从上风处进入现场。尽可能切断泄漏源。合理通风，加速扩散。漏气容器要妥善处理，修复、检验后再用。

五、消防措施

危险特性：遇水或水蒸汽反应放热并产生有毒的腐蚀性气体。若遇高热，容器内压增大，有开裂和爆炸的危险。

有害燃烧产物：氧化硫、氟化氢。

灭火方法：消防人员必须佩戴过滤式防毒面具（全面罩）或隔离式呼吸器、穿全身防火防毒服，在上风向灭火。迅速切断气源，用水喷淋保护切断气源的人员，然后根据着火原因选择适当灭火剂灭火。尽可能将容器从火场移至空旷处。喷水保持火场容器冷却，直至灭火结束。

六、药品储存及运输

本品经高压液化灌装于耐压钢瓶内，钢瓶防止火烤、曝晒、碰撞，不使用时钢瓶阀门要拧紧，用肥皂水检漏，如漏气，可置于稀氨水或水池内吸收破坏。储存在干燥、阴凉和通风良好处，严防受热；搬运时应轻拿轻放，防止激烈振荡和日晒。

第六节　二甲基二硫

二甲基二硫（dimethyl disulfide, DMDS），又名二硫化二甲基。分子式为CH_3SSCH_3，

分子质量为94.20 Da，用作溶剂和农药中间体，是甲基磺酰氯及甲基磺酸产品的主要原料。DMDS是一种零臭氧消耗物质（ODP），具有杀灭病原菌、线虫、杂草及害虫活性，是一种良好的土壤熏蒸剂。

一、二甲基二硫特性

1. 理化性质

本品为无色或微黄色透明液体，有恶臭。熔点为–84.72℃，沸点为109.7℃，黏度为0.62 mPa·s（20℃），相对密度（水=1）1.0625，相对密度（空气=1）3.24，饱和蒸汽压为3.8 kPa，折射率1.5250（David，1971），不溶于水[2.7 g/L（20℃）]，可与乙醇、乙醚、乙酸混溶。常温常压下稳定。

2. 毒性

急性毒性：大鼠经口 LD_{50} 为290～500 mg/kg，经皮 LD_{50}>2000 mg/kg。

二甲基二硫具有硫含量高、容易分解、毒性较低等特点，其毒性仅为乙硫醇毒性的10%。

3. 剂型及生产厂家

常用剂型为95% EC，上海元吉化工有限公司；2% EC，山东兴和作物科学技术有限公司。

4. 注册信息

CAS 号（美国化学文摘社登记号）：624–92–0。

EINECS 登录号（欧洲现有商业化学品目录登记号）：210–871–0。

SmilesCode：CSSC。

农药登记证号：LS20120054。

5. 应用范围及作用特点

DMDS 对害虫具有触杀和胃毒作用，对作物具有一定的渗透性，但无内吸传导作用，杀虫广谱，作用迅速。

适用范围：适用于防治水稻、棉花、果树、蔬菜、大豆上的多种害虫，对螨类也有效。在植物体内氧化成亚砜和砜，杀虫活性提高；同时二甲基二硫可用于土壤消毒，在一定的用量范围内对主要的土传病原菌及线虫有较好的防治效果（表6-7）。

表6-7　PALADIN（98.8%二甲基二硫乳油）登记用量

登记病原	防治对象	用药量/（kg/hm²）
杂草	莎草香附子、锦葵属植物、繁缕、马齿苋、禾本科植物类	510
土传病原菌	黄萎病、镰刀菌、疫霉菌、菌核病、丝核菌	398～510
线虫	根结线虫、剑线虫、短体线虫	347～510

注意事项：对十字花科蔬菜的幼苗及梨、桃、高粱、啤酒花易产生药害；不能与碱性物质混用；皮肤接触中毒可用清水或碱性溶液冲洗，忌用高锰酸钾液，误服治疗可用硫酸阿托品，但服用阿托品不宜太快、太早，维持时间一般应3～5天。

二、施药技术

1. 施药量

二甲基二硫的使用方法包括注射和化学滴灌。

有研究表明，DMDS用量为600～800 kg/hm² 时，能够防治主要的土传病原菌；用量为300 kg/hm² 时，对根结线虫有较好的防治效果。

2. 土壤条件

首先，旋耕20 cm深，充分碎土，捡净杂物，特别是作物的残根。由于DMDS不能穿透病残体的内部，不能杀灭残体内部的病原菌，这些病原菌很容易成为新的传染源。

土壤湿度对DMDS的使用效果有很大的影响，湿度过大、过小都不宜施药。参考施药前的准备部分。

3. 施药方法

（1）人工注射法

用手动注射器将DMDS注入土壤中，注入深度至少为20 cm，注入点的距离以不超过30 cm为宜，每孔注入量为2～3 mL。注入后，用脚踩实穴孔，并覆盖塑料布。需逆风向作业。施药时，土温至少5℃以上。

（2）动力机械施药法

必须使用专用的施药机械进行施药。

4. 覆膜熏蒸

施药后，应立即用塑料膜覆盖，膜周围用土盖上。地温不同，覆盖时间也不同。低温：5～15℃，20～30天。中温：15～25℃，10～15天。高温：25～30℃，7～10天。

5. 施药时间

每天早晨4时至10时，下午16时至20时，以避开中午天气暴热时间。

6. 注意事项

1）向注射器内注药时避开人群，将注射器插入地下。人在上风向站立注药，注完后迅速拧紧盖子，然后再向地里施药。

施药地块周边有其他作物时，特别是下风向、低洼地块，周边有草莓秧、葡萄树，叶菜类植物等其他作物，需用塑料布将其他作物盖住或用塑料布架一道墙遮挡，或边注药边盖膜，防止农药扩散，影响其他作物生长。

施药地为小面积低洼地且旁边还有其他作物时，无明显风力不宜施药。

施药操作人员在施药时，必须穿长袖衫、长裤，脚穿胶鞋，戴手套，严禁光脚和皮肤裸露。

向工具里注药和向土壤里施药时，必须戴好专配的防毒口罩和防护眼镜。

施药时，杜绝人群围观。施药地块下风向有其他劳动人群时，应另选时间施药。施药现场禁止儿童玩耍。

2）施药人员在带药下地、取药过程中，要轻拿轻放，需把药和运输工具捆绑牢固，防止破碎和丢失。一旦掉地摔破，药液溢出，应立即用干土掩埋。如在室内出现上述情况，人员应远离，打开门窗，充分通风，然后用干土掩埋，待药液被干土吸收后，用塑料袋将土装出，封好口，拿到室外，埋入地下。

3）每天根据用药量取药。如当天没有用完，应妥善保管。不准失盗，一旦失盗应立即报告情况，以便追查。

4）施药人员下地，应自带清水（用 20 kg 容积的塑料桶装），一旦药液进入眼睛，接触皮肤，应立即用清水冲洗，然后用肥皂水洗净，严重者应送到医院诊治。

5）不准在河流、养殖池塘、水源上游、浇地水沟内清洗工具和包装物品。

6）不准将 DMDS 送给或卖给他人，或用作其他用途。

三、安全措施

1. 施药前的准备

施药的地块应清理干净前茬作物的残渣，土地应旋耕好，施药地点不要让儿童或家禽进入。地块上不能有绿色植物，施药必须使用专用土壤注射器或动力土壤消毒机，并检查设备完好性；绝对不准沟施或洒播，以防中毒或污染。备好施药用的防护用具，如胶皮手套、防毒面具等。施药时，操作者应站在上风头（详见设备使用说明书）；施药作业人员应经过安全技术培训，培训合格后方能操作。面具用新华牌 1 L 滤毒罐，滤毒罐超重 20 g，要更换新罐。

2. 施药时的安全

施药时，存放 DMDS 的地点应设立安全警示牌，要有特殊情况下的安全通道。施药过程中，手动注射器应保持基本垂直状态，注射器与地面夹角不得小于 60°；一组施药人员操作手动注射器，应平行顶风操作前行。已施药地块应迅速覆膜，以免 DMDS 从土壤中挥发出的浓度过大。不准用注射器向地面或空中注射，注射到土壤中的深度不小于 20 cm，注射针拔出地面，应迅速踩实注射点。棚内作业时，需留有排风口。

3. 施药后的安全

施药结束，施药人员应迅速离开现场，剩余药液应倒回药桶或药瓶中。手动注射器和机动土壤消毒机应用煤油清洗干净，避免污染，以备再用。所用防毒面具，应用酒精棉擦洗消毒，以备再用。

（1）残余物和包装物保管处理

塑料瓶包装：施药人员每天施药完工后，把用过的塑料瓶包装收集在一起，找废闲沟、坡地深埋。铁桶包装：应如数交回公司。

（2）施药机械、工具养护

施药动力机不许带动其他动力，并注意保养。加足机油，以保证正常使用。每天用完施药机械后，应用清水或煤油冲刷，防止腐蚀，影响使用效果。手动注射工具：使用半天后，就要用清水或煤油冲刷。

四、应急及消防措施

1）危险特性：该化学品可燃，闪点为 24.4℃，通明火、高热、摩擦、撞击易引起燃烧或爆炸，与酸接触产生有毒气体，与氧化性物质接触易引起燃烧或爆炸。

2）有害燃烧产物：二氧化碳、一氧化碳、硫氧化物。

3）灭火方法及灭火剂：消防员要进行全身防护并佩戴正压自给式呼吸器和防护眼镜在上风向灭火。由于该化学品可燃，故可采用二氧化碳、干粉、泡沫及砂土等灭火剂。

4）应急处理：隔离危险地带，使用适当的通风措施，疏散人群于上风向。如眼睛接触，则立即提起眼睑，用大量流动清水彻底冲洗，严重时应就医；皮肤接触，应立即脱去污染衣物，用肥皂水和清水彻底冲洗皮肤，严重时就医；如吸入则迅速脱离现场至空气新鲜处；若误食则用水漱口并催吐，严重时就医。

5）泄漏应急处理方法如下所述。

首先，隔离泄漏污染区，切断火源，及时疏散无关人员并撤离污染区。

泄漏源控制：堵漏。

泄漏物控制：小的溢出用吸附性材料（如泥土、锯屑、稻草、垃圾等）覆盖吸收液体，然后清扫到一个开口的桶内，用家用清洁剂和刷子刷洗污染的地点，用水清洗成浆状，吸收并清扫到同一个桶内。将桶封闭，进行控制焚烧。

大的溢出和泄漏：用围堰将泄漏物围住，以防止对水源进行污染。将围住的物料用虹吸的方法放入桶内，根据当时的情况进行重新使用或废物处理。像少量的泄漏那样清洗受污染的地点。避免泄漏物进入下水道、排洪沟等限制性空间。处理废弃污染物前参阅国家和当地有关规定。

五、药品储存及运输

1. 储存安全

库房基本要求：通风、阴凉、干燥、远离热源，仓内温度不宜超过 30℃，禁止与氧化剂及酸等物质混储。

2. 运输安全

保持容器密封，操作时轻拿轻放，避免容器破损而泄漏；不能与其他物品（食品、饲料等）混运，装好的车辆应按规定捆绑结实，并用篷布盖严，以防阳光直射和受潮。

第七节　碘　甲　烷

碘甲烷（methyl iodide），又名甲基碘，是甲烷的一碘取代物。碘甲烷是一种可完全替代溴甲烷的替代品，只需要30%～50%溴甲烷的用量，即可达到溴甲烷的效果。在相同用量下，碘甲烷防治线虫、杂草的活性均高于溴甲烷。由于碘甲烷价格较高，而目前已获得登记的溴甲烷替代品中的氯化苦成本相对较低，碘甲烷通过与氯化苦混用可达到降低成本和扩大防治谱的目的。

一、碘甲烷特性

1. 理化性质

碘甲烷化学结构式为 CH_3I，是一种有特臭的无色液体。分子质量为 141.95 Da，熔点为 $-66.4℃$，沸点为 $42.5℃$，相对密度（水=1）2.80，相对密度（空气=1）4.89，蒸汽压为 53.3 kPa（25℃），折光率（26℃）n=1.5320，水中溶解度为 1.8%（15℃），可溶于乙醇、乙醚和四氯化碳。

2. 毒性

大鼠经口 LD_{50} 为 100~200 mg/kg，小鼠经口 LD_{50} 为 76 mg/kg，属中等毒性。

健康危害：本品对中枢神经和周围神经有损害作用，对皮肤、黏膜有刺激作用。急性中毒：早期出现头晕、头痛、乏力、恶心、心悸、胸闷；症状加重可出现视力减退、复视、言语困难、定向障碍，甚至发生幻觉、抽搐、瘫痪、昏迷，符合中毒性脑水肿。少数患者以代谢性酸中毒表现为主，意识障碍不明显，但 1~2 天后病情可突然恶化，血二氧化碳结合力下降。部分病例有周围神经损害。眼污染可致角膜损伤。皮肤污染可致皮炎。慢性影响：长期接触可发生神经衰弱综合征。

3. 剂型及生产厂家

中国主要生产厂家有：武汉市嘉鑫化工有限公司、北京鲁玫信悦生物科技中心、上海昂新贸易有限公司、苏州市达锋化工有限公司、上海尹黄化学有限公司等。产品为≥99.7%的原液。

4. 注册信息

CAS 号（美国化学文摘社登记号）：74-88-4。

RTECS 号（化学物质毒性作用登记）：PA9450000。

UN 编号（联合国危险货物运输专家委员会对危险物质制定的编号）：2644。

危险货物编号：61568。

5. 应用范围及作用特点

碘甲烷可控制多种经济作物（如草莓、番茄、胡椒、甜瓜）病菌，以及广谱土传病和线虫、杂草等。碘甲烷只需要溴甲烷 30%~50%的量即可达到溴甲烷的防治效果，在相同的量下碘甲烷防治线虫和杂草的活性均高于溴甲烷。另外，研究还发现，碘甲烷对灰葡萄孢子、亚麻镰刀菌、立枯丝核菌、柑橘褐腐疫霉和大丽花轮枝孢等的防治效果能够达到溴甲烷的 2.7 倍。

二、施药技术

1. 施药量

目前碘甲烷尚未在国内登记。有文献记载其用药量（参考农药电子手册），见表 6-8。

表 6-8 碘甲烷田间试验用量

试验作物	防治对象	用药量/（kg/hm²）
番茄	根结线虫	140～270
辣椒、草莓	疫霉、镰刀菌等	140～270
草皮和观赏植物	疫霉、镰刀菌等	140～270

2. 土壤条件

土壤质地、湿度和土壤 pH 对碘甲烷的释放有影响。在处理前，应确保无大土块；土壤湿度必须是 50%～75%，在表土 5.0～7.5 cm 处的土温为 5～32℃。

3. 施药方法

（1）人工注射法

用手动注射器将碘甲烷注入土壤中，注入深度为 15～20 cm，注入点的距离为 30 cm，每孔注入量为 2～3 mL。注入后，用脚踩实穴孔，并覆盖塑料布。需逆风向作业。

施药时，土温至少 5℃以上。

（2）滴灌施药法

采用滴灌系统进行碘甲烷药剂的施用。

4. 覆膜熏蒸

施药后，应立即用塑料膜覆盖，膜周围用土盖上。地温不同，覆盖时间也不同。低温：5～15℃，20～30 天。中温：15～25℃，10～15 天。高温：25～30℃，7～10 天。

在施药前，首先让用药农户准备好农膜，边注药边盖膜，防止药液挥发。用土压严四周，不能跑气漏气。农户需随时观察，发现漏气，及时补救，否则影响药效。严重者应重新施药进行熏蒸。

5. 施药时间

每天早晨 4 时至 10 时，下午 16 时至 20 时，以避开中午天气暴热时间。

6. 注意事项

1）向注射器内注药时避开人群，将注射器插入地下。人在上风向站立注药，注完后迅速拧紧盖子，然后再向地里施药。

2）施药地块周边有其他作物时，特别是下风向、低洼地块，周边有草莓秧、葡萄树、叶菜类植物等其他作物，需用塑料布将其他作物盖住或用塑料布架一道墙遮挡，或边注药边盖膜，防止农药扩散，影响其他作物生长。

3）施药地为小面积低洼地且旁边还有其他作物时，无明显风力不宜施药。

4）施药操作人员在施药时，必须穿长袖衫、长裤，脚穿胶鞋，戴手套，严禁光脚和皮肤裸露。

5）向工具里注药和向土壤里施药时，必须戴好专配的防毒口罩和防护眼镜。

6）施药时，杜绝人群围观。施药地块下风向有其他劳动人群时，应另选时间施药。施药现场禁止儿童玩耍。

7）施药人员在带药下地、取药过程中，要轻拿轻放，需把药和运输工具捆绑牢固，防止破碎和丢失。一旦掉地摔破，药液溢出，应立即用干土掩埋。如在室内出现上述情况，人员应远离，打开门窗，充分通风，然后用干土掩埋，待药液被干土吸收后，用塑料袋将土装出，封好口，拿到室外，埋入地下。

8）每天根据用药量取药。如当天没有用完，应妥善保管。不准失盗，一旦失盗应立即报告情况，以便追查。

9）施药人员下地，应自带清水（用 20 kg 容积的塑料桶装），一旦药液进入眼睛，接触皮肤，应立即用清水冲洗，然后用肥皂水洗净，严重者应送到医院诊治。

10）不准在河流、养殖池塘、水源上游、浇地水沟内清洗工具和包装物品。

11）不准将碘甲烷送给或卖给他人，或用作其他用途。

三、安全措施

1. 施药前的准备

施药的地块应清理干净前茬作物的残渣，土地应旋耕好，施药地点不要让儿童或家禽进入。地块上不能有绿色植物，施药必须使用专用土壤注射器或动力土壤消毒机，并检查设备完好性；绝对不准沟施或洒播，以防中毒或污染。备好施药用的防护用具，如胶皮手套、防毒面具等。施药时，操作者应站在上风头（详见设备使用说明书）；施药作业人员应经过安全技术培训，培训合格后方能操作。防毒面具用 1 L 滤毒罐，滤毒罐超重 20 g，要及时更换新罐。

2. 施药时的安全

施药时，存放碘甲烷的地点应设立安全警示牌，要有特殊情况下的安全通道。施药过程中，手动注射器应保持基本垂直状态，注射器与地面夹角不得小于 60°；一组施药人员操作手动注射器，应平行顶风操作前行。已施药地块应迅速覆膜，以免碘甲烷从土壤中挥发出的浓度过大。禁止用注射器向地面或空中注射，注射到土壤中的深度应大于 15 cm，注射针拔出地面，应迅速踩实注射点。棚内作业时，需留有排风口。

3. 施药结束后的安全

施药结束，施药人员应迅速离开现场，剩余药液应倒回药桶或药瓶中。手动注射器和机动土壤消毒机应用煤油清洗干净，避免污染，以备再用。所用防毒面具，应用酒精棉擦洗消毒，以备再用。

（1）包装物保管处理

塑料瓶包装：施药人员每天施药完工后，把用过的塑料瓶包装收集在一起，找废闲沟、坡地深埋。铁桶包装：应如数交回公司。

（2）施药机械、工具养护

施药动力机不许带动其他动力，并注意保养。加足机油，以保证正常使用。每天用完施药机械后，应用清水或煤油冲刷，防止腐蚀，影响使用效果。手动注射工具：使用半天后，就要用清水或煤油冲刷。

四、应急措施

1. 泄漏应急处理

迅速撤离泄漏污染区人员至安全区，并立即隔离150 m，严格限制出入。切断火源。建议应急处理人员戴自给正压式呼吸器，穿防毒服。不要直接接触泄漏物。尽可能切断泄漏源，防止进入下水道、排洪沟等限制性空间。少量泄漏：用砂土或干燥石灰或苏打灰混合。大量泄漏：构筑围堤或挖坑收容。用泡沫覆盖，降低蒸汽灾害。用防爆泵转移至槽车或专用收集器内，回收或运至废物处理场所处置。

2. 防护措施

呼吸系统防护：空气中浓度超标时，应选择佩戴自吸过滤式防毒面具（半面罩）。

眼睛防护：戴化学安全防护眼镜。

身体防护：穿透气型防毒服。

手防护：戴防化学品手套。

其他：工作现场禁止吸烟、进食和饮水。工作毕，沐浴更衣。单独存放被毒物污染的衣服。洗后备用。注意个人清洁卫生。

3. 急救措施

皮肤接触：脱去被污染的衣物，用肥皂水和清水彻底冲洗皮肤。就医。

眼睛接触：提起眼睑，用大量流动清水或生理盐水彻底冲洗至少15 min。就医。

吸入：迅速脱离现场至空气新鲜处。保持呼吸道通畅。如呼吸困难，给输氧。如呼吸停止，立即进行人工呼吸。就医。

食入：饮足量温水，催吐，就医。

灭火方法：消防人员需佩戴防毒面具、穿全身消防服。

灭火剂：雾状水、泡沫、二氧化碳、砂土。

五、药品储存及运输

本品应储存在干燥、阴凉、通风、防雨处，远离火源或热源。勿与食品、饮料、饲料等其他商品同储同运。运输时严防潮湿和日晒，装卸人员穿戴防护用具，应轻搬轻放。车辆运输完毕应进行彻底清扫。铁路运输时禁止溜放。

参 考 文 献

曹坳程, 褚世海, 郭美霞, 等. 2002. 硫酰氟——溴甲烷土壤消毒潜在的替代品. 农药学学报, 4 (3): 91-93

曹坳程, 张文吉, 刘建华. 2007. 溴甲烷土壤消毒替代技术研究进展. 植物保护, 33 (1): 15-20

章思规. 1991. 精细有机化学品技术手册上册. 北京: 科学出版社

朱永和, 王振荣, 李布青. 2006. 农药大典. 北京: 中国三峡出版社: 324-325

Charles P. 2003. Dimethyl Disulfide: a New Alternative for Soil Disinfestations. Orlando, Florida: Proc. 2003 Annual International Research Conference on Methyl Bromide Alternatives and Emissions Reductions

Csinos A S, Johnson W C, Johnson A W, et al. 1997. Alternative fumigants for methyl bromide in tobacco and pepper transplant production. Crop Protection, 16: 585-594

David R. 1970-1971. Handbook of Chemistry and Physics. 51st. Ann Arbor，Michigan：CRC Press: 273

Haydock P P J, Deliopoulos T, Evans K, et al. 2010. Effects of the nematicide 1,3-dichloropropene on weed populations and stem canker disease severity in potatoes. Crop Prot, 29: 1084-1090

Kenaga E. 1957. Some biological, chemical and physical properties of sulfuryl fluoride as an insecticidal fumigant. Journal of Economic Entomology, 50 (1):1-6

Wang Q, Song Z, Tang J, et al. 2009. Efficacy of 1,3-dichloropropene gelatin capsule formulation for the control of soilborne pests. Journal of Agriculture and Food Chemistry, 57: 8414-8420

第七章　非熏蒸剂土壤消毒技术

第一节　氰 氨 化 钙

氰氨化钙是德国德固赛公司采用先进的造粒技术生产的新一代土壤改良型缓释颗粒肥，氰氨化钙在土壤中特殊的分解方式，不但使其在土壤中和作物体内无残留污染，而且使其具有缓释氮肥、降低土传病害的发生及减轻地下害虫、补充钙素、改良土壤等作用。

一、氰氨化钙特性

1. 理化性质

氰氨化钙俗名石灰氮或碳氮化钙。纯品为白色结晶，不纯品呈灰黑色，有特殊臭味。熔点为1300℃，沸点为1150℃（升华），密度为2.29 g/cm³，相对密度（水=1）1.08，不溶于水，但可以分解。

2. 毒性

急性毒性：LD_{50} 334 mg/kg（小鼠经口）、158 mg/kg（大鼠经口）。

危险特性：本身不燃烧，但遇水或潮气、酸类产生易燃气体并放热，有发生燃烧爆炸的危险。燃烧（分解）产物为一氧化碳、二氧化碳、氮氧化物。

吸入或食入本品粉尘可引起急性中毒。中毒表现为面、颈及胸背上方皮肤发红，眼、软腭及咽喉黏膜发红、畏寒等。个别可发生多发性神经炎、暂时性局灶性脊髓炎及瘫痪等。进入眼内可引起眼损害；皮肤接触可引起皮炎、荨麻疹及溃疡。长期接触可引起神经衰弱综合征及消化道症状；眼及呼吸道刺激。长期大量吸入其粉尘可引起尘肺。

3. 剂型及生产厂家

50%氰氨化钙颗粒剂由德国德固赛公司生产。该剂型不但适合中国农户安全使用，而且有效成分分解完全、利用率高、使用效果好。其颗粒剂直径为1.5～2.2 mm，在运输和使用过程中均能最大限度地降低粉尘污染，对人和作物更为安全，也是目前各种氮肥中含钙量最高的肥料。

4. 注册信息

危险物编号：43507。

CAS号（美国化学文摘社登记号）：156-62-7。

UN编号：1403。

EINECS登录号：205-861-8。

警示性质标准词：R22、R37、R41。

农药登记证号：LS20030837。

RTECS号：G56000000。

5. 应用范围及作用特点

氰氨化钙在土壤中不但具有缓释氮肥、高效长效钙肥的作用，而且具有减少土传病害、驱避杀死地下害虫、抑制杂草萌发、改良土壤、提高土壤肥力和作物品质等作用。同时其在土壤中与水反应，先生成氢氧化钙和氰氨，氰氨水解生成尿素，最后分解成氨。在碱性土壤中，形成的氰氨可进一步聚合成双氰氨。氰氨和双氰氨都具有消毒、灭虫、防病的作用。因此可以起到防治土壤中土传病害、线虫、虫害及杂草的作用。另外，其还可以促进有机物腐熟，从而达到改良土壤的目的。

二、施药技术

1. 施药量

防治对象不同，使用剂量有很大的差别。具体用量详见表7-1。

表7-1　氰氨化钙的使用方法

作物名称	使用量/（kg/hm²）	使用时间	等待天数
十字花科作物	450～1050	播种或定殖前	10～25
瓜类作物	450～600	播种或定殖前	10～15
茄果类作物	600～900	播种或定殖前	15～22
生菜、菠菜、芹菜等叶菜类作物	450～600	播种或定殖前	10～15
葱、姜、蒜等	450～1050	播种或定殖前	10～25
草莓	450～600	播种或定殖前	10～15
花卉	450～900	播种或定殖前	10～15
烟草	450～900	播种或定殖前	10～22
果树	450～600	播种或定殖前	春季萌芽前 10～15 天或秋季采收后

2. 使用时间

对于一年生作物，在播种或定植前使用；对于多年生作物，在萌芽前使用。

3. 使用方法

（1）土壤消毒法（氰氨化钙+水+太阳能+有机肥或秸秆）

1）施用时间。在4～10月选择连续3～4天都是晴天天气进行（防治根结线虫一定要在7～8月选择连续3～4天都是晴天进行）。清理前茬作物。

2）将氰氨化钙均匀撒施于土壤表面。

3）将有机肥或秸秆均匀撒施于土壤表面。防治根结线虫一定要撒施稻草或麦秸，每亩撒施 800～1000 kg。

4）翻耕。用机械或人工翻耕 20 cm（防治根结线虫要求翻耕 30 cm），使药剂与土壤、有机肥或秸秆等混合均匀。

5）起垄。起高 30cm、宽 60～80 cm 的垄。

6）盖膜。覆盖白色或黑色塑料膜。

7）浇水。在垄间膜下浇水，浇水量到距垄肩 5 cm 为宜。

8）闷棚。非大棚土壤消毒应盖好塑料膜，保证塑料膜不透风；温室大棚土壤消毒不但要盖好塑料膜，而且一定要密封大棚不漏气，确保地温升高。

9）土壤消毒天数。一般每亩施用 3 kg 氰氨化钙需要 1 天的分解期，分解期内要保持土壤湿润，如土壤缺水需及时补水，确保土壤田间相对持水量 70% 以上。安全分解期过后揭膜，松土降温 1～2 天后就可定殖或播种作物。

（2）清园消毒法

1）沟施：包括放射状沟施和环状沟施。放射状沟施是指北方落叶类果树在秋季 9～10 月结合清园或秋季追肥，在树干周围挖 4～6 条长 100 cm 左右、宽 30 cm 左右、深 20～30 cm 的沟，将有机肥、落叶杂草、化学肥料和氰氨化钙施入沟内，然后覆土、浇水，有条件的可覆盖塑料膜。环状沟施是指北方落叶类果树在秋季 9～10 月结合清园或秋季追肥，在树干周围挖宽 20～30 cm、深 20～30 cm 的环状沟，将有机肥、落叶杂草、化学肥料和氰氨化钙施入沟内，然后覆土、浇水，有条件的可覆盖塑料膜。

2）撒施：北方落叶类果树在秋季 9～10 月结合清园或秋季追肥，将有机肥、化学肥料和一定量的氰氨化钙均匀撒施到距离主干 50 cm 以外的树冠下面，然后结合中耕，将肥料翻入土中，最后浇水。有条件的可覆盖塑料膜，撒施适宜于根系布满全园的作物。

北方落叶类果树沟施和撒施氰氨化钙都能加快落叶、杂草等有机物的腐熟和有机肥的分解，消除土壤中残留的果树病原菌和地下害虫。

4. 注意事项

1）氰氨化钙施入土壤后，在遇水转化成尿素的过程中，其中间产物单氰胺（H_2CN_2）会对作物造成伤害。因此，施用氰氨化钙后需要一定的等待时间，使单氰胺完全转化成尿素后，才能播种或定殖作物。一般施用 3 kg 氰氨化钙需要等待 1 天时间，具体等待时间根据实际的使用量进行计算。

2）本品吞入有害，对呼吸系统和眼睛有伤害。不要吸入其粉尘，使用时身穿防护服和佩戴口罩、手套，使用后用清水将身体暴露的部分反复冲洗干净并在使用氰氨化钙前后 24 h 内严禁饮酒。如有中毒事件发生，立即就医。如果误溅到皮肤或眼睛，立即用大量清洁流水冲洗 15 min 后咨询医生。

3）在撒施氰氨化钙时注意不要使其碰及周围的作物，否则容易造成伤害。

4）氰氨化钙是含氮 19.8% 和含氧化钙 50% 的碱性肥料，施肥时根据当地农业技术人员指导平衡施肥，不要将本品与酸性肥料一起使用。

5）储运：氰氨化钙需在阴凉干燥处储存，在运输过程中要防止雨水淋湿。开封后未使用完的氰氨化钙必须封口后密闭保存，并远离儿童和家畜生活区。

6）严格按照产品说明使用本品。氰氨化钙无残留可连续使用，连年收益。根据土壤的实际情况选择适宜的使用量，施用后保持土壤湿润并有足够的等待期。

三、安全措施

1. 施药前的准备

施药的地块应清理干净前茬作物的残渣，土地应旋耕好，施药地点不要让儿童或家禽进入。地块上不能有绿色植物；操作人员必须经过专门培训，严格遵守操作规程。建议戴防尘口罩、防护眼镜和橡胶手套。

2. 施药时的安全

施药过程中，施药人员要尽可能低地撒施氰氨化钙颗粒剂，以防止颗粒剂的粉尘飘移。施药时，工作场所严禁吸烟。

3. 施药结束后的安全

施药结束，施药人员应迅速离开现场，剩余药品倒回药桶并密封；所用防毒面具用酒精棉擦洗消毒，以备再用。把用过的包装袋收集在一起，找废闲沟、坡地深埋。

四、应急措施

1. 泄漏应急处理

隔离泄漏污染区，周围设警告标志，切断火源。建议应急处理人员戴好防毒面具、穿化学防护服。不要直接接触泄漏物，禁止向泄漏物直接喷水，更不要让水进入包装容器内。避免扬尘，用清洁的铲子将其收集于干燥洁净有盖的容器中，转移到安全场所。如果大量泄漏，用塑料布、帆布覆盖，与有关技术部门联系，确定清除方法。

2. 急救措施

皮肤接触：脱去污染的衣物，立即用流动清水彻底冲洗。若有灼伤，及时就医治疗。

眼睛接触：立即提起眼睑，用流动清水或生理盐水冲洗至少 15 min。

吸入：脱离现场至空气新鲜处。注意保暖，必要时进行人工呼吸，或就医。

食入：误服者立即漱口，给饮大量温水，催吐，并及时送医院治疗。

灭火方法：干粉、砂土。禁止用水，禁止使用泡沫灭火器。

五、消防措施

危险特性：遇水或潮气、酸类产生易燃气体和热量，有发生燃烧爆炸的危险。如含有杂质碳化钙或少量磷化钙时，则遇水易自燃。

有害燃烧产物：一氧化碳、二氧化碳、氮氧化物。

灭火方法：消防人员需佩戴防毒面具、穿全身消防服，在上风向灭火。使用干粉、二氧化碳、砂土等灭火剂。禁止用水、泡沫和酸碱灭火剂灭火。

六、药品储存及运输

1. 储存安全

氰氨化钙包装袋或包装钢桶应储存于阴凉、干燥、通风良好的库房。远离火种、热源。库温不超过 25℃，相对湿度不超过 75%。保持容器密封。应与酸类、食用化学品分开存放，切忌混储。采用防爆型照明、通风设施。禁止使用易产生火花的机械设备和工具。储区应备有合适的材料收容泄漏物。

2. 运输安全

运输时运输车辆应配备相应品种和数量的消防器材及泄漏应急处理设备。装运本品的车辆排气管需有阻火装置。运输过程中应确保容器不泄漏、不倒塌、不坠落、不损坏。

严禁与酸类、食用化学品等混装混运。运输途中应防曝晒、雨淋、高温。中途停留时应远离火种、热源。车辆运输完毕应进行彻底清扫。铁路运输时禁止溜放。

第二节　阿维菌素

阿维菌素，又名爱福丁、7051杀虫素、虫螨光、绿菜宝，英文通用名 avermectin，分子式：$C_{48}H_{72}O_{14}$（B_{1a}）・$C_{47}H_{70}O_{14}$（B_{1b}），是日本北里大学大村智等和美国 Merk 公司合作，于1976年开发的1组16元大环内酯化合物，具有优良的杀虫、杀螨和杀线虫活性。阿维菌素是 *Streptomyces avermitilis* 经发酵后提取而得，共含8个组分，主要有4种，即 A_{1a}、A_{2a}、B_{1a} 和 B_{2a}，其总含量≥80%；对应的4个比例较小的同系物是 A_{1b}、A_{2b}、B_{1b} 和 B_{2b}，其总含量≤20%。

一、阿维菌素特性

1. 理化性质

原药精粉为白色或黄色结晶（含 B_{1a}≥90%），分子质量为 B_{1a}873.09 Da、B_{1b}859.06 Da，蒸汽压<200 nPa，相对密度为1.16，熔点为150～155℃，21℃时溶解度在水中为7.8 μg/L、丙酮中为100 g/L、甲苯中为350 g/L、异丙醇中为70 g/L，氯仿中为10 g/L。常温下不易分解。在25℃，pH5～9的溶液中无分解现象。农药上常用的阿维菌素油膏，是阿维菌素精粉提炼后的附属品，为二甲苯溶解乳油装，含量为3%～7%。制剂外观为浅褐色液体，常温可储存两年以上。

2. 毒性

CF 小鼠急性经口 LD_{50} 为13.6～23.8 mg/kg，CRCD 小鼠为10.6～11.3 mg/kg，CRCD 新生大鼠1.52 mg/kg。产生影响的最小剂量为：CRCD 新生大鼠每天0.12 mg/kg，CRCD 大鼠每天2.0 mg/kg，Beagle 狗每天0.5 mg/kg，猴每天2.0 mg/kg。兔急性经皮 LD_{50}＞2000 mg/kg。大鼠连续给药8周、小鼠连续给药94周，无作用剂量为每天4 mg/kg，大鼠两年喂养无作用剂量为2 mg/kg。致畸毒性表明，母体毒性无影响剂量大鼠0.05 mg/kg，小鼠为1.6 mg/kg。Ames 试验表明，无遗传毒性、无致癌作用。鳟 LC_{50} 为3.2 μg/L，鲤 LC_{50} 为4.2 μg/L，水蚤 LC_{50} 为0.34 μg/L，白喉鹑 LD_{50} 为2000 mg/kg，野鸭急性经口 LD_{50} 为86.4 mg/kg。蜜蜂经口 LD_{50} 为0.009 μg/只，接触 LD_{50} 为0.002 μg/只。

3. 剂型及生产厂家

阿维菌素生产厂家颇多，如华北制药集团爱诺有限公司、深圳诺普信农化股份有限公司、河北省唐山市瑞华生物农药有限公司、北京亚戈农生物药业有限公司、西安北农华农作物保护有限公司等。主要的剂型有1%阿维菌素颗粒剂，0.5%、0.9%、1.8%阿维菌素乳油，1.8%、2.2%阿维菌素水乳剂，0.5%、3.2%阿维菌素微乳剂，0.5%阿维菌素可湿性粉剂等。

4. 注册信息

CAS 号（美国化学文摘社登记号）：71751-41-2。

UN 编号（联合国危险货物运输专家委员会对危险物质制定的编号）：2811。

EINECS 号：200-096-6。

RTECS 号：CL1203000。

危险物编号：2588。

5. 应用范围及作用特点

阿维菌素对螨类、昆虫及线虫具有胃毒和触杀作用。作用机制与一般杀虫剂不同的是：其干扰神经生理活动，刺激释放 γ-氨基丁酸，而氨基丁酸对节肢动物的神经传导有抑制作用。螨类成虫、若虫和昆虫幼虫与阿维菌素接触后即出现麻痹症状，不活动、不取食，2～4 天后死亡。因不引起昆虫迅速脱水，所以阿维菌素致死作用较缓慢。阿维菌素对捕食性昆虫和寄生天敌虽有直接触杀作用，但因植物表面残留少，所以对益虫的损伤很小。阿维菌素在土内被土壤吸附不会移动，并且被微生物分解，因而在环境中无累积作用，可以作为综合防治的一个组成部分。调制容易，将制剂倒入水中稍加搅拌即可使用，对作物亦较安全，按介绍的方法使用不会发生药害。

二、施药技术

1. 施药量

阿维菌素登记施药量见表 7-2。

表 7-2　阿维菌素登记施药量

登记作物	防治对象	用药量（有效成分）	施用方法
黄瓜	根结线虫	225～263g/hm²	沟施、穴施

2. 使用时间

播种、定殖前或作物生长期间均可使用。

3. 使用方法

阿维菌素可通过混土、喷灌、沟灌和滴灌等多种方式施用。在使用过程中如能混合腐烂的秸秆或稻草并覆膜，效果更佳。

4. 施药时间

夏季避开中午天气暴热、光照强烈时施药。

5. 注意事项

1）阿维菌素对蜜蜂有毒，在蜜蜂采蜜期不得用于开花作物。

2）水生浮游生物对阿维菌素敏感，应避免此药剂污染鱼塘和江河。

3）本剂与其他类型杀螨剂无交互抗性，对其他类杀螨剂产生抗性的螨类，本剂仍有效。

4）如发生误服中毒，可服用吐根糖浆或麻黄解毒，避免使用巴比妥、丙戊酸等增强 γ-氨基丁酸活性的药物。

5）按绿色食品农药使用准则规定，在生产 A 级、AA 级绿色蔬菜和果树产品时，不得使用本剂。

三、安全措施

同氰氨化钙。

四、应急措施

同氰氨化钙。

五、消防措施

同氰氨化钙。

六、药品储存及运输

同氰氨化钙。

第三节 噻 唑 膦

噻唑膦，商品名福气多，英文通用名 fosthiazate，分子式：$C_9H_{18}NO_3PS_2$，是日本石原产业株式会社研制开发的一种非熏蒸型的高效、低毒、低残留的环保型杀线虫剂。

一、阿维菌素特性

1. 理化性质

纯品为浅棕色油状物，分子质量为 283.3 Da，蒸汽压大于 $5.6×10^{-4}$ Pa（25℃），相对密度为 1.26，沸点为 198℃，20℃时溶解度在水中为 9.85 g/L、在正己烷中为 15.14 g/L。

2. 毒性

大鼠急性经口 LD_{50} 为雄性 73 mg/kg、雌性 57 mg/kg，大鼠急性经皮 LD_{50} 为雄性 2396 mg/kg、雌性 861 mg/kg。

3. 剂型及生产厂家

噻唑膦生产厂家有日本石原产业株式会社、河南金田地农化有限责任公司、浙江石原金牛农药有限公司、广东中迅农科股份有限公司、河北三农农用化工有限公司等。主要的剂型有 5%、10%颗粒剂等。

4. 注册信息

CAS 号（美国化学文摘社登记号）：98886-44-3。

UN 编号：2810。

RTECS 号：TB1707000。

5. 应用范围及作用特点

噻唑膦为触杀性和内吸传导型杀线虫剂，用低剂量就能阻碍线虫的活动，防止线虫对植物根部的侵入。施药方法简单，无需换气，药剂处理后能直接定殖。杀线虫效果不受土壤条件如湿度、酸碱度、温度的影响。正常使用技术条件下，对作物安全。

二、施药技术

1. 施药量

噻唑膦登记施药量见表 7-3。

表 7-3　噻唑膦登记施药量

登记作物	防治对象	用药量（制剂用量）/（kg/hm²）	施用方法
番茄	根结线虫	22.5～30	土壤撒施
黄瓜	根结线虫	22.5～30	土壤撒施
西瓜	根结线虫	22.5～30	土壤撒施

2. 使用时间

定殖前使用。为确保药效，应在施药后当天进行移栽。

3. 使用方法

全面土壤混合施药（对防治线虫最有效），也可畦面施药及开沟施药。将药剂均匀撒于土壤表面，再用旋耕机或手工工具将药剂和土壤充分混合。药剂和土壤混合深度需 15～20 cm。

4. 施药时间

夏季避开中午天气暴热、光照强烈时施药。

5. 注意事项

1）施药前应将大块土壤打碎以保证药效。

2）一季作物生长期只需一次施药。

3）播种后或移栽后使用易产生药害，务必在定殖前施药。

4）使用方法不当、超量使用或土壤水分过多时容易引起药害，请严格按照标签规定剂量正确使用。

5）对蚕有毒性，桑园蚕室附近禁用。

6）施药时远离水产养殖区，禁止在河塘等水体中清洗施药工具。

7）用过的容器应妥善处理，不可用作他用，也不可随意丢弃。

8）孕妇及哺乳期妇女禁止接触。

注意：使用前请仔细阅读标签，严格按照本标签规定的使用技术和使用方法、注意事项等所有内容使用本品。

三、中毒急救

施药时要穿作业服，施药后要立即清洗手、足、脸并换下工作服。如误服引起中毒，饮水催吐后，立即送医院就诊，解毒剂为阿托品。

四、药品储存及运输

密封储存于阴凉、干燥处，远离儿童，并加锁保管。避免与食品、饮料、粮食和饲料同储同运。本品在使用、运输和储藏中应遵守农药类有关规定。

第四节　土壤厌氧消毒技术

土壤厌氧消毒技术（anaerobic soil disinfestation，ASD）最早是由荷兰和日本科学家提出的一种非化学的溴甲烷替代技术，主要用于防治病原菌和线虫对草莓和蔬菜作物的危害。

一、技术简介

土壤厌氧消毒技术的操作方法是，首先给土壤添加一定量的碳源，促进土壤微生物数量的快速增长，增加土壤呼吸作用；然后覆盖氧气不渗透塑料膜，通过滴灌系统保持一定的田间持水量。添加到土壤中的有机碳在微生物的作用下分解产生大量的有机酸和一些有机挥发物，同时消耗大量的氧气，形成一个厌氧的环境，从而达到对土壤病原微生物和杂草的防治效果。

日本最早采用 ASD 主要控制番茄青枯病（病原为 *R. solanacearum*）和枯萎病的发生（病原为 *Fusarium oxysporum*），其碳源添加物主要为有机酸类物质，如乙酸、丁酸。最近有研究表明，在以乙醇为碳源添加物的 ASD 处理过程中土壤还原产生的 Fe^{2+} 和 Mn^{2+} 能够促进对土壤病原菌 *Fusarium oxysporum* 的抑制效果。

在荷兰早期开展的 ASD（最初被定义为生物熏蒸）研究中，通常选择新鲜杂草或植物秸秆作为碳源添加物，对 *Verticillium dahliae*、*Rhizoctonia solani* 和 *Ralstonia solanacearum* 都表现出一定的控制效果。有报道表明，采用以新鲜杂草为碳源添加物的 ASD 结合添加商品有机肥能够有效地改良土壤，同时很好地控制马铃薯青枯病和孢囊线虫病的发生。在 ASD 技术中通常会采用不同作物秸秆作为碳源添加物，Kokalis-Burelle 等（2013）研究了不同覆盖作物对根结线虫的敏感性，研究结果有助于促进 ASD 技术在线虫防治上的应用。

美国加利福尼亚州、田纳西州、佛罗里达州也在蔬菜和草莓作物上开展了大量 ASD 的试验和示范。在土壤添加以糖蜜液体为碳源的 ASD 处理，结果太阳能消毒技术能够有效地控制土壤中 *F. oxysporum* 和 *Phytophthora capsici*，其效果与溴甲烷相当，同时对土壤中根结线虫（*Meloidogyne incognita*）的数量和根结指数的发生也表现出较好的效果。Butler（2012a，b）在研究中比较了种植不同植物后覆盖处理、添加糖蜜碳源和不添加碳源处理后对土壤中病原菌、线虫和杂草的控制效果，研究结果表明，所有添加碳源处理组（包括覆盖植物处理和添加糖蜜碳源）均能有效控制土壤中 *F. oxysporum* 和 *M. incognita* 的数量，同时抑制杂草的发芽率。

二、试验研究

2013 年,曹坳程研究员在北京通州黄瓜温室大棚开展了 ASD 的对比试验(图 7-1),比较了 ASD 与传统熏蒸剂之间的效果差异,其中,ASD 处理中土壤碳源添加物为 90%乙醇,对照药剂为 1,3-D(表 7-4)。

图 7-1　ASD 处理揭膜后(拍照日期:2013 年 8 月 13 日)

表 7-4　ASD 技术对土壤中线虫的影响

处理	根结线虫数/(活虫数/100 g 土)	根结线虫防效/%
ASD	23	23.3
1,3-D(5 g/m²)	2	89.7
空白对照	30	—

通过比较 ASD 和 1,3-D 熏蒸处理后土壤中线虫的数量可以看出,ASD 对土壤根结线虫有一定的防治效果,但是效果没有 1,3-D 处理明显。

通过分析黄瓜拉秧后土壤中线虫的数量可以发现,对照处理后线虫总数达到 840 头/100 g 土,根结线虫数量为 413 头/100 g 土。采用 ASD 在黄瓜拉秧时期仍然对线虫有一定的控制效果(表 7-5)。

表 7-5　ASD 对土壤中线虫的影响(黄瓜拉秧后)

处理	线虫总数/(活虫数/100 g 土)	根结线虫数/(活虫数/100 g 土)	总线虫防效/%	根结线虫防效/%
ASD	200	70	76.2	83.1
1,3-D(5 g/m²)	87	33	89.6	91.9
对照	840	413	—	—

调查生长期 ASD 技术处理后的小区黄瓜植株高度为 116.4 cm,略低于 1,3-D 处理小区,但高于对照处理的 64.4 cm,表明采用 ASD 也能促进黄瓜植株的生长(表 7-6)。

表 7-6　不同熏蒸处理黄瓜株高

处理	株高/cm
ASD	116.4
1,3-D（5 g/m^2）	134.7
对照	64.4

作者在黄瓜生长后期监测了每个小区黄瓜的产量，监测结果表明，ASD 单产为 1.61 kg/m^2，相比较 1,3-D 处理单产减少了 2.36 kg/m^2，由于对照处理受线虫侵染严重，黄瓜产量仅为 0.53 kg/m^2（表 7-7）。

表 7-7　不同熏蒸处理黄瓜产量

处理	小区总产量/kg	单产/（kg/m^2）
ASD	30.92	1.61
1,3-D（5 g/m^2）	76.30	3.97
对照	10.21	0.53

目前 ASD 仍然处于研究和试验的阶段，对于具体的操作方法，最适宜条件的选择仍需要不断地探索，但是 ASD 作为一种非化学的土壤处理技术将会有比较大的发展前景。

参 考 文 献

Blok W J, Lamers J G, Termorshuizen A J, et al. 2000. Control of soilborne plant pathogens by incorporating fresh organic amendments followed by tarping. Phytopathology, 90: 253-259

Butler D M, Kokalis-Burelle N, Muramoto J, et al. 2012a. Impact of anaerobic soil disinfestation combined with soil solarization on plant–parasitic nematodes and introduced inoculum of soilborne plant pathogens in raised-bed vegetable production. Crop Protection, 39: 33-40

Butler D M, Rosskopf E N, Kokalis-Burelle N, et al. 2012b. Exploring warm-season cover crops as carbon sources for anaerobic soil disinfestation (ASD). Plant and Soil, 355: 149-165

Goud J K C, Termorshuizen A J, Blok W J, et al. 2004. Long-term effect of biological soil disinfestation on verticillium wilt. Plant Disease, 88: 688-694

Kokalis-Burelle N, Butler D M, Rosskopf E N. 2013. Evaluation of cover crops with potential for use in anaerobic soil disinfestation (ASD) for susceptibility to three species of meloidogyne. Journal of Nematology, 45: 272-278

McCarty D G, Eichler Inwood S E, Ownley B H, et al. 2014. Field evaluation of carbon sources for anaerobic soil disinfestation in tomato and bell pepper production in tennessee. HortScience, 49: 272-280

Momma N, Usami T, Shishido M. 2007. Detection of *Clostridium* sp. inducing biological soil disinfestation (BSD) and suppression of pathogens causing fusarium wilt and bacterial wilt of tomato by gases evolved during BSD. Soil Microorganisms, 61: 3-9

Messiha N A S, van Diepeningen A D, Wenneker M, et al. 2007. Biological soil disinfestation (BSD) , a new control method for potato brown rot, caused by *Ralstonia solanacearum* race 3 biovar 2. European Journal of Plant Pathology, 117: 403-415

Momma N. 2008. Biological soil disinfestation (BSD) of soilborne pathogens and its possible mechanisms. Japan Agricultural Research Quarterly, 42: 7-12

Momma N, Yamamoto K, Simandi P, et al. 2006. Role of organic acids in the mechanisms of biological soil disinfestation (BSD). Journal of General Plant Pathology, 72: 247-252

Momma N, Kobara Y, Momma M. 2011. Fe^{2+} and Mn^{2+}, potential agents to induce suppression of *Fusarium oxysporum* for biological soil disinfestation. Journal of General Plant Pathology, 77: 331-335

Shennan C, Muramoto J, Koike S, et al. 2010. Optimizing anaerobic soil disinfestation for non-fumigated strawberry production in California. Hortscience, 45: S270-S270

van Overbeek L, Runia W, Kastelein P, et al. 2014. Anaerobic disinfestation of tare soils contaminated with *Ralstonia solanacearum* biovar 2 and Globodera pallida. European Journal of Plant Pathology, 138: 323-330

第八章 土传病害生物防治

土传病害是一类极难防治的植物病害。由于病原菌长期存在于土壤中，特别是耕作层土壤中病原菌多，施用药剂量大，易造成土壤和水源污染等问题。因此，应用生物防治方法防治土传病害是国内外多年来一直研究的热点。如果一种有效的生防微生物能够在土壤中很好地定殖，那么就能取得良好的防治效果，并且能够改善土壤中微生物的菌群结构，起到长期控制病害的目的。下面对目前国内外研究与应用最多的木霉菌和芽胞杆菌两类菌进行简要介绍。

第一节 木 霉 菌

木霉菌是一种丝状真菌，属半知菌亚门（Deuteromycotina）丝孢纲（Hyphomycetes）丝孢目（Hyphomycetales）黏孢菌类（Gloiosporae）木霉属（*Trichoderma*）。有性阶段为子囊菌亚门（Ascomycotina）肉座目（Hypocreales）肉座科（Hypocreaceae）肉座属（*Hypocrea*）。目前全球发现并鉴定的木霉有 100 种左右。自 Weidling 等（1932）发现木素木霉具有拮抗病原微生物的功能以来，应用木霉菌防治植物病害已得到了广泛应用。木霉菌分布广泛，几乎从所有纬度地区的土壤、有机物基质中都能分离到。木霉菌生长适温为 20～28℃，6℃或 32℃条件下仍生长良好，48℃条件下不能生长，适宜生长 pH为 5～5.5，在 pH 为 1.5 或 9.0 的培养基上也能生长。在植物病害特别是土传病害生物防治中应用较多的木霉主要有哈茨木霉（*T. harzianum*）（图 8-1）、康宁木霉（*T. koningii*）、拟康宁木霉（*T. pseudokoningii*）、绿色木霉（*T. viride*）、深绿木霉（*T. atroviride*）、绿木霉（*T. virens*）、长枝木霉（*T. longibranchiatum*）等。

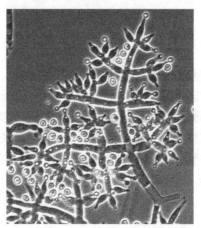

图 8-1　哈茨木霉分生孢子梗及分生孢子
（http://isth.info/tools/morphkey/index.php）

一、木霉菌的防病机制

木霉具有多种拮抗机制，包括竞争作用、重寄生作用、抗生作用及诱导植物抗性。

竞争作用是生物防治的基础，当两个或更多的微生物对同一资源有更多的要求时就会发生竞争作用。木霉菌生命力强、生长快，其竞争作用主要表现为空间和营养的竞争。由于木霉菌的较强生长特性，能够占据植物的根表、根际土壤等生态位，病原菌就很难在这些位置生长、繁殖和侵染植物。同时，木霉菌在根际和根表与病原菌竞争营养，使病原菌营养受到限制，特别是一些微量营养，如铁离子等，从而使病原菌的生长、繁殖受到制约。

抗生作用是木霉拮抗病原菌的重要机制。研究表明，木霉菌在生长代谢过程中可产生多种拮抗性化学物质和酶类，仅抗真菌代谢产物就至少有 70 种以上，包括木霉菌素、绿胶霉素、绿木霉菌素、抗菌肽、乙醛、几丁质酶和 β-1,3-葡聚糖酶等，多数种类的木霉都可产生不止一种抗生素，如哈茨木霉可产生 12 种、康氏木霉可产生 9 种、绿色木霉可产生 10 种等。木霉菌通过产生这些抗生素直接抑制病原菌的生长繁殖，从而起到防治病害的作用。

木霉是植物病害生物防治最有效的菌寄生物之一，在木霉菌与病原菌的互作过程中，寄主菌丝分泌的一些物质诱导木霉菌平行或缠绕在寄主菌丝上生长，在该过程中木霉菌分泌胞外酶溶解寄主细胞壁，穿透寄主菌丝，吸取病原菌细胞内的营养物质生长，使病原菌菌丝溶解或菌丝断裂。

近年来，木霉诱导植物产生抗性和激发防御机制的研究有了很大进展。研究发现，木霉菌株能与植物建立共生关系，通过和菌根真菌相似的机制在植物根系定殖并且产生刺激植物生长和诱导植物防御反应的化合物，使植物产生诱导抗性，引起寄主植物各种防御反应酶系活性变化，从而提高植物的抗病性。

总体来看，木霉对植物病原菌的生物防治机制是复杂多样的，常常是多种机制共同作用的结果。同时，大量的研究发现木霉菌还具有促进作物根系发育、生长，提高作物抗旱性等特点。

二、木霉菌的拮抗范围

木霉拮抗机制的多样性赋予了木霉拮抗广谱性的特点。到目前为止，已经发现木霉菌对18个属30多种植物病原菌具有拮抗作用，如立枯丝核菌、镰刀菌、齐整小核菌（*Sclerotium rolfsii*）、核盘菌（*Sclerotinia sclerotiorum*）、疫霉菌（*Phytophthora* spp.）、腐霉菌（*Pythium* spp.）、链格孢菌（*Alternaria alternata*）、灰霉菌（*Botrytis* spp.）、毛盘菌（*Scutellinia* spp.）、轮枝孢菌（*Verticillium* spp.）等，能有效防治由这些病原真菌引起的立枯病、黄萎病、枯萎病、菌核病、疫病、灰霉病等植物病害。

三、木霉制剂的种类

木霉在繁殖过程中能够产生菌丝、分生孢子、厚垣孢子 3 种繁殖体，3 种繁殖体都能用于木霉制剂开发。其中以分生孢子为主要成分的木霉制剂最多，目前广泛应用的

topshield、rootshield 都为分生孢子制剂，该类制剂作为土壤处理剂，可以有效地防治作物病害。分生孢子和菌丝制成的混合制剂也是一种常用的剂型，以色列的 Makhteshim Agan 公司开发的以哈茨木霉 T39 菌株的发酵液分生孢子制成的生防制剂——trichodex，可以用于防治灰霉病、苗枯病、霜霉病和白粉病等叶部病害及果实在储藏期的腐烂病。厚垣孢子是木霉在逆境条件下产生的一种繁殖体，与分生孢子相比，具有适应范围广、抗逆性强、对土壤抑制真菌作用反应小和耐储存等优点，由于生产条件要求苛刻，目前产品较少。

四、木霉制剂的生产

目前木霉菌分生孢子制剂的生产一般采用液固两相发酵生产工艺发酵生产，即通过液体培养获得固体发酵接种体，接种固体培养基发酵生产分生孢子，收集孢子，经制剂加工制成分生孢子制剂。分生孢子制剂一般为可湿性粉剂。

厚垣孢子制剂采用液体深层发酵生产。将木霉菌分生孢子或菌丝体接种到产厚垣孢子特异液体培养基上，通过发酵过程控制，由菌丝形成厚垣孢子，收集孢子，干燥，制成厚垣孢子制剂。厚垣孢子制剂一般为可湿性粉剂。

分生孢子与菌丝混合制剂：一般将木霉菌孢子或菌丝体接种到有机肥上，发酵培养后形成孢子和菌丝的混合体，这种制剂一般以生物有机肥的形式出现。

木霉菌制剂有效成分含量：不同菌株、不同公司产品孢子含量并不一样，分生孢子制剂孢子含量一般为 $10^8 \sim 10^{10}$ cfu/g，厚垣孢子制剂孢子含量一般为 $10^6 \sim 10^8$ cfu/g。

五、木霉菌的应用

木霉菌制剂的主要应用方法有如下几种。

土壤处理：将木霉菌粉剂和育苗基质以 1:500 的比例充分混合直接播种或扦插。若直接处理苗床，可按 1:10 的比例与育苗基质混匀后，撒入苗床，每千克处理苗床 10～15 m^2。

拌种或浸种：将木霉菌剂稀释 100 倍，浸种 2 h 后播种，或者播种前每千克种子用 10 g 菌粉拌种后直播。

根部处理：移栽前，以木霉菌剂 500 倍液浸根 30 min，然后定殖；移栽后，可用 500 倍液灌根。

喷雾：以木霉菌剂 600～800 倍液进行喷雾，发病前或初期使用。

制作生物有机肥：将 1 kg 木霉菌加入 1000 kg 有机肥中，作为生物肥料使用。一亩地用 1 kg。

与土壤消毒结合使用：对于发病非常严重的重茬地，建议先进行土壤消毒后接种木霉菌。

六、注意事项

木霉菌不能与杀真菌制剂同时使用；木霉菌在发病前或发病初期使用；木霉菌不能应用于菇场及菇场附近，以免侵染蘑菇；产品保存在阴凉处，最好低温保存。

第二节　芽胞杆菌

芽胞杆菌是指能在细胞内形成芽胞的一类细菌的总称，属于芽胞杆菌科，主要包括芽胞杆菌属（*Bacillus*）、脂环酸芽胞杆菌属（*Alicyclobacillus*）、类芽胞杆菌属（*Paemibacillus*）、喜盐芽胞杆菌属（*Halobacillus*）、短芽胞杆菌属（*Breuibacillus*）、解硫胺素芽胞杆菌属（*Aneurinibacillus*）、枝芽胞杆菌属（*Virgibacillus*）、需盐芽胞杆菌属（*Salibacillus*）、薄壁芽胞杆菌属（*Gracilibacillus*）、芽胞乳杆菌属（*Sparolaciobacillus*）、兼性芽胞杆菌属（*Amphibacillus*）、硫化芽胞杆菌属（*Sulfobacillus*）、耐热芽胞杆菌属（*Thermobacillus*），共 13 个属。芽胞杆菌为好氧或兼性厌氧的杆菌，一般为革兰氏染色阳性。在某种环境下，菌体内的结构发生变化，经过前胞子阶段，形成一个完整的芽胞。芽胞对热、放射线和化学物质等有很强的抵抗力。芽胞杆菌分布广泛，在水、空气和土壤中都大量存在，目前已发现 200 多种。代表种是枯草芽胞杆菌（*B. subtilis*）（图 8-2）、地衣芽胞杆菌（*B. lincheniformis*）、蜡状芽胞杆菌（*B. cereus*）等。

图 8-2　枯草芽胞杆菌
（http://baike.baidu.com/view/995987.htm?fr=aladdin）

国内外用于植物病害生物防治较多的芽胞杆菌种类有枯草芽胞杆菌、地衣芽胞杆菌、蕈状杆菌（*B. mycoides*）、短小芽胞杆菌（*B. pumilus*）、解淀粉芽胞杆菌（*B. amyloliquefaciens*）、坚强芽胞杆菌（*B. firmus*）等。国内登记的杀菌芽胞杆菌品种有枯草芽胞杆菌、短芽胞杆菌（*Brevibacillus breves*）、地衣芽胞杆菌、多黏芽胞杆菌（*Paenibacillus polymyza*）、海洋芽胞杆菌（*B. marinus*）、坚强芽胞杆菌（*B. firmus*）、蜡状芽胞杆菌。

一、芽胞杆菌的作用机制

对生态位和营养等的竞争：生防菌与病原菌之间的竞争包括营养和生态位的竞争。拮抗菌必须能在引进地点进行定殖，才能发挥其拮抗机制。研究表明，芽胞杆菌能在植物叶部和根际周围长期存活，并能在一定时间内增殖，同时对植物根际周围有益菌均有促进作用，对微生态具有间接调节作用。

对病原菌的溶菌或抑菌作用：一般生防菌只能抑制病原菌生长，近来一些研究结果表明芽胞杆菌寄生于病原真菌菌体，溶解病原真菌的菌丝体，造成细胞崩裂，内含物外泄，致使病原菌丧失侵染和繁殖能力。

分泌拮抗物质：芽胞杆菌产生的抗菌物质在防治植物病害中起重要作用，已从不同来源的菌株中分离到抗菌蛋白、大环脂、环脂蛋白、类似噬菌体颗粒及蛋白质等几十种不同的抗菌物质，如脂肪类抗生素表面活性素（surfactin）、伊枯草菌素（iturin）、fengcin、枯草杆菌素（suntilin）、sublantin等，这些物质对多种植物病原菌具有抑菌活性。

植物根际促生菌（plant growth promoting rhizobacteria, PGPR）和诱导抗性（induced systemic resistance, ISR）等：研究发现许多芽胞杆菌能够产生微量的生长素、细胞分裂素等植物激素，促进植物种子、幼苗和根系的生长发育，增强植物的抗病性，从而间接地减轻病害的发生和危害。有些芽胞杆菌不仅能够直接抑制病原菌，还通过诱发植物自身的抗病潜能从而增强植物的抗病性。例如，有些芽胞杆菌能够产生诱导植物抗性蛋白基因表达的信号蛋白，诱导抗性蛋白的表达，有些诱导植物抗病相关的防御酶表达从而提高抗病的能力。

二、芽胞杆菌制剂

芽胞杆菌制剂一般为粉剂，也有水剂。

芽胞杆菌制剂含菌量依菌种不同而不同，一般含菌量为 $10^7 \sim 10^{10}$ cfu/g。

三、芽胞杆菌的应用

浸种：50～100 倍。

苗床泼浇：2000～3000 倍。

灌根：发病前 500 g/亩左右兑水灌根。

制作生物有机肥：与有机肥混合作为基肥施入，约 500 g/亩。

与土壤消毒结合使用：对于发病非常严重的重茬地，可先进行土壤消毒，再接种芽胞杆菌。

四、注意事项

施用时期应以预防为主，在发病前或发病初期施用；不能与杀细菌类抗生素和化学农药混用；产品保存在阴凉处，最好低温保存。

第九章　种子及种苗消毒技术

第一节　种子消毒技术

植物上的许多病害是由种子携带传播的，而种子消毒是植物病害防治中最经济、最有效的方法。目前，常用的种子消毒方法主要包括两大类：非化学方法和化学方法（许志刚，2003）。

一、非化学方法

非化学方法主要是利用热力、冷冻、干燥、电磁波、超声波、核辐射、激光、生物因子等手段抑制、钝化或杀死病原物，达到防治病害的目的。

1. 热力处理法

热力处理法的原理是利用热力有效杀菌的温度与种子可能受害的温度存在一定差距来选择性杀菌，而不会对种子造成损伤。此法又可分为热水浸种法（湿热）和干热处理法（干热）。其中，热水浸种法应用较早，但干热处理法效果更优，且对植物的伤害较小。

（1）热水浸种法

热水浸种法主要利用种子与病原物耐热性的差异，选择适宜的水温和处理时间来杀死种子表面和种子内部潜伏的病原物，而不会对种子造成损伤。热水浸种法具体又可分为温汤浸种法和热水烫种法。

1）温汤浸种法：温汤浸种通常所用水温为55℃左右，用水量是种子体积的5～6倍。具体操作：先用常温水浸15 min，之后转入55～60℃热水中浸种，要不断搅拌，并保持该水温10～15 min，然后让水温降至30℃，继续浸种。例如，日本的梅川学（1987）采用52℃的热水浸泡10 min或54℃的热水浸泡5 min来防治胡瓜斑点细菌（cucumber bacterial spot），但是54℃的热水浸泡超过30 min时，种子的发芽率将会受到抑制。日本的尾沢贤和有马博（1963）采用55℃的热水浸泡25 min来防治番茄溃疡病（tomato bacterial canker）。同时，不同的蔬菜种子其浸泡的时间是不同的，辣椒种子浸种5～6 h，茄子种子浸种6～7 h，番茄种子浸种4～5 h，黄瓜种子浸种3～4 h，最后洗干净种子。用温汤浸种最好结合药液浸种（详见本节介绍的化学方法），杀菌效果更好。

2）热水烫种法：此法的原理与温汤浸种法类似，一般用于难吸水的种子。通常首先是种子要经过充分干燥，水量不宜超过种子量的5倍，水温一般为70～75℃，甚至更高一些。例如，冬瓜种子有时可用100℃沸水烫种。但对于种皮薄的喜凉蔬菜，如白菜、莴苣等，不宜采用此法。具体操作：烫种时要用两个容器，将热水来回倾倒，最初几次动作要快而猛，使热气散发并提供氧气。一直倾倒至水温降到55℃时，再改为不断地搅动，并保持这样的温度7～8 min。以后的步骤同上面的温汤浸种法。

（2）干热处理法

干热处理法是将干种子放在 75℃以上的高温下处理，对多种种传病毒、细菌和真菌都有防治效果。目前主要用于蔬菜种子，特别适合于较耐热的蔬菜种子，如瓜类和茄果类蔬菜种子等。例如，番茄种子经过 75℃处理 6 天或 80℃处理 5 天可杀死种传黄萎病病毒（*Verticillium tricorpus*）。日本的村田明夫和沼田巖（1976）研究发现，对于人工接种番茄溃疡病（病原为 *Clavibacter michiganensis* subsp. *michiganensis*）的废弃种子采用干热处理，85℃处理 24 h 或 80℃处理 36～48 h，处理后的种子可以至少存留 6 个月。日本的国安克人和中村浩（1978）研究发现，对提前晾干的种子（含水量低于 9%）采用干热灭菌 75℃处理 7 天，可以有效防除葫芦枯萎病（病原为 *Fusarium oxysporum* f. sp. *lagenariae*）。日本的長井雄治和深津量栄（1970）研究发现采用干热灭菌 70℃处理 3 天，可以有效防除西瓜和葫芦种子上的黄瓜绿斑花叶病毒（cucumber green mottle mosaic virus，CGMMV），但是老种子的发芽率可能受到抑制。日本的米山伸醤（1987）研究发现，在种子携带病毒检出率高于 95%，籽苗病毒感染率在 20%～40%时，采用干热灭菌 73℃处理 4 天，可以使甜椒上的烟草花叶病毒（tobacco mosaic virus-P，TMV）基本失活，几乎无病毒可检出，但是老种子的发芽率同样会受到抑制。

2. 冷冻处理法

冷冻处理法本身并不能杀死病原物，但是可以抑制病原物的生长和侵染。通常，冷冻处理法是谷类、豆类和坚果类种子充分干燥后的一种重要储存手段。

3. 核辐射法

核辐射在一定剂量范围内具有灭菌的作用。^{60}Co-γ 射线辐照装置比较简单，成本也较低，γ 射线穿透力强，多用于处理储存期的种子等。

4. 微波法

微波是波长很短的电磁波，微波加热使处理种子自身吸收能量而升温，并非传导或热辐射的作用。微波适合于对少量的种子进行快速的杀菌处理。用 ER-692 型微波炉，在 70℃条件下处理 10 min 就能杀死玉米种子携带的玉米枯萎病病原菌，但种子发芽率略有降低。目前微波炉已用于植物检疫，处理旅客携带或邮递的少量种子等。

5. 其他

目前也有人采用生物防治方法用于种子处理，虽然可以与化学药剂相比，但不算理想。例如，日本的熊倉和夫等（2003）研究发现，采用 *Trichoderma asperellum* SKT-1 通过抑制菌丝生长，选择性拮抗 *G. fujikuroi*、*B. plantarii*，在防治稻瘟病 *Pyricularia oryzae*（blast）、玉米褐斑病 *Cochliobolus miyabeanus*（brown spot）、*Burkholderia glumae*（bacterial grain rot）、西瓜细菌性果斑病 *Acidovorax avenae*（bacterial brown stripe）上得到了应用。另外，采用尖孢镰刀菌 *Fusarium oxysporum* SNF-356 通过抑制菌丝生长，选择性拮抗 *G. fujikuroi* 和 *B. plantarii*。

二、化学方法

化学类方法旨在使用化学药剂杀死种子携带的病原物，保护或治疗带病的种子，使其能正常萌芽，也可以用来防止土传病原物的侵害。种子处理后的防病效果及安全性与所选的药剂种类及其浓度、处理时间、处理温度及病害的种类和种子类型有关。常用的杀菌剂有次氯酸钠（Wall et al., 2003）、福苯混剂（20%福美双+20%苯来特）、福甲混剂（30%福美双+50%甲基托布津）、福美双、克菌丹、灭锈胺、磷酸三钠（张石新，1990）、甲霜灵、多菌灵、三唑酮、戊唑醇（徐汉虹，2007）、五氯硝基苯（PCNB）、甲基硫菌灵、噻菌灵、代森锰锌、抑霉唑、咯菌腈、乙磷铝（Munkvold et al., 2006）、高锰酸钾（尚建立等，2009）、水杨酸（Shakoor et al., 2011）、乙酸、甲醛、春雷霉素、硫酸铜、萎锈灵、苯菌灵等。

1. 浸种法

浸种法是将种子浸渍在一定浓度的药液中一定时间，然后取出晾干即行播种，从而消灭种子表面和内部所带病原菌或害虫的方法。我国自 20 世纪 50 年代开始推广浸种技术用于防治地下害虫。浸种法消毒比较彻底，但浸种后种子不能堆放时间过长，应在晾干后立即播种。例如，日本的矢吹骏一（1975）采用 4%乙酸溶液浸泡处理 120 min 或 0.4%的次氯酸钠溶液浸泡处理 60 min，梅川学（1987）采用 0.1%次氯酸钙溶液浸泡处理 10 min 来防治胡瓜斑点细菌病。日本的長井雄治和深津量栄（1970）采用 10%磷酸钠溶液浸泡 20 min 来防治西瓜和葫芦种子上的黄瓜绿斑花叶病毒及甜椒上的烟草花叶病毒，但是只能对种子表面进行消毒，并且处理后种子存留时间超过 6 个月后，发芽率会受到影响。

所选药剂的品种及其浓度、浸泡时间和浸泡温度是影响浸种处理药效和可能造成药害的 3 个重要因素（徐汉虹，2007）。通过增加药剂浓度或延长浸泡时间或提高浸泡温度，可以明显地提高浸种处理的效果，但同时会增加产生药害的风险程度，因此需要恰当控制 3 项因素。例如，智利的 Khah 和 Passam（1992）研究发现，采用 3%次氯酸钠水溶液浸泡辣椒种子，浸泡温度控制在 10～25℃，可以有效除菌，如细菌性叶斑病菌。但浸泡时间不能超过 20 min，否则会对种子造成伤害。Goldburg（1995）研究发现，也可以采用 1%次氯酸钠水溶液，但浸泡时间需要 40 min。Fieldhouse 和 Sasser（1975）研究发现，次氯酸钠如果应用恰当，可以用于种子消毒，并且具有刺激种子发芽的作用。但是浸泡时间太长，或者次氯酸钠浓度超过 3%都可能对种子造成伤害，同时降低发芽率。

2. 拌种法

拌种法就是将选定数量和规格的拌种药剂与种子按照一定比例进行混合，使被处理的种子外面都均匀覆盖一层药剂，并形成药剂保护层的种子处理方法。20 世纪 50 年代，我国开始推广拌种技术用于防治地下害虫，保护种子的正常生长发育。拌种处理又可以分为干拌和湿拌。

1）干拌：干拌的药剂必须为粉状的，使用干燥的药剂和种子有利于所有的种子表面均匀黏附上药粉。例如，采用粉状的杀真菌剂（甲霜灵、苯菌灵、福美双等）与蔬菜干种子进行拌种，可以有效防除种子上的土传病害（丝核属、腐霉属等），其中甲霜灵对腐霉属真菌有特效。

2）湿拌：湿拌的药剂一般为胶悬剂、乳油和可湿性粉剂。湿拌是目前应用更为普遍的拌种方法。具体方法是：先根据种子量用适量的水将药剂稀释，再用喷雾器械将药剂均匀喷施在种子表面，并不断搅拌。与浸种法不同，湿拌后种子不必即行播种，可以晾干后储存一段时间再行播种。

3. 闷种法

闷种法是将一定量的药液均匀喷洒在播种前的种子上，待种子吸收药液后堆在一起并加盖覆盖物堆闷一定时间，以防止病虫危害的种子处理方法。闷种法实际上是界于浸种法与拌种法之间的一种种子处理方法，又称为半干法。它既不需要像浸种法那样使用大量的药液，又不需要像拌种法那样需要专门的拌药设备才能达到理想的效果，只要将药剂兑水配制成浓度稍高的药液与种子混合并覆盖一定时间即可。操作简便，工效高。与浸种法类似，闷种法处理后的种子晾干即可播种，不宜久储。

闷种法使用药液的具体浓度主要根据药剂特性和种子情况决定，一般按照规定量加入药剂稀释液。对于闷种的具体时间，要根据使用药液的浓度、作物种类和防治对象来定，主要原则也是在保证不至于出现药害的前提下达到最好的防治效果。例如，水稻种子用 2%的福尔马林水溶液闷种，时间为 3 h；小麦种子用 0.1%萎锈灵水溶液闷种，时间为 4 h。

4. 种衣法

种衣法是将种衣剂包覆在种子表面形成一层牢固种衣的种子处理方法，也是一项把防病、治虫、消毒、促生长融为一体的种子处理技术。

种衣剂中通常含有杀虫剂、杀菌剂、生长调节剂、微肥和微生物等有效成分及一些非活性组分（武亚敬等，2007）。其中，在玉米、棉花、谷物、甜菜等作物上目前使用最广泛的 3 种杀虫剂成分为吡虫啉、灭虫威和硫双威；常用的杀菌剂为戊唑醇、三唑类和氟喹唑等。

种衣剂的应用还可以调整种子的形状、大小，利于减少种子用量，以满足精播要求。常见的包衣类型有：基础包衣（质量增加 0.2%～2%）、完全薄膜包衣（质量增加 3%～20%）、硬壳化包衣（质量增加 1～5 倍）、迷你丸（质量增加 10～25 倍）、标准丸（质量增加 15～100 倍）5 种方式（STEC of ISF, 1999）。

种衣剂在土壤中遇水膨胀透气而不被溶解，从而使种子正常发芽，使农药化肥缓慢释放，具有杀灭地下害虫、防治种子病菌、提高种子发芽率、减少种子使用量、改进作物品种的作用。种衣剂紧贴种子，药力集中，利用率高，因而比喷雾、土壤处理等施药方法省药、省工、省种；种衣剂隐蔽使用，对大气、土壤无污染，不伤天敌，使用安全；种衣剂包覆种子后，农药一般不易迅速向周边扩散，又不受日晒雨淋和高温影响，播种后药剂再缓慢释放，可以连续不断地进入植物体内，使其能维持较长时间的防病作用，甚至可以转运到地上部防治气传病害。

我国自20世纪70年代末开始种衣剂研究，80年代进入田间试验示范，90年代初步推广应用（武亚敬等，2007）。1983年成功研制了克百威和多菌灵组成的国内第一个种衣剂产品，主要应用于玉米、棉花、水稻等作物上。国内逐步建立起相应的多家新技术种衣剂厂，开发了适宜不同地区，防治不同作物不同病虫害的一些化合物。同时多功能、防治多种病虫害的复合产品型种衣剂正逐步成为种衣剂市场的主体。

三、小结

由于当前种传病害的多样性和复杂性，种子消毒可能不是单单某一种方法就可以解决的。它可能需要两种，甚至多种方法的联合，才能最终保证种子消毒的效果更好、更持久。种子处理需要更多的技术创新和方法改进，正逐渐由以前简单的保护种子，到今天的广谱的防治病虫危害，再到将来可以完全控制病虫的危害，同时保证种子的高活力和营养需求，又增加种子的抗逆能力，确保处理后种子拥有更高的品质（Voeste, 2009）。

第二节　种苗消毒技术

健康种苗的培育不仅需要健康的种子，还需要无病的苗床。无病苗床的获取方法主要有两大类：对苗床土壤消毒和无土育苗技术，具体如下所述。

一、对苗床土壤消毒

1. 化学消毒技术（chemical treatment）

苗床化学消毒可以根据药剂类型进行施药。对于传统的非熏蒸性的农药，可以将保护性杀菌剂代森锰锌可湿性粉剂兑水稀释后均匀喷洒在育苗土壤表面；也可以将保护性杀菌剂甲基硫菌灵（即甲基托布津）可湿性粉剂与细土混匀后直接育苗等（胡启山，2011）。对于熏蒸性的农药，如溴甲烷、1,3-二氯丙烯、氯化苦、威百亩、棉隆、二甲基二硫等单剂，以及 1,3-二氯丙烯+氯化苦、威百亩+二溴乙烷等混剂（De Cal et al., 2004; UNEP MBTOC, 1998, 2002, 2006, 2010; Sibanda and Way, 2004），需要采用专门的施药工具将药剂均匀施用到苗床土壤中，然后覆膜熏蒸即可。熏蒸性药剂对操作要求比较严格，必须由专业人员来操作完成。

2. 堆肥消毒技术（compost）

堆肥主要利用多种微生物的作用，将植物有机残体（作物秸秆、杂草、树叶、泥炭、垃圾及其他废弃物等）进行矿质化、腐殖化和无害化，使各种复杂的有机态的养分转化为可溶性养分和腐殖质，同时利用堆积时所产生的高温（60～70℃）来杀死原材料中所带来的病菌、虫卵和杂草种子等。20 世纪 90 年代，种苗行业已可以在一些情况下采用抑制病害的堆肥成功替代溴甲烷在苗床上使用，并可以减少杀菌剂的用量（Gladis, 2005; Quarles and Grossman, 1995）。

3. 生物熏蒸技术（biofumigation）

生物熏蒸是利用来自十字花科或菊科的有机物释放的有毒气体杀死土壤害虫、病菌的一种方法（吕平香等，2007; Garcia-Alvarez, 2004）。在澳大利亚烟草苗床上采用芸薹属（*Brassica*）植物进行生物熏蒸，效果与溴甲烷相当（UNEP MBTOC, 1998）。

4. 太阳能消毒技术（solarisation）

太阳能消毒技术尤其适于在一些热带、日照时间长且太阳光照强度大的地区采用。例如，在阿根廷，太阳能消毒被推荐为苗床溴甲烷替代技术之一（UNEP MBTOC, 1998）。该技术常常与其他手段联合使用，如联合生物熏蒸技术（Ros et al., 2005）、联合化学熏蒸等。另外，新型塑料膜（如 VIF 膜）的出现，可以大幅提升土壤温度，从而使太阳能消毒技术可以在一些气温相对较低的地区采用（Fritsch et al., 2002）。

5. 蒸汽消毒技术（steam）

高温蒸汽保持70℃ 30 min即可达到杀灭土壤中病原菌、线虫、地下害虫、病毒和杂草的目的（曹坳程等，2010）。一般蒸汽消毒用于花卉苗圃及育苗基质再利用的消毒，并且效果与溴甲烷相当，且常将此技术与堆肥等技术联合使用（UNEP MBTOC, 2006; Runia, 2000）。因为蒸汽消毒成本很高，目前主要用于高经济附加值的作物。

6. 高温热水土壤消毒（hot water）

高温热水土壤消毒机将高温热水直接注入土壤深层，对土壤中的病原菌线虫、虫卵、杂草种子等进行杀灭，达到消毒的目的。高温热水土壤消毒机便于移动，操作方便，用途广泛，可用于土壤消毒、基质消毒，且不受季节限制，随时可以进行土壤消毒（Nishi, 2000；曹坳程等，2010）。

二、无土育苗技术

所谓无土育苗是指以水、化肥配制的营养液和通气良好的固体材料代替土壤进行育苗的一种方法，因为育苗不用土，所以就可以有效避免土传病虫草害等问题。根据育苗时选用的基质不同，又可以分为水培育苗法和固体基质育苗法。

1. 水培育苗法

水培育苗在育苗全过程只用营养液，不用任何固体基质。但该技术要求较严格，难度较大。

2. 固体基质育苗法

固体基质育苗，就是使用固体基质代替土壤进行育苗的方法，育苗过程中，定期浇灌营养液。育苗用基质可分为有机基质（如泥炭、锯末、炭化稻壳等）和无机基质（如沙、砾、蛭石、珍珠岩、炉渣、岩棉等）。基质育苗可以减少床土消毒的麻烦和费用，无土壤传染的病害和杂草种子问题，且基质质量一般都轻于土壤，容易搬运，适用于立体设施，有利于实现蔬菜育苗的立体化、机械化、工厂化（唐雪松，2011）。曹坳程（2000）研究发现，浮盘育苗法可以有效解决烟草苗床上的炭疽病、猝倒病、野火病和黑胫病等，以及烟蚜、小地老虎和烟青虫等，是一种很好的溴甲烷替代技术。

参 考 文 献

曹坳程, 郭美霞, 王秋霞. 2010. 土壤消毒技术. 世界农药, 32 (Z1): 10-13

曹坳程. 2000. 中国甲基溴土壤消毒替代技术. 北京：中国农业大学出版社

胡启山. 2011. 蔬菜苗床消毒的常用方法. 农村科学实验, (1): 19

吕平香, 杨永红, 杨信东, 等. 2007. 生物熏蒸——甲基溴替代技术. 世界农药, 29 (1): 39-40

徐汉虹. 2007. 植物化学保护学. 第4版. 北京：中国农业出版社

许志刚. 2003. 普通植物病理学. 第3版. 北京: 中国农业出版社

尚建立, 王吉明, 马双武. 2009. 高锰酸钾处理对甜瓜种子消毒的效果//纪念全国西瓜甜瓜科研与生产协

　　作50周年暨第12次全国西瓜甜瓜学术研讨论文摘要集: 159

唐雪松. 2011. 无土育苗技术.吉林蔬菜, (1): 21-22

武亚敬, 张金香, 高广瑞, 等. 2007. 我国种衣技术的研究进展. 作物杂志, (4): 62-66

张石新. 1990. 日本蔬菜病害的种子消毒法. 中国农学通报, 6 (3): 31

長井雄治, 深津量栄. 1970. スイカの CGMMVI こ対する第三Pン酸Yーダおよび乾熱による種子消毒
　　の効果. 関東東山病虫研報, 17: 51-52

村田明夫, 沼田巌. 1976. トマトかいよう病病原細茜およびトマト稜子に対する乾熱処理の影響. 千
　　葉農試研報, 17: 41-48

国安克人, 中村浩. 1978. ユウガオつる割病の種子伝染に関する研究 N.乾熱殺菌の効果について. 野
　　菜試報, A4: 149-162

梅川学. 1987. キュウリ斑点細菌病に留する研究. 野菜試験報, B7: 21-85

米山伸醤. 1987. タバコモザイクワイルス P 系統によるピーマンウイルス病の防除 1.乾熱処理によ
　　種子消毒効果. 関東病虫研報, 34: 54

矢吹駿一. 1975. キュウリ斑点、細菌病に対する種子消毒. 関東病虫研報, 22: 35

尾沢賢, 有馬博. 1963. トマト種子の発芽におよぼす混湯および 2,3 薬品の影響. 関東東山病虫研報,
　　10: 10

熊倉和夫, 渡辺哲, 豊島淳, 等. 2003. イネ種子伝染性病害防除に有効な *Fusarium* 属菌と
　　Trichoderma 属菌の選抜. 日植病報, 69: 384-392

De Cal A, Martinez-Treceño A, Lopez-Aranda J M, et al. 2004. Chemical alternatives to methyl bromide in
　　Spanish strawberry nurseries. Plant Disease, 88: 210-214

Fieldhouse D J, Sasser M. 1975. Stimulation of pepper seed germination by sodium hypochlorite treatment.
　　HortScience, 10: 622

Fritsch J. 2002. The current status of alternatives to methyl bromide in vegetable crops in France. *In*:
　　Batchelor T A, Bolivar J M. Proceedings of the International Conference on Alternatives to Methyl
　　Bromide; 5-8 March 2002; Sevilla, Spain. Luxembourg: Office for Official Publications of the European
　　Communities: 193-195

Garcia-Alvarez A, Bello A, Sanz R, et al. 2004. Biofumigation as an alternative to methyl bromide for the
　　production of tomatoes and other vegetables. *In*: Batchelor T A, Alfarroba F. Lisbon, Portugal:
　　Proceedings of the Fifth International Conference on Alternatives to Methyl Bromide; 27-30 September
　　2004: 171-175

Gladis M Z. 2005. Compost in the 20th century: A tool to control plant diseases in nursery and vegetable crops.
　　HortTechnology, 15 (1):61-66

Goldberg N. 1995. Chile pepper diseases. NMSU Cooperative Extension Service Circular, Las Cruces: NMSU
　　College of Agriculture and Home Economics: 549

Khah E M, Passam H C. 1992. Sodium hypochlorite concentration, temperature, and seed age influence
　　germination of sweet pepper. HortScience, 27: 821-823

Munkvold G, Sweets L, Wintersteen W. 2006. Iowa Commercial Pesticide Applicator Manual. Category 4
　　Seed Treatment. Ames, Iowa: Iowa State University of Science and Technology: 17-22.

Nishi K. 2000. Soil Sterilization with hot water injeetion, a new control measure for soilborne diseases,
　　nematodes and weeds. PSJ (The Phytopathological Society of Japan) Soilbome Disease Work Shop
　　Report, (20):190-199

Quarles W, Grossman J. 1995. Alternatives to methyl bromide in nurseries-disease suppressive media. IPM Practitioner, 17:1-13

Ros C, Guerrero M M, Martínez M A, et al. 2005. Resistant sweet pepper rootstocks integrated into the management of soilborne pathogens in greenhouse. Acta Horticulturae, 698: 305-310

Runia W T. 2000. Steaming methods for soils and substrates. Acta Horticulturae, 532: 115-123

Shakoor S, Chohan S, Perveen R, et al. 2011. Screening of systemic fungicides and biochemicals against seed borne mycoflora associated with *Momordica charantia*. African Journal of Biotechnology, 10 (36): 6933-6940

Sibanda Z, Way J. 2004. Chemical alternatives to methyl bromide for seedbed fumigation. Acta Horticulturae, 635:165-173

STEC of ISF (Seed Treatment and Environment Committee of the International Seed Federation). 1999. Seed treatment- a tool for sustainable agriculture. Seed Treatment and Environment Committee of the International Seed Trade Federation (FIS) , NYON / Switzerland. http://www.worldseed.org/cms/medias/file/ ResourceCenter/Publications/Seed_Treatment_a_Tool_for_Sustainable_Agriculture (En).pdf. [下载日期: 2014-4-20]

UNEP MBTOC. 1998. Report of the methyl bromide technical options committee. Nairobi: UNEP

UNEP MBTOC. 2002. Report of the methyl bromide technical options committee. Nairobi: UNEP

UNEP MBTOC. 2006. Report of the methyl bromide technical options committee. Nairobi: UNEP

UNEP MBTOC. 2010. Report of the methyl bromide technical options committee. Nairobi: UNEP

Voeste D. 2009. Seed treatment a future outlook. http://www.agro.basf.com/agr/seed-solutions /en/function/conversions:/publish/upload/seed-treatment-a-future-outlook.pdf [下载日期: 2014-5-12]

Wall A D, kochevar R, Phillips R. 2003. Guidelines for chile seed crop production. New Mexico Chile Task Force. Report 5. Las cruces: NMSU College of Agriculture and home Economics: 3.

Weidling R. 1937. Isolation of toxic substances from the culture filtrates of *Trichoderma* and *Gliocladium*. Phytopathology, 27, 1175-1177

Tekrony D M. 1976. Applicator Training Mannual for: Seed Treatment Pest Control. Washington D C: ERIC Clearinghouse. http://pest.ca.uky.edu/PSEP/Manuals/4-seedTreatment.pdf.

第十章 控制土壤熏蒸剂散发损失技术

熏蒸剂是一些易挥发的有机物，田间试验表明，土壤熏蒸剂向大气中的散发非常明显，占施用总量的 20%～90%（Ashworth et al., 2011; Chellemi et al., 2010; Cryer et al., 2009; Gao et al., 2011; McDonald et al., 2008; Qian et al., 2011; Qin et al., 2011; Wang et al., 2011a, 2011b; Warner et al., 2010），散发到大气中的熏蒸剂会对人体和环境产生危害，所以需要研究熏蒸剂的散发机制来控制其散发到大气中。本章将综述一些减少熏蒸剂向大气中散发的技术与方法。

一、物理方法

1. 覆盖塑料薄膜

用塑料薄膜覆盖熏蒸后的土壤可以使熏蒸剂在土壤里存留更长时间，同时降低向大气中的散发量（Gan et al., 1998a; Yates et al., 2002）。薄膜的不同物理、化学特性及环境因素影响其渗透性，所以选择合适的塑料薄膜非常关键。熏蒸剂可以穿透传统的聚乙烯塑料薄膜，而采用新型的 VIF（virtually impermeable film）或者 TIF（totally impermeable film）可以有效地阻止熏蒸剂的渗透。这种膜是一种多层结构的不渗透膜，通常由 3 层组成，VIF 是在聚乙烯膜中间插入障碍聚合体聚酰胺，TIF 是插入乙烯/乙烯醇聚合物（Yates et al., 2002）。研究表明，采用 VIF，溴甲烷的散发损失可降低到 4%以下，而采用高密度聚乙烯膜（HDPE），溴甲烷的散发率则高达 68%（Yates et al., 2002）。在砂壤土苗床上的试验显示，使用 VIF 覆盖的 1,3-二氯丙烯和异硫氰酸甲酯的累积散失量可以比使用普通塑料薄膜覆盖的降低 80%以上（Papiernik et al., 2004）。Thomas 等（2004）和 Ashworth 等（2009）的研究也表明，相比于普通的聚乙烯膜，VIF 可以有效地降低 telone（1,3-二氯丙烯和氯化苦的混合物）中 1,3-二氯丙烯和氯化苦的散失。另外，一些薄膜会对某些熏蒸剂有较好的扩散障碍作用，而对另外一些熏蒸剂效果差些。例如，HDPE 对氯化苦的散发有很好的阻力，而对 1,3-二氯丙烯扩散的阻力较小；在控制氯化苦的散失上，VIF 与低密度聚乙烯膜（LDPE）的作用相差不大（Qin et al., 2008）。有试验表明，TIF 对溴甲烷的渗透性比传统 PE 低很多，PE 的渗透性至少是 TIF 的 75 倍（Yates et al., 1997）。

Qian 等（2011）测试了 13 个厂家生产的 27 种塑料薄膜（表 10-1）对 9 种熏蒸剂的渗透性，采用质量转换系数（cm/h）作为测量塑料薄膜渗透性的指标（质量转换系数是塑料薄膜的本质特性）（表 10-2）。他们的研究结果表明，熏蒸剂最难穿透的膜为 TIF，其次为 VIF、金属膜、HDPE 及 PE。环境条件对塑料薄膜的渗透性也有影响，在相对湿度为 90%时，VIF 膜的渗透性比相对湿度为 35%～45%时增加 3 倍，但湿度对 PE 的影响相对较小，质量转换系数变化在 20%以内；环境温度每增加 10℃，渗透性增加 1.5～2 倍（Kolbezen and Abu El-Haj, 1977；Papiernik and Yates, 2002；Yates et al., 1997）。

表10-1　Qian 等（2011）试验用塑料薄膜信息

塑料薄膜名称	特性 （1.0 mil=0.0254 mm）	厂家
聚乙烯膜（polyethylene film，PE）		
AEP sun film high barrier	1.0 mil 透明 PE	AEP Inc.
cadillac HDPE	1.25 mil 透明	Cadillac Products Packaging Co.
canslit embossed HDPE	0.6 mil 黑色	Canslit Inc. /Imaflex Inc.
canslit embossed LDPE	1.25 mil 黑色	Canslit Inc. /Imaflex Inc.
pliant embossed LDPE	1.25 mil 压花 LDPE	Pliant Corp
金属膜（metalized film）		
canslit metalized	1.25 mil 黑色/银色	Canslit Inc. /Imaflex Inc.
canslit metalized	1.25 mil 白色/银色	Canslit Inc. /Imaflex Inc.
pliant metalized	1.25 mil 黑色/银色	Pliant Corp
不透膜（virtually impermeable film，VIF）		
cadillac VIF	1.25 mil 黑色	Cadillac Products Packaging Co.
can-block VIF	0.8 mil 黑色	Canslit Inc./Imaflex Inc.
filmtech VIF	1.25 mil 黑色	FilmTech Corp.
ginegar ozgard	1.25 mil 黑色	Ginegar Plastic Products Ltd.
ginegar VIF	1.25 mil 压花黑色	Ginegar Plastic Products Ltd.
guardian olefinas VIF	1.2 mil 压花黑色	Guardian Agroplastics Olefinas USA
midSouth VIF	1.25 mil 压花黑色	Mid South Extrusion
pliant blockade black	1.25 mil 黑色	Pliant Corp
pliant blockade white	1.25 mil 白色/黑色	Pliant Corp
完全不透膜（totally impermeable film，TIF）		
AEP-One	乙烯/乙烯醇共聚物（EVOH），1.0 mil，透明	AEP Inc.
bayfilm	2 mil，黑色，含有氯吡嘧磺隆	Bayer Innovation
berry EVOH high barrier	乙烯/乙烯醇共聚物，黑色	Berry Plastics
berry high barrier w/improved toughness	乙烯/乙烯醇共聚物	black Berry Plastics
berry EVOH supreme barrier	乙烯/乙烯醇共聚物，黑色	Berry Plastics
dow SARANEX A	黑色	Dow Chemical Co.
dow SARANEX B	黑色	Dow Chemical Co.
klerks/HyPlast TIF	透明	Klerk's Plastic/HyPlast
raven TIF vaporSafe	1.0 mil，乙烯/乙烯醇共聚物，透明	Raven Industries Inc.
raven TIF vaporSafe	1.4 mil，乙烯/乙烯醇共聚物，透明	Raven Industries Inc.

表10-2 实验室条件下27种塑料薄膜对9种熏蒸剂的质量转移系数（温度为25℃；相对湿度为35%~45%）（单位：cm/h）（Qian et al., 2011）

	MeBr	IOM	PPO	1,3-D, cis	1,3-D, trans	DMDS	MITC	PIC	SF
PE film									
AEP sun film high barrier	0.8238	1.4124	0.5250	4.2344	5.6792	3.8840	8.5298	1.5404	0.0107
cadillac HDPE	0.4800	0.8157	0.2896	2.6985	3.8916	2.3719	7.3816	0.7104	0.0060
canslit LDPE	0.6269	1.0387	0.4189	3.2106	4.4027	2.9652	8.1979	1.2124	0.0089
canslit HDPE	1.3611	2.1783	0.8553	6.3171	7.9845	5.6798	13.4456	2.2558	0.0200
pliant regular LDPE	1.1078	1.9215	0.7473	5.6506	7.3937	5.2480	11.7678	2.2710	0.0157
metalized film									
canslit metalized	0.0217	0.0360	0.0124	0.1286	0.1982	0.1107	0.3696	0.0362	0.0003
canslit metalized	0.0185	0.0313	0.0111	0.1153	0.1796	0.1031	0.3030	0.0342	0.0002
pliant metalized	0.0570	0.0876	0.0359	0.3469	0.6251	0.2771	1.1435	0.0828	0.0006
不透膜（virtually impermeable film, VIF）									
cadillac VIF	0.0085	0.0061	0.0053	0.0109	0.0232	0.0060	0.1093	0.0011	0.0020
can-Block VIF	0.0047	0.0018	0.0012	0.0012	0.0036	0.0008	0.0366	0.0001	0.0003
filmtech VIF	0.0029	0.0015	0.0011	0.0019	0.0052	0.0009	0.0512	0.0001	0.0000
ginegar ozgard	0.0019	0.0007	0.0006	0.0005	0.0019	0.0003	0.0180	0.0001	0.0000
ginegar VIF	0.0053	0.0030	0.0023	0.0033	0.0074	0.0017	0.0592	0.0005	0.0007
guardian olefinas VIF	0.0151	0.0109	0.0089	0.0235	0.0523	0.0120	0.2928	0.0016	0.0000
midSouth VIF	0.0017	0.0008	0.0019	0.0024	0.0047	0.0021	0.0097	0.0000	0.0000
pliant blockade black	0.0045	0.0020	0.0013	0.0022	0.0050	0.0013	0.0527	0.0010	0.0001
pliant blockade white	0.0057	0.0027	0.0015	0.0025	0.0067	0.0010	0.0823	0.0001	0.0001
完全不透膜（totally impermeable film, TIF）									
AEP-one	0.0001	0.0000	0.00004	0.0002	0.0003	0.0002	0.0003	0.0002	0.0000
bayfilm	0.0001	0.0001	0.0001	0.0007	0.0009	0.0006	0.0016	0.0005	0.0001
berry EVOH high barrier	0.0000	0.0000	0.0000	0.0001	0.0001	0.0000	0.0002	0.0001	0.0000
berry high barrier w/improved toughness	0.0000	0.0001	0.0000	0.0001	0.0002	0.0002	0.0004	0.0000	0.0000
berry EVOH supreme barrier	0.0009	0.0001	0.0002	0.0002	0.0003	0.0002	0.0002	0.0002	0.0000
dow SARANEX A	0.0006	0.0006	0.0003	0.0008	0.0011	0.0004	0.0051	0.0007	0.0000
dow SARANEX B	0.0002	0.0002	0.0001	0.0003	0.0005	0.0002	0.0021	0.0002	0.0000
klerks/hyPlast TIF	0.0010	0.0001	0.0002	0.0000	0.0002	0.0000	0.0097	0.0000	0.0000
raven TIF vaporSafe	0.0000	0.0000	0.0000	0.0000	0.0000	0.0000	0.0000	0.0000	0.0000
raven TIF vaporSafe	0.0001	0.0001	0.0001	0.0002	0.0003	0.0002	0.0005	0.0002	0.0000

Xuan等（2011）最近报道了一种新型塑料薄膜——反应膜（reactive film, RF），即在上下两侧膜中放入硫代硫酸铵，下层为HDPE，上层为HDPE或者VIF。这种膜控制熏蒸剂散发的原理为，透过底层HDPE的熏蒸剂与中间层的硫代硫酸铵反应从而减少散发。使用这种膜后，溴甲烷的散发量只有使用量的0.15%。

2. 控制土壤含水量

施药后在土壤表面灌溉可通过形成含水量饱和的土层及降低土壤孔隙度来降低熏蒸剂向大气中的散发，其原理在于熏蒸剂在土壤液相中的扩散比在土壤气相中慢。灌溉时间、间隔及土壤质地对降低熏蒸剂散发有影响（Sullivan et al., 2004; Gao and Trout 2006）。间歇性灌溉（深度为3～9 mm；时间为12～24 h）可分别降低壤砂土、砂壤土中1,3-D散发量的50%、20%（McDonald et al., 2009）。Simpson等（2010）研究表明，灌溉量为2.5～3.8 cm时，异硫氰酸甲酯的散发量比不灌溉处理低71%～74%。但是灌溉水量过大的话会影响熏蒸剂扩散与分布，从而降低熏蒸剂的熏蒸效果（Thomas et al., 2003）。

Thomas等（2004）通过对比风干土壤、接近田间持水量土壤和接近饱和含水量土壤的熏蒸剂损失发现，高含水量土壤可以降低1,3-二氯丙烯的挥发峰值和减少其累积散失量，且这种降低在田间试验中也得到证实。在砂壤土上的田间试验表明，在熏蒸前4天灌溉土壤，1,3-二氯丙烯散失量只有19%，氯化苦的散失量则更低至9%，而同样土壤上不灌溉时，1,3-二氯丙烯和氯化苦的散失量则高达36%和30%（Gao et al., 2008）。室内培养试验发现，土壤水分含量为5%～17.5%时，土壤湿度增加可加速1,3-二氯丙烯的降解（Qin et al., 2009a）。室内土柱试验表明，随着土壤含水量的增加，1,3-二氯丙烯和氯化苦的挥发峰值降低并且峰值衰退的速率也降低，熏蒸后14天的监测发现，高含水量的土柱中1,3-二氯丙烯和氯化苦的累积散失量最小，同时随着时间的推移，各含水量之间的差距越来越小甚至消失（Qin et al., 2009b）。Gan等（1996）发现，高的土壤含水量可以降低溴甲烷的挥发峰值并且延后其挥发峰值，Shinde等（2000）也同样报道了湿土能有效降低溴甲烷的散失。含水量的增加可以减少熏蒸剂在土壤表面的移动从而降低其散失，这主要是因为当土壤水分含量升高时，土壤空隙中的气体含量降低，而土壤熏蒸剂在液体中的扩散比在气体中缓慢很多（Gan et al., 1996）。

3. 滴灌

通过滴灌施用土壤熏蒸剂的优点是可以让药剂以液体的形态更加均匀地扩散分布（Gan et al., 1998a; Ajwa et al., 2002）。通过滴灌系统施用可溶性的熏蒸剂剂型相对注射施药更为经济和环境友好，可以减少作业人员的接触和施用量。Wang等（2001）对比浅层滴灌（2.5 cm）、深层滴灌（20 cm）和传统注射（注射深度30 cm）3种施药方式后发现，浅层滴灌和深层滴灌处理中1,3-二氯丙烯的散失量只有66%和57%，而传统的注射方式散失量则高达90%。砂壤土柱试验同样发现，当1,3-二氯丙烯被滴灌于土表下20 cm时，散失量则仅有22%（Gan et al., 1998）。但是，Ajwa和Trout（2004）在草莓苗床上的试验建议滴灌药剂需配以充足大量的水才能有效地减少熏蒸剂的挥发散失，水量少会导致药剂扩散不均匀和大量的挥发散失，以致降低对土传病虫害的控制效果。

4. 增加施药深度

土壤熏蒸剂施用的深度也是影响熏蒸剂向大气散失的一个重要影响因素。一般来说，注射施入的熏蒸剂深度越深，扩散到土壤表面的熏蒸剂浓度越小，当然，熏蒸剂深施也可能导致杀灭效果的降低和地下水的污染（Yates et al., 2002）。研究发现，当注射深度从25 cm增加到60 cm时，溴甲烷的散失可以从87%降到60%（Wang et al., 1997）。此外，Yates等（1997）的研究同样发现深度注射可以使溴甲烷的散失量从65%降到 21%。类似地，实验室的土柱试验发现，当注射深度从20 cm增加到60 cm时，在没有塑料薄膜覆盖的情况下，溴甲烷的散失量可以减少54%，而在塑料薄膜覆盖的情况下，溴甲烷的散失量甚至可以减少40%（Gan et al., 1997）。Schneider等（1997）也报道过增加施药的深度可以减少1,3-二氯丙烯的散失。还有研究发现，注射深度为46 cm时，可以比注射深度为30 cm时减少23.3%的氯化苦散失量（Ashworth et al., 2009）。

5. 新剂型的开发

开发新的土壤熏蒸剂剂型也可以有效降低药剂的散发损失。研究发现，在覆膜的情况下，1,3-二氯丙烯胶囊的施用相比于传统的药液注射的施用方式，可以减少41%的散失量，而在不覆盖塑料薄膜但持续滴灌4天的情况下，1,3-二氯丙烯胶囊的散失量也仅有0.13%（Wang et al., 2010a）。类似地，在覆盖塑料薄膜的情况下，施用氯化苦胶囊相比于传统药液注射的方式可以大大减少氯化苦药剂的散失量，散失量仅为传统方式的1/3（Wang et al., 2010b）。

二、化学方法

1. 有机物料的添加

有机物料通常被用来改良土壤理化性质和提供作物生长所需的营养元素。现有研究表明，施用有机物料可以有效地加速包括溴甲烷及其替代品在内的土壤熏蒸剂的降解并减少其散失（Gan et al., 1998b；McDonald et al., 2008）。其作用机制是有机物料的施入会激活土壤微生物的活性，从而加速熏蒸剂的降解（Gan et al., 1998c）。

研究发现，向土壤中施用5%（质量比）的有机物料可以提高 1,3-二氯丙烯和氯化苦的降解速度，幅度可达 1.4～6.3 倍（Qin et al., 2009）。土柱试验表明，在土壤表层 5 cm处施用有机肥，可以有效减少溴甲烷、异硫氰酸甲酯和 1,3-二氯丙烯的散失（Gan et al., 1998b, McDonald et al., 2008; Gan et al., 1998c）。Dungan 等（2005）对比了土壤表层 5 cm处掺混施用 3.3 kg/m^2 和 6.5 kg/ m^2 的堆肥牛粪和鸡粪的效果，通过 170 h 的连续监测发现，1,3-二氯丙烯的累积散失量与不施有机肥的处理相比分别减少了 48%和 28%。在覆盖高密度聚乙烯膜的情况下，有机肥的施用可以更大幅度降低氯化苦的散失量（Gao et al., 2009），但同时也有研究表明，在田间覆盖塑料薄膜条件下，施用 12.4 mg/hm^2 的有机肥并没有明显降低 1,3-二氯丙烯的散失量（Gao et al., 2008）。

土壤熏蒸剂的降解也受添加的有机物料类型的影响。Dugan等（2001）发现牛粪堆肥在对比的几种有机物料堆肥（牛粪、鸡粪、污泥、森林凋落物）中，对1,3-二氯丙烯降解的促进作用最大。后来Qin等（2009a）的研究也证实了这一点。Gan等（1998b,1998c）也报道了1,3-二氯丙烯、溴甲烷和异硫氰酸甲酯在施用牛粪堆肥的土壤中比在施用污泥的土壤中降解速度更快。相关研究还发现，随着有机物料施用量的增加，土壤熏蒸剂降解速率也增加（Qin et al., 2009a; Gan et al., 1998b）。

2. 化学肥料的施用

作为肥料的一种，硫代硫酸盐可以给作物生长提供氮和硫营养。而在土壤熏蒸时施用硫代硫酸盐，还可以显著降低土壤熏蒸剂的散失（Yates et al., 2002; Gan et al., 1998d; Wang et al., 2000; Gan et al., 2000a），其作用机制是硫代硫酸盐可以和卤代的有机化合物发生亲核替代反应（Schwarzenbach et al., 1993）。溴甲烷、1,3-二氯丙烯及氯化苦都可以和硫代硫酸盐反应形成不挥发的有机化合物，由此降低熏蒸药剂的散失量（Wang D et al., 2001; Wang Q X, 2010a, 2010b; Gan et al., 2000b, 2000c）。

研究发现，硫代硫酸铵以4∶1的物质的量比配合熏蒸剂施用时，1,3-二氯丙烯的降解半衰期为9.5 h，氯化苦为5.5 h，而没有硫代硫酸盐施用的对照，1,3-二氯丙烯和氯化苦的降解半衰期则长达86.0 h和16.3 h（Qin et al., 2007）。Zheng 等（2003）的试验结果也表明，施用硫代硫酸盐可以缩短1,3-二氯丙烯和氯化苦的降解半衰期，从而加速其降解速度。Ashworth 等（2009）研究发现，在土壤表面喷洒施用硫代硫酸铵，可以比不施用硫代硫酸铵的处理分别降低26.1%和41.6%的1,3-二氯丙烯和氯化苦的散失量。同样的结果也在1,3-二氯丙烯熏蒸剂单独添加硫代硫酸铵施用的研究中被发现（Gan et al., 1998b, 2000b）。还有试验表明，硫代硫酸钾和二乙基二硫代氨基甲酸钠也可以有效地降低1,3-二氯丙烯和氯化苦的散失量（Gao et al., 2008; Zheng et al., 2003）。

除了硫代硫酸盐可以有效地减少土壤熏蒸剂的散发以外，室内土柱试验表明，施用硫脲也可以有效地降低 1,3-二氯丙烯的散失量（Zheng et al., 2006）。

三、物理和化学方法结合

由上所述，单纯采用物理和化学方法都可减少熏蒸剂的散发损失。但是，如果把两种方式结合施用，可能效果会更好一些。Qin等（2007）研究发现，土壤熏蒸时结合施用硫代硫酸铵和滴灌，可以更好地加速1,3-二氯丙烯和氯化苦的降解从而减少其散失损失。Gao等（2009）同样发现，有机肥+覆盖塑料薄膜及有机肥+灌溉可以更有效地减少1,3-二氯丙烯和氯化苦的散失量。

四、展望

综上所述，通过物理的方法制造的控制熏蒸剂扩散的障碍（如覆盖塑料薄膜等）可显著、短期地减少散发，同时扩散障碍可以延长熏蒸剂在目标位点的滞留期，提供更多的时间保证熏蒸剂在土壤中扩散均匀从而提高熏蒸剂熏蒸效果。因此，物理方法制造扩散障碍可以保证在施用较少的熏蒸药剂的条件下获得同样控制有害生物的效果。同时，在土壤中采用化学方法添加熏蒸剂降解物质（如有机物料或可反应的一些肥料），可让熏蒸剂在进入大气前加速降解致使其消失，降低其散发，但需要注意的是，应在土壤表面添加降解物质，这样可以充分减少熏蒸剂的散发损失且不会降低熏蒸效果。此外，结合生产实际和土壤的具体性质采用物理和化学相结合的方式可以更好地控制熏蒸剂的散发损失。

近几年，有几种熏蒸剂如溴甲烷已经被禁用或者限制使用，也许由于农业熏蒸剂污染大气、地下水或表面水将可能导致下一种熏蒸剂被禁用，因此为了保证现有熏蒸剂在农业上的应用，需要努力降低它们对环境的有害影响，而明智地应用散发控制技术可保护大气免受熏蒸剂散发的污染。如果相关农业群体把保护环境免受熏蒸剂应用带来的影响作为目标，大力开发、推广和合理应用控制土壤熏蒸剂散发损失的技术，那么他们便可利用这些熏蒸剂来保护农业生产免受损失。

参 考 文 献

Ajwa H A, Trout T. 2004. Drip application of alternative fumigants to methyl bromide for strawberry production. HortScience, 39 (7): 1707-1715

Ajwa H A,Trour T,Mueller J,et al.2002. Application of alternative fumigants through drip irrigation systems. Phytopathology, 92 (12): 1349-1355

Ashworth D J, Ernst F F, Xuan R, et al. 2009. Laboratory assessment of emission reduction strategies for the agricultural fumigants 1,3-dichloropropene and chloropicrin. Environmental Science & Technology,43 (13): 5073-5078

Ashworth D J, Luo L, Xuan R, et al. 2011. Irrigation, organic matter addition, and tarping as methods of reducing emissions of methyl iodide from agricultural soil. Environmental Science & Technology, 45 (4): 1384-1390

Chellemi D O, Ajwa H A, Sullivan D A. 2010. Atmospheric flux of agricultural fumigants from raised-bed,plastic-mulch crop production systems.Atmospheric Environment, 44: 5279-5286

Cryer S A, Knuteson J A, Valcore D L. 2009. Estimating soil fumigant permeability of agricultural films using empty soil columns. Environmental Engineering Science, 26: 171-181

Dungan R S, Gan J, Yates S R. 2001. Effect of temperature, organic amendment rate and moisture content on the degradation of 1,3-dichloropropene in soil. Pest Management Science, 57 (12): 1107-1113

Dungan R S, Gan J, Yates S R. 2003. Accelerated degradation of methyl isothiocyanate in soil. Water Air Soil Poll, 142 (1): 299-310

Dungan R S, Papiernik S, Yates S R. 2005. Use of composted animal manures to reduce 1,3-dichloropropene emissions. Journal of Environmental Science, 40 (2): 355-362

Gan J, Becker J O, Ernst F F, et al. 2000b. Surface application of ammonium thiosulfate fertilizer to reduce volatilization of 1,3-dichloropropene from soil. Pest Management Science, 56 (3): 264-270

Gan J, Yates S R, Becker J O, et al. 1998d. Surface amendment of fertilizer ammonium thiosulfate to reduce methyl bromide emission from soil. Environmental Science & Technology, 32 (16): 2438-2441

Gan J, Yates S R, Crowley D, et al. 1998c. Acceleration of 1,3-dichloropropene degradation by organic amendments and potential application for emissions reduction. Journal of Environmental Quality, 27: 408-414

Gan J, Yates S R, Ernst F F, et al. 2000c. Degradation and volatilization of the fumigant chloropicrin after soil treatment. Journal of Environmental Quality, 29: 1391-1397

Gan J, Yates S R, Knuteson J A, et al. 2000. Transformation of 1,3-dichloropropene in soil by thiosulfate fertilizers. Journal of Environmental Quality, 29: 1476-1481

Gan J, Yates S R, Papiernik S, et al. 1998b. Application of organic amendments to reduce volatile pesticide emissions from soil. Environmental Science & Technology, 32 (20): 3094-3098

Gan J, Yates S R, Spencer W F, et al. 1997. Laboratory scale measurements and simulations of effect of application methods on soil methyl bromide emission. Journal of Environmental Quality, 26: 310-317

Gan J, Yates S R, Wang D, et al. 1996. Effect of soil factors on methyl bromide volatilization after soil application. Environmental Science & Technology, 30 (5): 1629-1636

Gan J, Yates S R, Wang D, et al. 1998a. Effect of application methods on 1,3-D volatilization from soil under controlled conditions. Journal of Environmental Quality, 27: 432-438

Gao S, Hanson B D, Qin R. 2011. Comparisons of soil surface sealing methods to reduce fumigant emission loss. Journal of Environmental Quality, 40: 1480-1487

Gao S, Qin R, Bradley D, et al. 2009. Effects of manure and water applications on 1,3-dichloropropene and chloropicrin emissions in a field trial. J Agr Food Chem, 57 (12): 5428-5434

Gao S, Qin R, Mcdonald J A, et al. 2008. Field tests of surface seals and soil treatments to reduce fumigant emissions from shank-injection of Telone C35. Sci Total Environ, 405: 206-214

Gao S, Trout T J, Schneider S. 2008. Evaluation of fumigation and surface seal methods on fumigant emissions in an orchard replant field. Journal of Environmental Quality, 37: 369-377

Gao S, Trout T J. 2006. Using surface water application to reduce 1,3-dichloropropene emission from soil fumigation. Journal of Environmental Quality, 35: 1040-1048

Kolbezen M J, Abu El-Haj F J. 1977. Permeability of plastic films to fumigants. San Diego, CA: Proc Int Agric Plastics Congress: 1-6

McDonald J A, Gao S, Qin R, et al. 2008. Thiosulfate and manure amendment with water application and tarp on 1,3-dichloropropene emission reductions. Environmental Science & Technology, 42 (2): 398-402

McDonald J A, Gao S, Qin R, et al. 2009. Effect of water seal on reducing 1,3-dichloropropene emissions from different soil textures. Environ Qual, 38: 712-718

Papiernik S K, Yates S R, Dungan R S, et al. 2004. Effect of surface tarp on emissions and distribution of drip-applied fumigants. Environmental Science & Technology, 38 (16): 4254-4262

Papiernik S K, Yates S R. 2002. Effect of environmental conditions on the permeability of high density polyethylene film to fumigant vapors. Environmental Science & Technology, 36: 1833-1838

Prather M J, Mcelroy M B, Wofsy S C. 1984. Reductions in ozone at high-concentrations of stratospheric halogens. Nature, 312: 227-231

Qian Y, Kamel A, Stafford C, et al. 2011. Evaluation of the permeability of agricultural films to various fumigants. Environmental Science & Technology, 45: 9711-9718

Qin R, Gao S, Ajwa H, et al. 2009a. Interactive effect of organic amendment and environmental factors on degradation of 1,3-dichloropropene and chloropicrin in soil. Journal of Agricultural and Food Chemistry, 57 (19): 9063-9070

Qin R, Gao S, Ajwa H. 2011. Field evaluation of a new plastic film (vapor safe) to reduce fumigant emissions and improve distribution in soil. Environ Qual, 40: 1195-1203

Qin R, Gao S, Mcdonald J A, et al. 2007. Effect of drip application of ammonium thiosulfate on fumigant degradation in soil columns. J Agr Food Chem, 55 (20): 8193-8199

Qin R, Gao S, Mcdonald J A, et al. 2008. Effect of plastic tarps over raised-beds and potassium thiosulfate in furrowson chloropicrin emissions from drip fumigated fields. Chemosphere, 72 (4): 558-563

Qin R, Gao S, Wang D, et al. 2009b. Relative effect of soil moisture on emissions and distribution of 1,3-dichloro-propene and chloropicrin in soil columns. Atmospheric Environment, 43 (15): 2449-2455

Schneider R C, Green R E, Oda C H, et al. 1997. Reducing 1,3-dichloropropene air emissions in Hawaii pineapple with modified application methods. In: Fumigants: Environmental Fate, Exposure, and Analysis. ACS Symposium Series 652. Washington, DC: Chemical Society: 95-103

Schwarzenbach R P, Gschwend P M, Imboden D M. 1993. Environmental Organic Chemistry. New York: John Wiley & Sons

Shinde D, Hornsby A G, Mansell R S, et al. 2000. A simulation model for fate and transport of methyl bromide during fumigation in plastic-mulched vegetable soil beds. Pest Management Science, 56 (10): 899-908

Simpson C R, Nelson S D, Stratmann J E, et al. 2010. Surface water seal application tominimize volatilization loss of methyl isothiocyanate from soil columns. Pest Management Science, 66: 686-692

Sullivan D A, Holdsworth M T, Hlinka D J. 2004. Control of off-gassing rates of methyl isothiocyanate from the application of metam-sodium by chemigation and shank injection. Atmos Environ, 38:2457-2470

Thomas J E, Allen L H, McCormack Jr L A, et al. 2003. Diffusion and emission of 1,3-dichloropropene in Florida sandy soil in microplots affected by soil moisture, organic matter, and plastic film. Pestic Manage Sci, 60: 390-398

Thomas J E, Ou L T, Allen L H, et al. 2004. Persistence, distribution, and emission of Telone C35 injected into a Florida sandy soil as affected by moisture, organic matter, and plastic film cover. Journal of Environmental Science and Health, Part B, 39 (4): 505-516

Wang D, Gao S, Qin R. 2011a. Lateral movement of soil fumigants 1,3-dichloropropene and chloropicrin from treated agricultural fields. Environ Qual, 39: 1800-1806

Wang D, Yates S R, Ernst F F, et al. 1997. Methyl bromide emission reduction with field management practices. Environmental Science & Technology, 31 (10): 3017-3022

Wang D, Yates S R, Ernst F F, et al. 2001. Volatilization of 1,3-Dichloropene under different application method. Water, Air & Soil Pollution, 127 (1): 109-123

Wang D, Yates S R, Gao S. 2011b.Chloropicrin emissions after shank injection: two-dimensional analytical and numerical model simulations of different source methods and field measurements. Environ Qual, 40: 1443-1449

Wang Q X, Tang J T, Wei S H, et al. 2010a.1,3-Dichloropropene distribution and emission after gelatin capsule formulation application. J Agr Food Chem, 58 (1): 361-365

Wang Q X, Wang D, Tang J T, et al. 2010b. Gas-phase distribution and emission of chloropicrin applied in gelatin capsules to soil columns. Journal of Environmental Quality, 39: 917-922

Wang Q, Gan J, Papiernik S K, et al. 2000. Transformation and detoxification of halogenated fumigants by ammonium thiosulfate. Environmental Science & Technology, 34 (17): 3717-3721

Warner D J, Davies M, Hipps N. 2010. Greenhouse gas emissions and energy use in UK-grown short-day strawberry (*Fragaria xananassa* Duch) crops. Agric Sci, 148: 667-681

Xuan R, Ashworth D J, Luo L, et al. 2011. Reactive films for mitigating methyl bromide emissions from fumigated soil. Environmental Science & Technology, 45: 2317-2322

Yates S R, Gan J, Papiernik S K, et al. 2002. Reducing fumigant emissions after soil application. Phytopathology, 92 (12): 1344-1348

Yates S R, Wang D, Ernst F F, et al. 1997. Methyl bromide emissions from agricultural fields: bare-soil, deep injection. Environmental Science & Technology, 31 (4): 1136-1143

Yates S R, Wang D, Gan J, et al. 1998. Minimizing methyl bromide emissions from soil fumigation. Geophysical Research Letters, 25 (10): 1633-1636

Zheng W, Papiernik S K, Guo M, et al. 2003. Competitive degradation between the fumigants chloropicrin and 1,3-dichloropropene in unamended and amended soils. Journal of Environmental Quality, 32: 1735-1742

Zheng W, Yates S R, Papiernik S K, et al. 2006. Reducing 1,3-dichloropropene emissions from soil columns amended with thiourea. Environmental Science & Technology, 40 (7): 2402-2407

第十一章　熏蒸剂在土壤中的归趋

熏蒸剂在土壤中的归趋是指熏蒸剂在土壤中的降解及最终去处。本章将介绍 5 种熏蒸剂在土壤中的归趋。

一、1,3-二氯丙烯

顺式与反式 1,3-二氯丙烯（1,3-D）在土壤中的降解主要为生物降解与化学降解途径（Ou,1998; Gan et al., 1999; Chung et al., 1999）。顺式与反式 1,3-D 首先被水解为对应的顺式与反式的三氯乙醇（3-CAA），这一步主要是化学降解（图 11-1）（Castro and Belser, 1966; Roberts and Stoydin, 1976; McCall, 1987）。Ou 等（1995）总结认为，在一些处理过的土壤中，生物水解是降解 1,3-D 的主要途径，尤其是顺式 1,3-D 降解为 3-CAA，3-CAA 随后被氧化为顺、反 3-氯丙烯酸（CAAC），随后又被降解为丁二酸、丙酸与乙酸，最后这些脂肪族的羧基酸被矿化为 CO_2、H_2O 及 Cl^-。由 1,3-D 降解为 3-CAA 的步骤为重要的去毒化步骤，因为 3-CAA 对线虫的毒性很低。

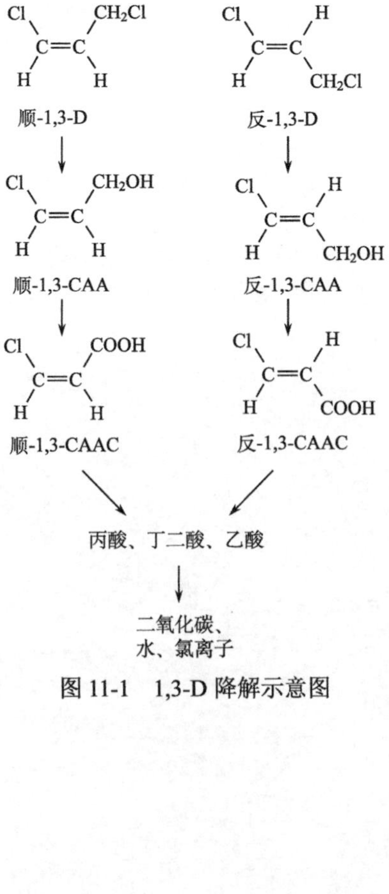

图 11-1　1,3-D 降解示意图

二、棉隆与威百亩

在土壤中，棉隆与威百亩迅速转化为异硫氰酸甲酯（MITC），Turner和Corden（1963）发现，在低含水量及高温条件下，威百亩向MITC转化速度加快，所需时间为2～7 h。含水量在饱和状态以下时，威百亩转化为MITC的半衰期小于30 min（Gerstl et al., 1977）。在砂壤土中，87%以上的威百亩都转化为MITC。

在土壤中，MITC的降解半衰期为几天到几周（Smelt and Leistra, 1974; Gerstl et al., 1977; Boesten et al., 1991; Dungan et al., 2002）。MITC的降解受到土壤温度、有机质含量、水分含量及土壤质地的影响（Smelt and Leistra, 1974; Gerstl et al., 1977; Boesten et al., 1991; Dungan et al., 2002）。在这些条件中，温度和有机质含量对砂壤土中MITC的降解影响较大，40℃时的降解速率比20℃时高3倍（Dungan et al., 2002）。当添加5%的复合鸡粪时，降解速率高6倍。含水量在饱和状态条件下时含水量变化对MITC的降解影响很小，在砂壤土中MITC的降解速率在土壤含水量为16%时比含水量为1.8%时慢260%（Gan et al., 1999）。

由于MITC在灭菌土壤中的降解比在非灭菌土壤中的降解速度慢，由此推断，MITC的降解途径主要为生物与化学途径（图11-2）（Gan et al., 1999; Dungan et al., 2002）。在20℃时，微生物降解占总降解的50%～80%。

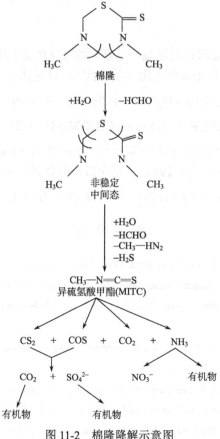

图 11-2　棉隆降解示意图

三、氯化苦

氯化苦在土壤中的降解符合一级降解动力学（Gan et al., 2000）。在几种不同土壤中（砂质壤土 arlington、壤质沙土 carsitas、粉砂壤土 waukegan）中的降解半衰期分别为1.5 天、4.3 天与 0.2 天。但将这些土壤灭菌后，降解半衰期分别增加为 6.3 天、13.9 天与2.7 天，这表明在氯化苦降解中微生物起到了很重要的作用。基于灭菌与未灭菌土壤中氯化苦降解速率的区别估计出微生物降解占氯化苦总降解的 68%～92%。早期研究表明，氯化苦可以被从土壤中分离出的假单胞菌（*Pseudomonas* spp.）脱卤（Castro et al., 1983）。*P. putida* PpG-786 的工作显示氯化苦主要的代谢途径是连续脱卤变为硝基甲烷（反应式 1）。

$$Cl_3CNO_2 \longrightarrow Cl_2CHNO_2 \longrightarrow ClCH_2NO_2 \longrightarrow CH_3NO_2 \tag{1}$$

一小部分（4%）氯化苦可以转化为 CO_2。在一个 24 天的有氧土壤的研究中，65.6%～75.2%的 ^{14}C 标记氯化苦转化为 $^{14}CO_2$（Wilhelm et al., 1996）。在灰黄霉酸（约 4%）及腐殖酸（小于 1%）的片段中发现一小部分 ^{14}C 的残留，还有 14.7%未提取出的碳的放射性同位素。在砂壤土中，25℃条件下，^{14}C 标记氯化苦的降解半衰期为 4.5 天。在厌氧土壤-水栖系统中，^{14}C 标记氯化苦被快速脱卤变为硝基甲烷，半衰期为 1.3 h。

四、溴甲烷

在土壤中，溴甲烷主要通过化学途径降解，通过与水及土壤有机质亲和位点（OM）的亲核取代完成化学水解与甲基化作用（反应式 2、反应式 3）（Gan et al., 1994）。

$$CH_3Br + H_2O \longrightarrow CH_3OH + H^+ + Br^- \tag{2}$$

$$CH_3Br + OM \longrightarrow CH_3OM + H^+ + Br^- \tag{3}$$

细菌在溴甲烷的氧化过程中起到一定作用（反应式 4）（Rasche et al., 1990; Oremland et al., 1994; Miller et al., 1997; Ou, 1997）。这个反应应该是被单加氧酶催化完成的。

$$CH_3Br + 1/2O_2 \longrightarrow H_2CO + H^+ + Br^- \tag{4}$$

参 考 文 献

Boesten J J T I, van der Pas L J T, Smelt J H, et al. 1991. Transformation rate of methyl isothiocyanate and 1, 3-dichloropropene in water-saturated sandy subsoils. Neth J Agric Sci, 39: 179-190

Castro C E, Belser N O. 1966. Hydrolysis of *cis-* and *trans-*1, 3- dichloropropene in wet soil. J Agric Food Chem, 14: 69-70

Castro C E, Wade R S, Belser N O. 1983. Biodehalogenation. The metabolism of chloropicrin by *Pseudomonas* sp. J Agric Food Chem, 31: 1184-1187

Chung K Y, Dickson D W, Ou L T. 1999. Differential enhanced degradation of cis- and trans-1, 3-D in soil with a history of repeated field applications of 1, 3-D. J Environ Sci Health, B34: 749-768

Dungan R S, Gan J, Yates S R. 2002. Accelerated degradation of methyl isothiocyanate in soil. Water, Air, &

Soil Pollut, 142: 299-310

Gan J, Papiernik S K, Yates S R, et al. 1999. Temperature and moisture effects on fumigant degradation in soil. J Environ Qual, 28: 1436-1441

Gan J, Yates S R, Anderson M A, et al. 1994. Effect of soil properties on degradation and sorption of methyl bromide in soil. Chemosphere, 29: 2685-2700

Gan J, Yates S R, Ernst F F, et al. 2000. Degradation and volatilization of the fumigant chloropicrin after soil treatment. Journal of Environmental Quality, 29 (5): 1391-1397

Gerstl Z, Mingelgrin U, Yaron B. 1977. Behavior of vapam and methylisothiocyanate in soils. Soil Sci Soc Am J, 41: 545-548

McCall P J. 1987. Hydrolysis of 1, 3-dichloropropene in dilute aqueous solution. Pestic Sci, 19: 235-242

Miller L G, Connell T L, Guidetti J R, et al. 1997. Bacterial oxidation of methyl bromide in fumigated agricultural soils. Appl Environ Microbiol, 63: 4346-4354

Oremland R S, Miller L G, Culbertson C W, et al. 1994. Degradation of methyl bromide by methanotrophic bacteria in cell suspensions and soils. Appl Environ Microbiol, 60: 3640-3646

Ou L T, Chung K Y, Thomas J E, et al. 1995. Degradation of 1, 3-dichloropropene (1, 3-D) in soils with different histories of field applications of 1, 3-D. J Nematol, 25: 249-257

Ou L T. 1997. Accelerated degradation of methyl bromide in methane-, 2, 4-D-, and phenol-treated soils. Bull Environ Contam Toxicol, 59: 736-743

Ou L T. 1998. Enhanced degradation of the volatile fumigant-nematicides 1, 3-D and methyl bromide in soil. J Nematol, 30: 50-64

Rasche M, Hyman M R, Arp D J. 1990. Biodegradation of halogenated hydrocarbon fumigants by nitrifying bacteria. Appl Environ Microbiol, 56: 2568-2571

Roberts S T, Stoydin G. 1976. The degradation of (Z)- and (E)-1, 3-dichloropropenes and 1, 2-dichloropropane in soil. Pestic Sci, 7: 325-335

Smelt J H, Leistra M. 1974. Conversion of metam-sodium to methyl isothiocyanate and basic data on behavior in soil. Pestic Sci, 5:401-407

Turner N J, Corden M E. 1963. Decomposition of sodium-*N*-methyldithiocarbamate in soil. Phytopathol, 53: 1388-1394

Wilhelm S N, Shepler K, Lawrence L J, et al. 1996. Environmental fate of chloropicrin. *In*: Seiber J N, Knuteson J A, Woodrow J E. Fumigants: Environmental Fate, Exposure, and Analysis. ACS Symp. Ser. 652. Washington, DC: American Chemical Society: 79-93

第十二章　熏蒸土壤中的氮循环

氮是植物生长和发育所需的大量营养元素之一，也是植物从土壤中吸收量最大的矿质元素。虽然地球上的腐殖质及生物体内所含的氮量只占地球含氮量的0.02%，而生物圈和大气层间相互交换的氮量也只占1.98%（地球基岩中的氮占总含量的98%），但正是这2%的少量氮，在生物圈内起着活跃的作用。土壤氮库中的氮主要以有机氮的形式存在，无机氮仅占土壤总氮的1%，而植物所吸收的氮几乎都是无机形式，所以，土壤氮库中的有机氮必须不断地通过微生物的矿化作用转化为植物可吸收的有效态氮。氮的转化包括含氮有机质的矿化过程、硝化-反硝化过程、腐殖质的形成过程、植物和微生物对有效态氮的吸收固定作用，以及黏土矿物对NH_3的吸收固定（图12-1）。氮矿化速率决定了土壤中用于植物生长的氮的可利用性，氮的可利用性限制了植物对土壤氮的养分利用效率，直接影响生态系统的生产力；氮的可利用性还与植物群落演替之间有密切的联系，是群落演替的主要限制因素。硝化作用消耗了铵态氮，减少了氨的挥发损失，但是，硝化作用产生的硝酸盐极易淋溶引起土壤性状恶化、地下水富营养化且被严重污染等环境问题。反硝化作用可引起氮的气态损失而污染大气，这关系到环境污染和氮的经济利用；同时，反硝化作用产生的氮氧化物是重要的温室气体。因此，氮转化研究对于揭示生态系统功能、生物地球化学循环过程的本质有重要意义。

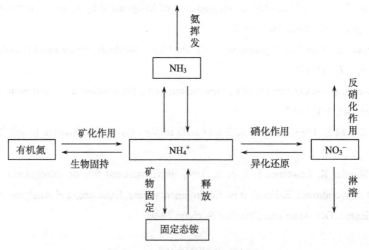

图 12-1　土壤中氮转化示意图

在研究熏蒸对土壤氮转化影响的意义时，评价自然土壤很大的变异范围是很重要的。土壤具有空间、物理、化学及生物学上的高度可变性。因此，所发生的各种独特剖面、pH、质地、结构和有机质含量都有巨大的差异。而且每一剖面的不同层次在矿物质和有机残体的数量和类型上，在颗粒的排列和组成上，以及在 pH 上都有很大的差异。氮的矿化作用和固持作用的速率在土壤通常出现的水分含量范围内可能有 3～5 倍的差异。硝化作用的速率也会发生相同的变化，该过程在高 pH 和高氧压时进行的速率比在低 pH 和低氧压时快得多。在干旱或极湿的土壤中很少或不会发生硝化作用。最适的水分含量为田间持水量的 1/2～2/3。在温度从 2℃增加到 35℃时，其速率可增加至 50～100 倍。反硝化作用的速率也受到温度、水分、氧状况、有机质和其他因子的深刻影响。在某些条件下可进行得极为迅速，在 2～3 天内硝酸盐就可完全受到损失。

一、熏蒸对氮矿化和固持作用的影响

土壤中的氮绝大部分以有机态存在，占全氮量的 92%～98%，但有机态氮不能被植物直接吸收利用，必须通过土壤微生物的矿化作用才能转化为可以被植物吸收、利用的无机氮形态。有机态氮经过矿化作用最终形成了可以被植物直接吸收、利用的铵态氮和硝态氮，二者均为水溶性的，铵态氮主要为交换态，易被胶体吸附而不易流失，有时被固定在黏土矿物的晶格中而成为"固定态铵"，从而对植物无效；硝态氮是植物的速效养分和土壤溶液的主要成分，易随水流失。氮矿化过程和矿化量受土壤有机质的类型、结构、结合方式、施肥、植物生长等的影响。土壤氮的矿化和固持都属于生物化学过程，而且两者都依赖于构成异养生物体的微生物活性。氮由有机态转化为无机态 NH_4^+ 或 NH_3 的过程被定义为氮的矿化作用。这种过程是由利用有机物质作为能源的异养土壤微生物进行的。无机氮化合物（NH_4^+、NH_3、NO_3^-、NO_2^-）转化为有机态氮的过程被定义为氮的固持作用。土壤生物能同化无机氮化合物，并将其转化为构成土壤生物的细胞和组织，即土壤生物体的有机氮成分。

已有研究表明，熏蒸后土壤中矿质氮含量的增加是土壤中的异养微生物对熏蒸过程中杀死的微生物细胞残体的分解所致（Jenkinson and Powlson, 1976；de Neve et al., 2004,）。Yamamoto等（2008）对土壤进行熏蒸处理后大量微生物残体很容易被分解从而增加土壤中矿质氮的含量，而其他形式存在的有机态氮相对较难以矿化。用cyanamid DD（1,3-二氯丙烯+1,3-二氯丙烷）熏蒸土壤后，短期内提高了氮的矿化速率，而随着微生物群落的恢复，后期氮矿化速率并没有显著的差异（de Neve et al., 2004）。其他的试验结果也指出了这个问题，如氯化苦（Yamamoto et al., 2008）、溴甲烷（Yamamoto et al., 2008；陈云峰等, 2007）、蒸汽（Tanaka et al., 2003；Yamamoto et al., 2008）、太阳能（Gelsomino et al., 2006；陈云峰等, 2007）熏蒸消毒后都会提高氮的矿化速率。Collins等（2005）则发现，与生物熏蒸相比，威百亩和1,3-D化学熏蒸后土壤的氮矿化速率更低。大量的杀虫剂（Ross,1974）、熏蒸剂、杀菌剂（Dubey and Rodriquez,1970）和除草剂（Grossbard,1971）都已被报道能刺激氮的矿化作用。熏蒸剂的刺激作用常常是一部分土壤生物种群的解体和矿质氮从分解的组织中释出来所造成的结果，杀虫剂可能以同样的方式起作用。此外，土壤氮矿化量除了受到熏蒸剂的影响，还与原有有机态氮含量，施入土壤中的肥料，土壤温度、含水量、理化性质，耕作制度，种植的植物等有密切关系。

二、熏蒸对硝化作用的影响

硝化作用是氮生物地球化学循环中非常重要的一个环节，也是废水生物脱氮的第一个步骤。硝化作用分为两个阶段，即氨氧化（亚硝化）和亚硝酸氧化，分别由两类化能自养微生物完成：氨氧化细菌（ammonia-oxidizing bacteria, AOB）完成氨（NH_3）的氧化过程，硝化细菌（nitrite-oxidizing bacteria, NOB）完成亚硝酸氧化过程。生物圈中各个生态系统的氮循环一般都是通过生物固氮，以 NH_3 的形式输入氮；经过同化、氨化、硝化、异化性硝酸盐还原等生物转化作用及其相伴的迁移运动，最终借助反硝化作用，以氮气的形式输出氮。因此，硝化作用在促进生态系统的氮循环、缓解环境压力、保持生态环境健康稳定中发挥着巨大作用。硝化作用易受到多种环境因子的影响。温度、pH、盐度及重金属等都能直接影响土壤硝化作用进行的程度。对硝化作用过程的抑制主要是抑制 AOB 的活性，从而抑制 NH_3 氧化为亚硝酸盐的有机或无机化合物。通过对硝化作用的抑制可以达到 3 个方面的作用：减少氮肥的淋溶和反硝化作用损失，提高氮肥的利用率；调整氮肥的供应量、供应形式和供应时间；从植物病理学的角度考虑，减少高浓度的硝酸盐对植株幼苗期的毒害，进而增强植物抵抗病虫害的能力。

硝态氮肥和铵态氮肥是植物主要吸收的两种氮形式。目前世界上施用的全部氮肥品种中，铵态氮肥和酰胺态氮肥数量占到90%以上。铵态氮在施入土壤以后只有30%～50%被作物吸收，其余的部分主要经硝态氮的淋洗及反硝化作用损失。土壤中铵态氮在硝化和亚硝化细菌作用下转化为硝态氮，自然条件下2～3周就可以转化成硝态氮。已经有大量研究表明，熏蒸剂处理后能够显著抑制土壤硝化作用，影响AOB的种群数量。例如，溴甲烷和威百亩熏蒸后，土壤硝化作用受到明显抑制，其中亚硝酸细菌数量明显降低，可能是其无芽胞所致（程新胜和杨建卿，2007）。用cyanamid DD 95（1,3-D+1,3二氯丙烷）熏蒸土壤后至少3周内，硝化作用都会受到抑制（de Neve et al., 2004）。硝化细菌大部分是自养需氧型的，对蒸汽热激作用最敏感，蒸汽熏蒸62天后硝化作用仍受到抑制（Roux-Micholl et al., 2008）。用溴甲烷及其替代品熏蒸土壤后，硝化速率与对照相比减少55%以上，且一直持续到熏后37周还未恢复（Stromberger et al., 2005）。Omirou等（2011）研究指出，采用威百亩熏蒸能明显抑制土壤微生物的活性，改变子囊菌种群结构，但是对氨氧化细菌种群没有明显改变。熏蒸处理后能杀死土壤中大量微生物，抑制土壤中硝化作用的过程，同时影响铵态氮向硝态氮的转化从而减少铵态氮的累积和硝态氮的降低。Welsh等（1998）研究指出，采用溴甲烷和威百亩熏蒸处理后能够抑制土壤硝化作用。Harris（1991）研究发现，采用溴甲烷熏蒸处理后土壤硝态氮含量也减少了一半。Yamatoto等（2008）采用溴甲烷、氯化苦和蒸汽熏蒸处理后土壤中铵态氮含量增加，但硝态氮含量减少。硝态氮含量的减少可能是作物对硝酸盐的吸收或硝酸盐的淋洗流失所导致的（Tanaka et al., 2003）。此外，Rovira和 Simon（1985）采用氯化苦和溴甲烷熏蒸处理，第15周后土壤中硝态氮含量较对照增加了2～7倍。Welsh等（1998）在不同地块上采用溴甲烷和威百亩熏蒸处理后，土壤中铵态氮和硝态氮的变化存在较大差异。Jawson等（1993）在玉米地试验中采用溴甲烷熏蒸后对土壤中矿质氮含量没有影响。大量室内研究结果表明，熏蒸处理后能够增加土壤中铵态氮含量（Welsh et al., 1998；Jenkinson and Powlson, 1976）。

熏蒸剂可以通过直接抑制氨氧化细菌和硝化细菌的生长繁殖或络合硝化作用酶所需要的金属离子或通过底物与酶竞争优势来抑制硝化反应（McCarty, 1999）。氨氧化细菌产生的一种胞内酶——氨单加氧酶能够催化氨氧化成羟胺，土壤熏蒸剂如氯化苦、溴甲烷、碘甲烷、威百亩等均可以作为氨单加氧酶的底物被催化氧化，这些熏蒸剂通过与底物氨之间的竞争作用来达到对硝化作用的抑制（Juliette et al., 1993; Gvakharia et al., 2007; Brown and Morra, 2009; Sayavedra-Soto et al., 2010）。通过对土壤中硝化作用的抑制，能有效延缓土壤中铵态氮向硝态氮的转化，使土壤中可提取的铵态氮库较长时间保持较高的水平，减少土壤中硝态氮的含量，从而能减少土壤中硝态氮的淋溶风险，相应也会促进铵态氮的作物吸收和微生物固持。硝化作用除了受到熏蒸剂的影响外，土壤底物 NH_4^+ 含量、O_2、CO_2、pH、土壤温湿度等因素的变化都会成为硝化作用的限制因子。

三、熏蒸对反硝化作用和氧化亚氮释放的影响

反硝化作用是氮损失的重要途径之一。反硝化细菌在缺氧条件下，会还原硝酸盐，释放出氮气或温室气体氧化亚氮（N_2O）。N_2O 的产生不仅降低了肥料的利用率（Mosier and Zhu, 2000; Huang and Tang, 2010），更为重要的是其与全球变暖和臭氧层的破坏相关联（Liebig et al., 2010）。最新研究表明，N_2O 是破坏臭氧层的最重要的因子，并且被认为是 21 世纪最大的影响因子（Ravishankara et al., 2009）。农业土壤中排放出的 N_2O 占到大气总释放量的 60%（IPPC, 2007）。N_2O 是土壤氮转化的中间产物。尽管土壤中硝态氮异化还原、异氧硝化作用和化学反硝化作用亦能产生一些 N_2O，但是异氧反硝化作用和自氧硝化作用是土壤中 N_2O 的主要来源（Fernandes et al., 2010），即 N_2O 的产生主要依赖于微生物的生物化学过程（图 12-2）。因此，凡影响这些过程的物理、化学及生物学因子均会影响 N_2O 的排放量及产物中 N_2O 的比例。部分研究由于区域、环境等外界因素的差异，对 N_2O 产生机制的研究结果也存在一定的差异（Ma et al., 2008; Kool et al., 2011）。

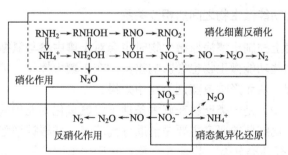

图 12-2　氧化亚氮产生途径及相关生物学过程

研究表明，蒸汽熏蒸后，反硝化细菌群落结构受到破坏，酶活性受到抑制，反硝化作用缓慢恢复（Roux-Micholletet et al., 2008）。有文献报道，采用太阳能结合生物熏蒸的方法处理辣椒大棚后，N_2O 的释放量较对照处理也有一定增加（Arriaga et al., 2011; Das and Adhya, 2014）；在受到农药使用的扰动后的土壤中，N_2O 的释放量也会出现显著的增加或者减少（Das et al., 2011）；采用百菌清、代森锰锌药剂处理土壤后能减少 N_2O 的排放（Kinney et al., 2005），同时也有大量的研究报道，使用硝化抑制剂后可以通过抑制土壤

中的硝化作用，减少氮肥的损失，同时也降低农田生态系统中N₂O的排放（Chen et al., 2010; Ding et al., 2011; Li et al., 2014; Zaman and Blennerhassett, 2010）。

　　不同熏蒸剂处理后，土壤中 N₂O 的释放存在差异，采用氯化苦和异硫氰酸甲酯熏蒸处理后均能不同程度地增加土壤中 N₂O 的释放量，其中氯化苦的影响更为明显（Spokas and Wang, 2003; Spokas et al., 2005）。好氧条件下的真菌的反硝化作用是氯化苦熏蒸后 N₂O 排放的主要来源（图 12-3），原因在于参与产生 N₂O 的功能微生物对氯化苦存在一定的抗性（Spokas et al., 2006）。

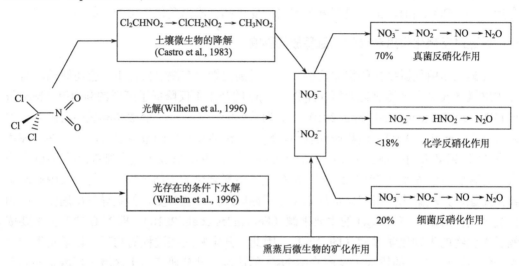

图 12-3　氯化苦熏蒸处理后 N₂O 产生机制（Spokas et al.，2006）

四、熏蒸剂与氮转化功能微生物之间的相互关系

　　熏蒸在极大程度上控制土壤病原微生物时也会对土壤中参与氮循环的功能微生物产生一定影响，同时这些功能微生物也会影响熏蒸剂在土壤中挥发、扩散、迁移、降解、残留等物理化学过程，从而影响熏蒸剂的作用效果。

　　氨氧化细菌（AOB）是一类能够在好氧条件下将氨氧化为亚硝酸盐的无机化能自养型细菌。早期对氨氧化细菌的研究主要是借助分离培养，并根据细胞形态及内细胞膜的排列方式对 AOB 进行菌类分类，共有 5 个属：亚硝化单胞菌属（*Nitrosomonas*）、亚硝化球菌属（*Nitrosococcus*）、亚硝化螺菌属（*Nitrosospira*）、亚硝化弧菌属（ *Nitrosovibrio* ）及亚硝化叶菌属（*Nitrosolobus*），其中亚硝化单胞菌属为优势属，广泛分布在土壤、水体等生态环境中。近年通过对 16S rRNA 基因序列的比较，将 AOB 分为两大类：广泛分布于各种生态系统的 β-变形菌纲（β-Proteobacteria）及主要存在于海洋和半碱水环境中的 γ-变形菌亚纲（γ-Proteobacteria）（武志杰等，2008）。土壤熏蒸剂对硝化作用的抑制主要是抑制 AOB 的活性。AOB 产生的一种胞内酶——氨单加氧酶（AMO）能够催化氨氧化成羟胺。除氨外，多种烷烃、芳烃、含氮硫化合物及它们的衍生物都可作为 AMO 的底物抑制氨的氧化。碘甲烷、氯化苦、1,3-D、二甲基二硫、异硫氰酸酯等土壤熏蒸剂均可以作为 AMO 的底物被催化氧化，这些熏蒸剂对 AMO 活性抑制效应的强弱主要取决于它们与 AMO 的亲和力（Bremner and Bundy, 1974; Vannelli et al., 1990; Juliette et al., 1993; Neufeld and Knowles, 1999）。

能够进行反硝化作用的微生物很多（表12-1），它们不属于一个特定的类群，已知10个不同的细菌科中50多属各营养类型微生物中都有进行反硝化作用的属种（Payne, 1973; 郑平，2003）。近年来的研究表明，真菌具有反硝化能力是普遍存在的现象。反硝化真菌包括丝状真菌和酵母两大类。已经发现有30多种丝状真菌和16种酵母具有反硝化能力（Shoun et al., 1992）。

表 12-1　反硝化细菌的部分菌群

类型	含有反硝化细菌的一些属	
有机营养型	*Pseudomonas*	假单胞菌属
	Alcaligenes	产碱杆菌属
	Bacillus	芽胞杆菌属
	Agrobacetrium	农杆菌属
	Eubacterium	黄杆菌属
	Propionibacterium	丙酸杆菌属
	Blastobacter	芽生杆菌属
	Halobacterium	盐杆菌属
	Rhizobium	根瘤菌属
化能无机营养型	*Thiobacillus*	硫杆菌属
	Thiosphaera	硫微螺菌属
	Nitrosomonas	亚硝化单胞菌属
	Brahamella	布兰汉氏菌属
	Branhamella	海洋螺菌属

在这些具有反硝化作用功能的微生物中，如 *Pseudomonas*、*Alcaligenes*、*Agrobacetrium* 等都具有较高的农药降解活性。它们可以直接作用于农药，通过酶促反应降解农药；或是通过微生物的活动改变化学和物理的环境而间接作用于农药。Lebbink 等（1989）从土壤中分离出的 *Pseudomonas* sp.能以 1,3-二氯丙烯作为独立碳源。土壤中氯化苦的降解有 68%～92%来源于微生物的作用，在 *Pseudomonas* sp.作用下氯化苦经过 3 次脱卤反应生成硝基甲烷（Castro et al., 1983）。许多具有反硝化作用的微生物 *Pseudomonas*、*Alcaligenes*、*Nitrosomonas* 等均能参与熏蒸剂，如 1,3-二氯丙烯、异硫氰酸甲酯、氯化苦、溴甲烷，在土壤中的化学降解（Dungan and Yates, 2003）。

五、展望

熏蒸处理显著影响着土壤生态系统的结构与功能，熏蒸可作为一种重要的研究手段来探讨土壤生态系统中物质与能量的循环。到目前为止，人们虽然对熏蒸与土壤氮的转化进行了较多的研究，但是有关熏蒸剂对氮转化有关过程的具体影响机制的研究报道较少。更多的研究可以从熏蒸剂的作用机制出发，结合土壤氮循环的生物学过程，明确熏蒸对土壤中氮循环的影响机制。

参 考 文 献

陈云峰, 曹志平, 于永莉. 2007. 甲基溴替代技术对番茄温室土壤养分及微生物量碳的影响. 中国生态农业学报, 15: 42-45

程新胜, 杨建卿. 2007. 熏蒸处理对土壤微生物及硝化作用的影响. 中国生态农业学报, 15: 51-53

武志杰, 史云峰, 陈利军. 2008. 硝化抑制作用机理研究进展. 土壤通报, 39: 962-970

郑平. 2003. 环境微生物学. 杭州: 浙江大学出版社

Arriaga H, Núñez-Zofio M, Larregla S, et al. 2011. Gaseous emissions from soil biodisinfestation by animal manure on a greenhouse pepper crop. Crop Prot, 30: 412-419

Bremner J M, Bundy L G. 1974. Inhibition of nitrification in soils by volatile sulfur compounds. Soil Biol Biochem, 6: 161-165

Brown P D, Morra M J. 2009. Brassicaceae tissues as inhibitors of nitrification in soil. J Agric Food Chem, 57: 7706-7711

Castro C E, Wade R S, Belser N O. 1983. Biodehalogenation. The metabolism of chloropicrin by *Pseudomonas* sp. J Agric Food Chem, 31: 1184-1187

Chen D, Suter H C, Islam A, et al. 2010. Influence of nitrification inhibitors on nitrification and nitrous oxide （N_2O） emission from a clay loam soil fertilized with urea. Soil Biol Biochem, 42: 660-664

Collins H P, Alva A, Boydston R A, et al. 2005. Soil microbial, fungal, and nematode responses to soil fumigation and cover crops under potato production. Biol Fertil Soils, 42: 247-257

Das S, Adhya T K. 2014. Effect of combine application of organic manure and inorganic fertilizer on methane and nitrous oxide emissions from a tropical flooded soil planted to rice. Geoderma, 213: 185-192

Das S, Ghosh A, Adhya T K. 2011. Nitrous oxide and methane emission from a flooded rice field as influenced by separate and combined application of herbicides bensulfuron methyl and pretilachlor. Chemosphere, 84: 54-62

de Neve S, Csitári G, Salomez J, et al. 2004. Quantification of the effect of fumigation on short- and long-term nitrogen mineralization and nitrification in different soils. J Environ Qual, 33: 1647-1652

Ding W, Yu H, Cai Z. 2011. Impact of urease and nitrification inhibitors on nitrous oxide emissions from fluvo-aquic soil in the North China Plain. Biol Fertil Soils, 47: 91-99

Dubey H D, Rodriquez R L. 1970. Effect of dyrene and maneb on nitrification and ammonification and their biodegradation in tropical soils. Soil Sci Soc Am Proc, 34: 435-439

Dungan R S, Yates S R. 2003. Degradation of fumigant pesticides: 1,3-dichloropropene, methyl isothiocyanate, chloropicrin, and methyl bromide. Vadose Zone Journal, 2: 279-286

Fernandes S O, Bharathi P A L, Bonin P C, et al. 2010.Denitrification: an important pathway for nitrous oxide production in tropical mangrove sediments (Goa, India). Journal of Environmental Quality, 39: 1507-1516.

Gasser J K R, Peachey J E. 1964. A note on the effects of some soil sterilants on the mineralisation and nitrification of soil-nitrogen. J Sci Food Agric, 15: 142-146

Gelsomino A, Badalucco L, Landi L, et al. 2006. Soil carbon, nitrogen and phosphorus dynamics as affected by solarization alone or combined with organic amendment. Plant Soil, 279 (1-2): 307-325.

Grossbard E. 1971. The effect of repeated field applications of four herbicides on the evolution of carbon dioxide and mineralization of nitrogen in soil. Weed Research, 11: 263-275

Gvakharia B O, Permina E A, Gelfand M S, et al. 2007. Global transcriptional response of nitrosomonas europaea to chloroform and chloromethane. Appl Environ Microbiol, 73: 3440-3445

Harris D C. 1991. A comparison of dazomet, chloropicrin and methyl bromide as soil disinfestants for strawberries. J Hortic Sci, 66: 51-58

Huang Y, Tang Y. 2010. An estimate of greenhouse gas (N_2O and CO_2) mitigation potential under various scenarios of nitrogen use efficiency in Chinese croplands. Global Change Biology, 16: 2958-2970

IPPC. 2007. Report of the methyl bromide technical options committee. In: Pizano M. United Nations Environment Programme, Nairobi, Kenya.

Jawson M, Franzluebbers A, Galusha D, et al. 1993. Soil fumigation within monoculture and rotations: Response of corn and mycorrhizae. Agron J, 85: 1174-1180

Jenkinson D S, Powlson D S. 1976. The effects of biocidal treatments on metabolism in soil. V. A method for measuring soil biomass. Soil Biol Biochem, 8: 209-213

Juliette L Y, Hyman M R, Arp D J. 1993. Inhibition of ammonia oxidation in nitrosomonas europaea by sulfur compounds: thioethers are oxidized to sulfoxides by ammonia monooxygenase. Appl Environ Microbiol, 59: 3718-3727

Kinney C A, Mandernack K W, Mosier A R. 2005. Laboratory investigations into the effects of the pesticides mancozeb, chlorothalonil, and prosulfuron on nitrous oxide and nitric oxide production in fertilized soil. Soil Biol Biochem, 37: 837-850

Kool D M, Dolfing J, Wrage N, et al. 2011. Nitrifier denitrification as a distinct and significant source of nitrous oxide from soil. Soil Biol Biochem, 43: 174-178

Lebbink G, Proper B, Nipshagen A. 1989. Accelerated degradation of 1,3-dichloropropene. Acta Hortic, 255: 361-371

Li J, Shi Y, Luo J, et al. 2014. Use of nitrogen process inhibitors for reducing gaseous nitrogen losses from land-applied farm effluents. Biol Fertil Soils, 50: 133-145

Liebig M A, Gross J R, Kronberg S L, et al. 2010. Grazing management contributions to net global warming potential: a long-term evaluation in the northern great plains. Journal of Environmental Quality, 39: 799-809.

Ma W, Bedardhaughn A, Siciliano S, et al. 2008. Relationship between nitrifier and denitrifier community composition and abundance in predicting nitrous oxide emissions from ephemeral wetland soils. Soil Biol Biochem, 40: 1114-1123

McCarty G W. 1999. Modes of action of nitrification inhibitors. Biol Fertil Soils, 29: 1-9

Mosier A R, Zhu Z. 2000. Changes in patterns of fertilizer nitrogen use in Asia and its consequences for N_2O emissions from agricultural systems. Nutr Cycl Agroecosyst, 57: 107-117

Neufeld J D, Knowles R. 1999. Inhibition of nitrifiers and methanotrophs from an agricultural humisol by allylsulfide and its implications for environmental studies. Appl Environ Microbiol, 65: 2461-2465

Omirou M, Rousidou C, Bekris F, et al. 2011. The impact of biofumigation and chemical fumigation methods on the structure and function of the soil microbial community. Microb Ecol, 61: 201-213

Payne W J. 1973. Reduction of nitrogenous oxides by microorganisms. Microbiol Mol Biol Rev, 37: 409-452

Ravishankara A R, Daniel J S, Portmann R W. 2009. Nitrous oxide (N_2O): the dominant ozone-depleting substance emitted in the 21st century. Science, 326: 123-125

Ross D J. 1974. Influence of four pesticide formulations on microbial processes in a New Zealand pasture soil. II Nitrogen mineralization. New Zealand. J Agric Res, 17: 9-17

Roux-Michollet D, Czarnes S, Adam B. et al. 2008. Effects of steam disinfestation on community structure, abundance and activity of heterotrophic, denitrifying and nitrifying bacteria in an organic farming soil. Soil Biol Biochem, 40: 1836-1845

Rovira A D, Simon A. 1985. Growth, nutrition and yield of wheat in calcareous sandy loams of South Australia: Effects of soil fumigation, fungicide, nematicide and nitrogen fertilizers. Soil Biol Biochem, 17: 279-284

Sayavedra-Soto L, Gvakharia B, Bottomley P, et al. 2010. Nitrification and degradation of halogenated hydrocarbons—a tenuous balance for ammonia-oxidizing bacteria. Appl Microbiol Biotechnol, 86: 435-444

Shoun H, Kim D H, Uchiyama H, et al. 1992. Denitrification by fungi. FEMS Microbiol Lett, 94: 277-281

Spokas K, Wang D, Venterea R, et al. 2006. Mechanisms of N_2O production following chloropicrin fumigation. Appl Soil Ecol, 31: 101-109

Spokas K, Wang D, Venterea R. 2005. Greenhouse gas production and emission from a forest nursery soil following fumigation with chloropicrin and methyl isothiocyanate. Soil Biol Biochem, 37: 475-485

Spokas K, Wang D. 2003. Stimulation of nitrous oxide production resulted from soil fumigation with chloropicrin. Atmos Environ, 37: 3501-3507

Stromberger M E, Klose S, Ajwa H, et al. 2005. Microbial populations and enzyme activities in soils fumigated with methyl bromide alternatives. Soil Sci Soc Am J, 69: 1987

Tanaka S, Kobayashi T, Iwasaki K, et al. 2003. Properties and metabolic diversity of microbial communities in soils treated with steam sterilization compared with methyl bromide and chloropicrin fumigations. Soil Science & Plant Nutrition, 49: 603-610

Vannelli T, Logan M, Arciero DM, et al. 1990. Degradation of halogenated aliphatic compounds by the ammonia- oxidizing bacterium Nitrosomonas europaea. Appl Environ Microbiol, 56: 1169-1171

Welsh C E, Guertal E A, Wood C W. 1998. Effects of soil fumigation and N source on soil inorganic N and tomato growth. Nutr Cycl Agroecosyst, 52: 37-44

Yamamoto T, Ultra Jr V U, Tanaka S, et al. 2008. Effects of methyl bromide fumigation, chloropicrin fumigation and steam sterilization on soil nitrogen dynamics and microbial properties in a pot culture experiment. Soil Science & Plant Nutrition, 54: 886-894

Zaman M, Blennerhassett J D. 2010. Effects of the different rates of urease and nitrification inhibitors on gaseous emissions of ammonia and nitrous oxide, nitrate leaching and pasture production from urine patches in an intensive grazed pasture system. Agriculture, Ecosystems & Environment, 136: 236-246

第十三章　土壤消毒设备

土壤消毒设备是专门为施用易挥发、有毒的农药而设计制造的。设备分为机动和手动两种类型，本章主要介绍 DJR-202 型机动土壤消毒机和 JM-C 型手动土壤消毒器的使用、保养及安全操作规程等知识。

一、机动土壤消毒机

DJR-202 型机动土壤消毒机，其中"DJR"为企业冠名，"2"代表一次注入 2 个点，"02"代表第 2 代产品。以此类推，今后还将生产 301 型和 401 型，分别一次注入 3 个点和 4 个点。

机动土壤消毒机是以手扶拖拉机为动力的机械施药方法，如图 13-1 所示。劳动强度低，效率高，适用于大面积作业。但灵活性不好，对边角施药不方便，作业有死角。

图 13-1　机动土壤消毒机

（一）DJR-202 型机动土壤消毒机的构造

总图，如图 13-2 所示；机架部分，如图 13-3 所示；托架部分，如图 13-4 所示；注入深度调节部分，如图 13-5 所示；驱动连杆部分，如图 13-6 所示；药量调节部分，如图 13-7 所示；药泵部分，如图 13-8 所示；显示计部分，如图 13-9 所示；切土刀部分，如图 13-10 所示；药液过滤部分，如图 13-11、图 13-12 所示。

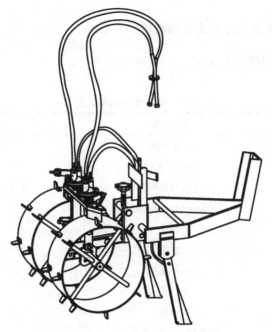

图 13-2　DJR-202 型机动土壤消毒机

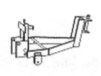

图 13-3　机架　　　图 13-4　托架　图 13-5　注入深度调节部分　图 13-6　驱动连杆

图 13-7　药量调节部分　　　图 13-8　药泵　　图 13-9　显示计

图 13-10　切土刀　　　图 13-11　药液过滤部分（1）　图 13-12　药液过滤部分（2）

（二）DJR-202 型机动土壤消毒机规格

动力土壤消毒机规格见表 13-1。

表 13-1　动力土壤消毒机规格

规格名称	技术参数	备注
名称	土壤消毒机	本机器属于双垄式
型号	DJR-202 型	
动力型式	手扶拖拉机牵引式	适用于 12 马力手扶拖拉机
长×宽×高	860 mm×440 mm×540 mm	
质量	25 kg	
药桶容量	20 L	大连染料化工有限公司提供
注入药量	1～5 mL/点	可调节
注入土壤深度	10～20 cm	可调节
消毒覆盖宽度	30 cm	标准值
注入方式	间隔 30 cm 的点注方式	标准值

（三）工作原理

1. 机器的结构与零部件名称

1）本产品为小型田间手扶拖拉机牵引的悬挂式、双垄土壤消毒机，如图 13-13 所示。整部机器由两大部分组成，由手扶拖拉机作为动力，驱动土壤消毒机行走，同时完成药液注入土壤内部，镇压土壤完成土壤消毒的功能。

图 13-13　小型田间土壤消毒机

2）手扶拖拉机的结构与功能，在此不作介绍，请查阅有关资料。

3）土壤消毒机的结构特点与工作方法：镇压驱动轮被固定在主机架两侧，宽大的轮圈上安装有 16 片抓土板防止滑动，驱动凸轮轴转动。在轮轴端部装有凸轮推动液泵驱动杆，驱使泵体膜盒上下移动，完成液泵的吸入与压出，达到将液筒内药液注入土壤的目的，如图 13-14 所示。

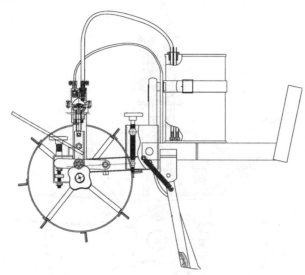

图 13-14　机动土壤消毒机结构示意图

2. 泵的结构与系统工作原理

（1）泵的结构

液泵主体是一个压力膜盒结构，主要是由动膜、动膜推杆、球阀（进口阀、出口阀）、盒、进出口管、吸入管球阀、进液管过滤器、进口阀，以及中间加入一套药液注入显示计组成的液泵传动控制系统，如图 13-15 所示。

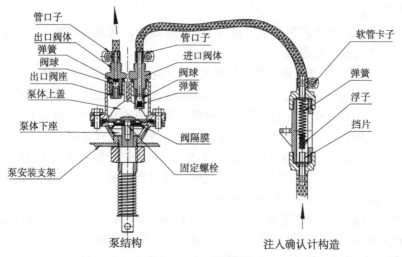

图 13-15　泵的结构图

（2）药量调节结构

注入土壤内药液量的大小，是通过一套手动调节手轮、驱动杆、轴承与凸轮之间的距离，改变泵体膜盒行程大小来实现的，药液控制量显示在标牌刻度值上，如图13-16所示。

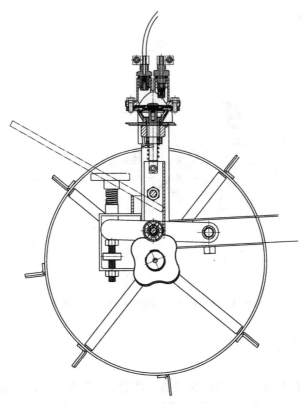

图 13-16　药量调节结构

泵的使用方法

在操作过程中，有毒药液是通过泵的工作来实现的，因此，在操作之前必须做好一切防护工作，并注意下列事项。

1）在泵没有注入药液之前，首先检查泵的工作状态，在发动机熄火，注入刀抬起的状态下，先将泵的进口管插入水中，把注入刻度放在设定的位置（一般 3 mL 处），用手板动压杆上下运动来推动泵开始工作，注意吸入管路中的显示计内的浮子位置，并观察是否有水从注入刀后面流出，确认泵工作正常后，再进行正式工作。

2）拖拉机启动，驶入作业地点，放下注入刀，将进口管插入药液桶的底部。注入刻度在设定的位置，开始上下压泵驱动杆，此时可以看到显示计内浮子在移动，药液已经进入泵内，此时将注入量调节到规定的刻度上。

3）在注入刀插入土中的状态下，让拖拉机行进开始施药作业，其注入量可随时进行调节，直到满意为止。通过显示计随时可以查看注入药液情况。

4）需停止作业时，把进药管抽出举高，注入刀还在土中，行走一段距离，把泵内药液排出，再将药管插入水桶中，在现场空转一段时间，把泵内药液清洗干净，结束后回到有自来水的地方，接入吸入管，再压动压杆使泵进行工作，清洗泵内残液，再将水排除干净，干燥后，将煤油注入泵内，进行保养。

3. 药液注入土壤深度的调节

泵出口管末端连接在注入刀体的后下方喷嘴处，随刀体在土壤中的深度来调节药液注入地下的深度，具体方法如下。

1）注入刀插入土壤中的深度是通过一套调节镇压驱动轮与注入刀体主机架相对高度来调节的，如图 13-17 所示。

2）镇压驱动轮轴通过悬臂梁后端部的轴铰链支泵在主机架上，在悬梁中间与主机架的水平距离来完成注入刀进入土层的高度，实现施药深度的调节。其方法是旋转手轮，确定其深度值。

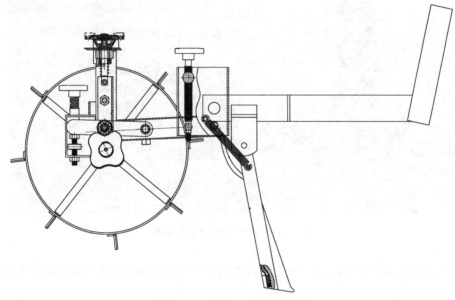

图 13-17　注入刀与驱动轮轴

（四）安全操作规程

1. 使用挥发性消毒液的严格安全规定

由于本产品主要用于农业土壤消毒中施注一种有毒、对人身体有害且挥发性很强的化工药品，该药品一旦泄漏，轻者使人流泪不止，重者使人窒息，所以，操作人员必须严格按本说明书中有关规定方法使用本产品。为了保证本机器的性能得到充分的发挥，在使用之前，操作人员必须认真阅读下列内容。

1）在田间小道行走的时候，抬起注入刀，降低行驶速度，注意道崖子。

2）进出耕地时，应慢行。

3）在检修机器时，拖拉机一定要熄火。

4）在作业操作和检修的时候，一定要戴好防护面具。

5）与其他人员一起工作时，要确保他人安全后方可进行作业。

2. 对操作人员的安全防护要求

1）凡参与使用本机器的人员，必须经过岗前培训，确认操作人员能独立、安全操作后方可使用，否则不准使用本机器。

2）在使用机器之前，操作人员必须穿戴好防毒口罩、防护衣、胶皮手套、胶鞋、防护眼镜、帽子等安全防护用品（图13-18）。

图13-18　操作人员的安全穿戴

3）运输时应将药剂容器封口密闭，注意途中的安全情况，防止药液碰撞等事故的发生。

4）在整个作业操作期间，操作人员不准离岗、不准随意拆卸机器零件和部件。

5）在施药过程中，注意中间休息，不要过度疲劳，不要带病作业，在通风较好的地方放松，呼吸新鲜空气，以免影响身体健康。

3. 机器操作使用中的安全检查

1）在进入田间施药作业之前，对机器各部位、零部件的安全性检查有：①检查药液桶盖是否拧紧，有无泄漏；②检查各软管接头处是否安好紧固；③检查喷嘴是否畅通；④检查药液注入量调节手轮、指针位置是否合适；⑤检查注入地面深度是否合适，并根据计划要求进行预调节。

2）在田间作业时：①观察田间近处是否有人（特别是小孩），不要让无关的人围观靠近；②开始施药注入作业时，应发出警告信号（吹哨、地头立警示牌等）；③选择逆风向或侧向作业，如果有覆膜人员在后面，应按风向选择适当的作业方向；④暂停作业时，应将拖拉机熄火，注意保护喷嘴，不要与土块挤压；⑤结束作业时，将机器注入刀抬起，将机器停放在坚硬的地面上。

4. 发生安全事故的紧急处理

1）操作人员在田间作业时，由于各种原因，出现流泪不止、呕吐、恶心等症状，必须立即停机熄火，离开现场。通报农业技术推广部门或相应监理部门，及时将受害人员送往医院诊治。

2）对机器泄漏部位查找、查看各软管接头及软管有无破裂现象，及时采取抢修措施。

3）如果发现盛液桶破裂，必须封闭现场，通知有关部门，派专业人员来进行处理。

5. 机器的搬运安全

土壤消毒机本身仅有 25 kg 左右，运输很方便，但是土壤消毒机与手扶拖拉机悬挂在一起应用时，动力机很重，运输必须用通用货车进行远距离运输，为保证安全搬运与运输，有以下几点要求。

1）必须确认土壤消毒机内没有消毒液，桶盖已拧紧封闭，方可装车。

2）装货车时，必须用跳板，宽度与长度必须相适应，不能过窄，否则机器容易侧向倒下来。

3）拖拉机必须熄火，变速档要放在 I 速或 R 位置。

4）放在车上，应用绳子捆好，防止在车上窜动。

5）卸车时，用绳子从车上拉紧，慢慢从跳板上滑下。

（五）使用

1）拖拉机：拖拉机的动力为 6～12 马力，其速度与人的正常行走速度相同为宜。通常应在 1 档高速或 2 档低速。

2）药量测定：首先将机器放在支架上，将药管放入水中，用手扳动轮子，使水从刀体喷嘴喷出。待喷量正常，用量杯取 10 次喷量，来确定药量是否合适。如果不合适，调节药量调节机构使之合适。例如，设定每点注入 3 mL，那么 10 次量在 28～32 mL 即可。

3）注油：在托架下面有注油口，每天使用之前要在油杯中加入甘油，然后挤入油口中。

4）施药：调节注入深度，将药管插入药桶中，开始施药，此时注意药管的气泡和显示计的浮子，在开始的 20 m 内可能出药量不足，应将此段重新施药，以保证施药质量。

（六）维修

1. 泵、阀系统维修

（1）清洗泵阀

1）机器与拖拉机分离，放到支架上。

2）进药管插入水中，转动轮子，用水清洗泵、阀内的残留药液，使之无刺激性气味为止。

3）阀无法用清水洗，戴好防护工具，将阀取下，立即放入水中进行清洗。

4）泵无法用水清洗，戴好防护工具，将泵盖打开，用水冲。

（2）进出口阀的维修

1）用干净的抹布将零件擦净，检查各个零件是否损坏，如果有则将其更换。

2）在安装时注意锥型弹簧的放置方向，不要放错。

（3）泵的维修

1）从冲洗干净的泵体上取下各个零件，擦干净检查，如果损坏则进行更换。

2）安装泵膜时一定要注意安装位置，泵膜必须放在中间位置与泵座上端间距 5～6 mm（图 13-16），否则将缩短使用寿命，并且不能保证正常的施药量。

2. 驱动连杆的维修

1）拆卸时一定先将泵盖打开，然后进行拆卸。

2）更换轴承。

3）更换压力弹簧。

3. 凸轮更换

凸轮磨损较大时，影响药量，取下档垫，拿下轮子，然后更换凸轮。

4. 铜套更换

在取下轮子时，将轮子从一端抽出，然后将铜套取出，将新铜套换上。

5. 显示计的维修

显示计的两端应拧紧，保证不漏气，如果漏气则会造成药量不足或不出药，所以必须认真检修，发现有损坏的零件必须及时更换。

6. 刀体的维修

刀体严重磨损或喷嘴腐蚀，应及时更换，更换刀体时弹簧的安装需用专用工具。

7. 过滤器的维修

过滤器中的过滤网阻塞或破裂都会影响出药量。应定时检查，发现阻塞或破裂应及时更换。

（七）保养

土壤消毒设备在使用中保养是非常重要的一个环节。由于药剂有很强的腐蚀作用，保养不当对设备将有很大的损坏，因此保养是重中之重。

1）保证机器内无残液是关键。使用后一定要清洗干净，不要怕麻烦，先用自来水冲洗，用手动杆推动液泵工作，使水充分清洗泵体内部，排除残液，清洗干净。

2）当天用后保养。将残液清除干净后，再用小塑料桶装入煤油（将泵吸入管插入桶内）扳动手压泵拉杆，使泵工作，通过吸入排出泵内水分，浸油防锈，以备次日使用。

3）长期保管。将泵、阀系统全部拆解清洗，然后组装起来。注入煤油保证泵、阀及管路系统不被腐蚀，存放在干燥、阴凉处。

（八）动力土壤消毒机故障及处理方法

动力土壤消毒机故障及处理方法见表 13-2。

表 13-2 动力土壤消毒机故障及处理方法

故障现象	部件	拆检与修理	注意事项
药液泵不工作，排不出药液	与泵有关的部件	①检查吸液管滤网是否堵塞；②旋下进口阀和出口阀用煤油清洗干净，检查球阀密闭是否良好；③拆检膜盒，查看动膜片与泵盖和泵体的密封性	①用煤油清洗，排除尘垢杂物；②浸入油内充气检查
注入显示计没有显示，或显示计内的浮子不稳定	药液注入显示计	①拆检显示计两端接头密封垫是否损坏；②玻璃管是否有裂纹，两端封闭垫圈更换	更换密封垫清洗后，两端拧紧，浸入油中检查是否有泄漏现象
注入量不均匀，忽大忽小	注入量调节阀	注入调节手轮松动或调节螺丝松动	将调节螺丝上的螺母、背帽调节后拧紧

二、手动土壤消毒器

1. 手动土壤消毒器的规格

手动土壤消毒器的规格见表 13-3。

表 13-3 手动土壤消毒器的规格

规格名称	技术参数
消毒器容量	3.0 L
净重	2.7 kg
药液注入量调节范围	1～5 mL
插入土壤深度可设定	12 cm、15 cm、18 cm
外形尺寸（长×宽×高）	125 mm×300 mm×1030 mm

2. 手动土壤消毒器的结构

手动土壤消毒器的结构，如图 13-19、图 13-20 所示。

图 13-19 手动土壤消毒器

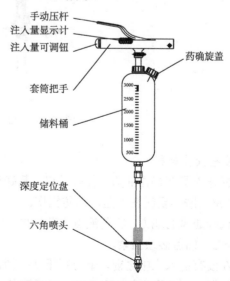

图 13-20 手动土壤消毒器结构

3. 手动土壤消毒器工作原理

（1）工作原理

手动土壤消毒器利用活塞的工作原理，将药液注入土壤中。药桶的药液通过人工用手冲压手动压杆，在活塞的作用下，通过药液活塞筒、喷口阀喷射到土壤中，达到施药目的。

（2）药量调节

旋动药量调节钮，使指针指在需要的刻度上（图13-21），然后进行标定。

图 13-21　药量调节钮

（3）注入深度调节

调整深度定位盘（图13-22）的位置，可调节注入深度（12 cm、15 cm、18 cm）。

图 13-22　深度定位盘

4. 安全操作规程

1）操作人员穿好作业服，扎好袖口，戴好防毒面具或防护眼镜、防护手套、防护口罩等，注意皮肤不要露在外面，以防损伤。

2）选择通风的地方，将药液倒入药桶内，装入量可按药桶上的刻度选定，装满容量为3000 mL，桶盖必须扭紧。

3）在没有插入土中之前，千万别压动手柄，否则药液喷射到空气中，会危害人身健康。消毒器插入地下土壤消毒深度、间距等参数的选定，应由农艺师或农科站技术人员指导进行。

4）在施药过程中，注意中间休息，不要过度疲劳，不要带病作业，在通风较好的地方放松，呼吸新鲜空气，以免影响身体健康。

5）在田间作业时注意：①观察田间近处是否有人（特别是小孩），不要让无关的人围观靠近；②开始施药注入作业时，要发出警告信号（吹哨、地头立警示牌等）；③选择逆风向或侧向作业，如果有覆膜人员在后面，要按风向选择适当的作业方向。

5. 使用

（1）药量测定

在药桶中加水，下压压杆待喷量正常。量取 10 次喷水量，确定与原定的药量是否一致。如果不一致，调整调节旋钮，如原定每次注入 30 mL，那么 10 次在 28~32 mL 即可。

（2）药量调节

单次（一个注入点）注入量的调节通过手把套左端设的注入量调节旋钮中的螺杆，推动调节滑块做水平移动，来调节手动压杆上下高度，改变活塞行程的大小，完成注入量的调节，指针固定在可移动的调节滑块上，手把套筒侧面标有 1~5 mL 的刻度线，设定好后，在施药过程中不能随意扭动，否则会影响注入量的稳定。

（3）施药

调节注入深度（12 cm、15 cm、18 cm）开始施药，施药时应用力快速下压压杆，不要缓慢下压，注意一定要在土壤中注入药液，在两点施药之间绝不能下压压杆使药液喷在土壤表面，伤害自己或他人。

6. 维修与保养

1）在维修前一定要将桶内的药液排出，用水清洗干净使之无味。

2）喷出药量不足或喷射力不够时，要更换活塞环。更换活塞环的步骤如下：①取下手动压把；②取下压杆帽；③取下压杆头；④解开阀座上端与活塞筒的连接；⑤取出活塞杆、活塞、活塞环；⑥取下活塞上的活塞环；⑦安装新的活塞环；⑧再从第 6 步到第 1 步安装。

注意：新安装的活塞环，一定要有张力，这样才能确保活塞的密封性。

3）喷口阀止不住药液时，应维修或更换喷口阀。具体步骤如下：①解开插地杆与阀座的连接；②解开六角喷头与插地杆的连接；③取下喷口阀及垫圈；④打开喷口阀，检查钢球、锥型弹簧、阀体；⑤研磨钢球与阀口，用一块胶板将钢球放在上面，然后将阀体压在钢球上进行转动，这样会使阀体与钢球的间隔减少，使之密封更好。如果还不好用，则应更换钢球、锥型弹簧或更换喷嘴阀总成，然后按第 4 步到第 1 步进行组装。

4）复位弹簧如果被锈蚀，不好将其更换，则取下手动把手，解开压杆帽，即可更换。

5）锥型六角喷头磨损严重应直接更换。

6）只要停止使用，不论时间长短，必须用水清洗使之无味，并用煤油清洗保护。

7）长期保存，应用水清洗后，将喷口阀活塞取下，放在盛有煤油的小瓶中保存，使用时取出。

7. 手动土壤消毒器常见故障及处理方法

手动土壤消毒器常见故障及处理方法见表 13-4。

表 13-4　手动土壤消毒器常见故障及处理方法

故障现象	故障原因	拆检与修理
打不出药液	①活塞环脱落；	①打开重新固定；
	②活塞环密封球脱落；	②打开重新安装密封钢球；
	③复位弹簧，没有弹性	③更换复位弹簧
药量不准	①活塞密封不好；	①更换活塞环；
	②活塞密封球密封不好；	②更换活塞；
	③复位弹簧，弹性不好	③更换复位弹簧
药液从喷头漏出	①喷口阀有杂质；	①清洗；
	②钢球易被药剂腐蚀而不滑动；	②更换；
	③锥型弹簧腐化	③更换

附件 危险化学品安全管理条例

中华人民共和国国务院令

第 591 号

《危险化学品安全管理条例》已经 2011 年 2 月 16 日国务院第 144 次常务会议修订通过，现将修订后的《危险化学品安全管理条例》公布，自 2011 年 12 月 1 日起施行。

总理 温家宝

二〇一一年三月二日

危险化学品安全管理条例

（2002 年 1 月 26 日中华人民共和国国务院令第 344 号公布 2011 年 2 月 16 日国务院第 144 次常务会议修订通过）

第一章 总 则

第一条 为了加强危险化学品的安全管理，预防和减少危险化学品事故，保障人民群众生命财产安全，保护环境，制定本条例。

第二条 危险化学品生产、储存、使用、经营和运输的安全管理，适用本条例。

废弃危险化学品的处置，依照有关环境保护的法律、行政法规和国家有关规定执行。

第三条 本条例所称危险化学品，是指具有毒害、腐蚀、爆炸、燃烧、助燃等性质，对人体、设施、环境具有危害的剧毒化学品和其他化学品。

危险化学品目录，由国务院安全生产监督管理部门会同国务院工业和信息化、公安、环境保护、卫生、质量监督检验检疫、交通运输、铁路、民用航空、农业主管部门，根据化学品危险特性的鉴别和分类标准确定、公布，并适时调整。

第四条 危险化学品安全管理，应当坚持安全第一、预防为主、综合治理的方针，强化和落实企业的主体责任。

生产、储存、使用、经营、运输危险化学品的单位（以下统称危险化学品单位）的主要负责人对本单位的危险化学品安全管理工作全面负责。

危险化学品单位应当具备法律、行政法规规定和国家标准、行业标准要求的安全条件，建立、健全安全管理规章制度和岗位安全责任制度，对从业人员进行安全教育、法制教育和岗位技术培训。从业人员应当接受教育和培训，考核合格后上岗作业；对有资格要求的岗位，应当配备依法取得相应资格的人员。

第五条　任何单位和个人不得生产、经营、使用国家禁止生产、经营、使用的危险化学品。

国家对危险化学品的使用有限制性规定的，任何单位和个人不得违反限制性规定使用危险化学品。

第六条　对危险化学品的生产、储存、使用、经营、运输实施安全监督管理的有关部门（以下统称负有危险化学品安全监督管理职责的部门），依照下列规定履行职责：

（一）安全生产监督管理部门负责危险化学品安全监督管理综合工作，组织确定、公布、调整危险化学品目录，对新建、改建、扩建生产、储存危险化学品（包括使用长输管道输送危险化学品，下同）的建设项目进行安全条件审查，核发危险化学品安全生产许可证、危险化学品安全使用许可证和危险化学品经营许可证，并负责危险化学品登记工作。

（二）公安机关负责危险化学品的公共安全管理，核发剧毒化学品购买许可证、剧毒化学品道路运输通行证，并负责危险化学品运输车辆的道路交通安全管理。

（三）质量监督检验检疫部门负责核发危险化学品及其包装物、容器（不包括储存危险化学品的固定式大型储罐，下同）生产企业的工业产品生产许可证，并依法对其产品质量实施监督，负责对进出口危险化学品及其包装实施检验。

（四）环境保护主管部门负责废弃危险化学品处置的监督管理，组织危险化学品的环境危害性鉴定和环境风险程度评估，确定实施重点环境管理的危险化学品，负责危险化学品环境管理登记和新化学物质环境管理登记；依照职责分工调查相关危险化学品环境污染事故和生态破坏事件，负责危险化学品事故现场的应急环境监测。

（五）交通运输主管部门负责危险化学品道路运输、水路运输的许可以及运输工具的安全管理，对危险化学品水路运输安全实施监督，负责危险化学品道路运输企业、水路运输企业驾驶人员、船员、装卸管理人员、押运人员、申报人员、集装箱装箱现场检查员的资格认定。铁路主管部门负责危险化学品铁路运输的安全管理，负责危险化学品铁路运输承运人、托运人的资质审批及其运输工具的安全管理。民用航空主管部门负责危险化学品航空运输以及航空运输企业及其运输工具的安全管理。

（六）卫生主管部门负责危险化学品毒性鉴定的管理，负责组织、协调危险化学品事故受伤人员的医疗卫生救援工作。

（七）工商行政管理部门依据有关部门的许可证件，核发危险化学品生产、储存、经营、运输企业营业执照，查处危险化学品经营企业违法采购危险化学品的行为。

（八）邮政管理部门负责依法查处寄递危险化学品的行为。

第七条　负有危险化学品安全监督管理职责的部门依法进行监督检查，可以采取下列措施：

（一）进入危险化学品作业场所实施现场检查，向有关单位和人员了解情况，查阅、复制有关文件、资料；

（二）发现危险化学品事故隐患，责令立即消除或者限期消除；

（三）对不符合法律、行政法规、规章规定或者国家标准、行业标准要求的设施、设备、装置、器材、运输工具，责令立即停止使用；

（四）经本部门主要负责人批准，查封违法生产、储存、使用、经营危险化学品的场所，扣押违法生产、储存、使用、经营、运输的危险化学品以及用于违法生产、使用、运输危险化学品的原材料、设备、运输工具；

（五）发现影响危险化学品安全的违法行为，当场予以纠正或者责令限期改正。

负有危险化学品安全监督管理职责的部门依法进行监督检查，监督检查人员不得少于2人，并应当出示执法证件；有关单位和个人对依法进行的监督检查应当予以配合，不得拒绝、阻碍。

第八条　县级以上人民政府应当建立危险化学品安全监督管理工作协调机制，支持、督促负有危险化学品安全监督管理职责的部门依法履行职责，协调、解决危险化学品安全监督管理工作中的重大问题。

负有危险化学品安全监督管理职责的部门应当相互配合、密切协作，依法加强对危险化学品的安全监督管理。

第九条　任何单位和个人对违反本条例规定的行为，有权向负有危险化学品安全监督管理职责的部门举报。负有危险化学品安全监督管理职责的部门接到举报，应当及时依法处理；对不属于本部门职责的，应当及时移送有关部门处理。

第十条　国家鼓励危险化学品生产企业和使用危险化学品从事生产的企业采用有利于提高安全保障水平的先进技术、工艺、设备以及自动控制系统，鼓励对危险化学品实行专门储存、统一配送、集中销售。

第二章　生产、储存安全

第十一条　国家对危险化学品的生产、储存实行统筹规划、合理布局。

国务院工业和信息化主管部门以及国务院其他有关部门依据各自职责，负责危险化学品生产、储存的行业规划和布局。

地方人民政府组织编制城乡规划，应当根据本地区的实际情况，按照确保安全的原则，规划适当区域专门用于危险化学品的生产、储存。

第十二条　新建、改建、扩建生产、储存危险化学品的建设项目（以下简称建设项目），应当由安全生产监督管理部门进行安全条件审查。

建设单位应当对建设项目进行安全条件论证，委托具备国家规定的资质条件的机构对建设项目进行安全评价，并将安全条件论证和安全评价的情况报告报建设项目所在地设区的市级以上人民政府安全生产监督管理部门；安全生产监督管理部门应当自收到报告之日起45日内作出审查决定，并书面通知建设单位。具体办法由国务院安全生产监督管理部门制定。

新建、改建、扩建储存、装卸危险化学品的港口建设项目，由港口行政管理部门按照国务院交通运输主管部门的规定进行安全条件审查。

第十三条　生产、储存危险化学品的单位，应当对其铺设的危险化学品管道设置明显标志，并对危险化学品管道定期检查、检测。

进行可能危及危险化学品管道安全的施工作业，施工单位应当在开工的 7 日前书面通知管道所属单位，并与管道所属单位共同制定应急预案，采取相应的安全防护措施。管道所属单位应当指派专门人员到现场进行管道安全保护指导。

第十四条　危险化学品生产企业进行生产前，应当依照《安全生产许可证条例》的规定，取得危险化学品安全生产许可证。

生产列入国家实行生产许可证制度的工业产品目录的危险化学品的企业，应当依照《中华人民共和国工业产品生产许可证管理条例》的规定，取得工业产品生产许可证。

负责颁发危险化学品安全生产许可证、工业产品生产许可证的部门，应当将其颁发许可证的情况及时向同级工业和信息化主管部门、环境保护主管部门和公安机关通报。

第十五条　危险化学品生产企业应当提供与其生产的危险化学品相符的化学品安全技术说明书，并在危险化学品包装（包括外包装件）上粘贴或者拴挂与包装内危险化学品相符的化学品安全标签。化学品安全技术说明书和化学品安全标签所载明的内容应当符合国家标准的要求。

危险化学品生产企业发现其生产的危险化学品有新的危险特性的，应当立即公告，并及时修订其化学品安全技术说明书和化学品安全标签。

第十六条　生产实施重点环境管理的危险化学品的企业，应当按照国务院环境保护主管部门的规定，将该危险化学品向环境中释放等相关信息向环境保护主管部门报告。环境保护主管部门可以根据情况采取相应的环境风险控制措施。

第十七条　危险化学品的包装应当符合法律、行政法规、规章的规定以及国家标准、行业标准的要求。

危险化学品包装物、容器的材质以及危险化学品包装的型式、规格、方法和单件质量（重量），应当与所包装的危险化学品的性质和用途相适应。

第十八条　生产列入国家实行生产许可证制度的工业产品目录的危险化学品包装物、容器的企业，应当依照《中华人民共和国工业产品生产许可证管理条例》的规定，取得工业产品生产许可证；其生产的危险化学品包装物、容器经国务院质量监督检验检疫部门认定的检验机构检验合格，方可出厂销售。

运输危险化学品的船舶及其配载的容器，应当按照国家船舶检验规范进行生产，并经海事管理机构认定的船舶检验机构检验合格，方可投入使用。

对重复使用的危险化学品包装物、容器，使用单位在重复使用前应当进行检查；发现存在安全隐患的，应当维修或者更换。使用单位应当对检查情况作出记录，记录的保存期限不得少于 2 年。

第十九条　危险化学品生产装置或者储存数量构成重大危险源的危险化学品储存设施（运输工具加油站、加气站除外），与下列场所、设施、区域的距离应当符合国家有关规定：

（一）居住区以及商业中心、公园等人员密集场所；

（二）学校、医院、影剧院、体育场（馆）等公共设施；

（三）饮用水源、水厂以及水源保护区；

（四）车站、码头（依法经许可从事危险化学品装卸作业的除外）、机场以及通信干线、通信枢纽、铁路线路、道路交通干线、水路交通干线、地铁风亭以及地铁站出入口；

（五）基本农田保护区、基本草原、畜禽遗传资源保护区、畜禽规模化养殖场（养殖小区）、渔业水域以及种子、种畜禽、水产苗种生产基地；

（六）河流、湖泊、风景名胜区、自然保护区；

（七）军事禁区、军事管理区；

（八）法律、行政法规规定的其他场所、设施、区域。

已建的危险化学品生产装置或者储存数量构成重大危险源的危险化学品储存设施不符合前款规定的，由所在地设区的市级人民政府安全生产监督管理部门会同有关部门监督其所属单位在规定期限内进行整改；需要转产、停产、搬迁、关闭的，由本级人民政府决定并组织实施。

储存数量构成重大危险源的危险化学品储存设施的选址，应当避开地震活动断层和容易发生洪灾、地质灾害的区域。

本条例所称重大危险源，是指生产、储存、使用或者搬运危险化学品，且危险化学品的数量等于或者超过临界量的单元（包括场所和设施）。

第二十条　生产、储存危险化学品的单位，应当根据其生产、储存的危险化学品的种类和危险特性，在作业场所设置相应的监测、监控、通风、防晒、调温、防火、灭火、防爆、泄压、防毒、中和、防潮、防雷、防静电、防腐、防泄漏以及防护围堤或者隔离操作等安全设施、设备，并按照国家标准、行业标准或者国家有关规定对安全设施、设备进行经常性维护、保养，保证安全设施、设备的正常使用。

生产、储存危险化学品的单位，应当在其作业场所和安全设施、设备上设置明显的安全警示标志。

第二十一条　生产、储存危险化学品的单位，应当在其作业场所设置通信、报警装置，并保证处于适用状态。

第二十二条　生产、储存危险化学品的企业，应当委托具备国家规定的资质条件的机构，对本企业的安全生产条件每3年进行一次安全评价，提出安全评价报告。安全评价报告的内容应当包括对安全生产条件存在的问题进行整改的方案。

生产、储存危险化学品的企业，应当将安全评价报告以及整改方案的落实情况报所在地县级人民政府安全生产监督管理部门备案。在港区内储存危险化学品的企业，应当将安全评价报告以及整改方案的落实情况报港口行政管理部门备案。

第二十三条　生产、储存剧毒化学品或者国务院公安部门规定的可用于制造爆炸物品的危险化学品（以下简称易制爆危险化学品）的单位，应当如实记录其生产、储存的剧毒化学品、易制爆危险化学品的数量、流向，并采取必要的安全防范措施，防止剧毒化学品、易制爆危险化学品丢失或者被盗；发现剧毒化学品、易制爆危险化学品丢失或者被盗的，应当立即向当地公安机关报告。

生产、储存剧毒化学品、易制爆危险化学品的单位，应当设置治安保卫机构，配备专职治安保卫人员。

第二十四条　危险化学品应当储存在专用仓库、专用场地或者专用储存室（以下统称专用仓库）内，并由专人负责管理；剧毒化学品以及储存数量构成重大危险源的其他危险化学品，应当在专用仓库内单独存放，并实行双人收发、双人保管制度。

危险化学品的储存方式、方法以及储存数量应当符合国家标准或者国家有关规定。

第二十五条 储存危险化学品的单位应当建立危险化学品出入库核查、登记制度。

对剧毒化学品以及储存数量构成重大危险源的其他危险化学品，储存单位应当将其储存数量、储存地点以及管理人员的情况，报所在地县级人民政府安全生产监督管理部门（在港区内储存的，报港口行政管理部门）和公安机关备案。

第二十六条 危险化学品专用仓库应当符合国家标准、行业标准的要求，并设置明显的标志。储存剧毒化学品、易制爆危险化学品的专用仓库，应当按照国家有关规定设置相应的技术防范设施。

储存危险化学品的单位应当对其危险化学品专用仓库的安全设施、设备定期进行检测、检验。

第二十七条 生产、储存危险化学品的单位转产、停产、停业或者解散的，应当采取有效措施，及时、妥善处置其危险化学品生产装置、储存设施以及库存的危险化学品，不得丢弃危险化学品；处置方案应当报所在地县级人民政府安全生产监督管理部门、工业和信息化主管部门、环境保护主管部门和公安机关备案。安全生产监督管理部门应当会同环境保护主管部门和公安机关对处置情况进行监督检查，发现未依照规定处置的，应当责令其立即处置。

第三章   使 用 安 全

第二十八条 使用危险化学品的单位，其使用条件（包括工艺）应当符合法律、行政法规的规定和国家标准、行业标准的要求，并根据所使用的危险化学品的种类、危险特性以及使用量和使用方式，建立、健全使用危险化学品的安全管理规章制度和安全操作规程，保证危险化学品的安全使用。

第二十九条 使用危险化学品从事生产并且使用量达到规定数量的化工企业（属于危险化学品生产企业的除外，下同），应当依照本条例的规定取得危险化学品安全使用许可证。

前款规定的危险化学品使用量的数量标准，由国务院安全生产监督管理部门会同国务院公安部门、农业主管部门确定并公布。

第三十条 申请危险化学品安全使用许可证的化工企业，除应当符合本条例第二十八条的规定外，还应当具备下列条件：

（一）有与所使用的危险化学品相适应的专业技术人员；

（二）有安全管理机构和专职安全管理人员；

（三）有符合国家规定的危险化学品事故应急预案和必要的应急救援器材、设备；

（四）依法进行了安全评价。

第三十一条 申请危险化学品安全使用许可证的化工企业，应当向所在地设区的市级人民政府安全生产监督管理部门提出申请，并提交其符合本条例第三十条规定条件的证明材料。设区的市级人民政府安全生产监督管理部门应当依法进行审查，自收到证明材料之日起45日内作出批准或者不予批准的决定。予以批准的，颁发危险化学品安全使用许可证；不予批准的，书面通知申请人并说明理由。

安全生产监督管理部门应当将其颁发危险化学品安全使用许可证的情况及时向同级环境保护主管部门和公安机关通报。

第三十二条　本条例第十六条关于生产实施重点环境管理的危险化学品的企业的规定，适用于使用实施重点环境管理的危险化学品从事生产的企业；第二十条、第二十一条、第二十三条第一款、第二十七条关于生产、储存危险化学品的单位的规定，适用于使用危险化学品的单位；第二十二条关于生产、储存危险化学品的企业的规定，适用于使用危险化学品从事生产的企业。

第四章　经　营　安　全

第三十三条　国家对危险化学品经营（包括仓储经营，下同）实行许可制度。未经许可，任何单位和个人不得经营危险化学品。

依法设立的危险化学品生产企业在其厂区范围内销售本企业生产的危险化学品，不需要取得危险化学品经营许可。

依照《中华人民共和国港口法》的规定取得港口经营许可证的港口经营人，在港区内从事危险化学品仓储经营，不需要取得危险化学品经营许可。

第三十四条　从事危险化学品经营的企业应当具备下列条件：

（一）有符合国家标准、行业标准的经营场所，储存危险化学品的，还应当有符合国家标准、行业标准的储存设施；

（二）从业人员经过专业技术培训并经考核合格；

（三）有健全的安全管理规章制度；

（四）有专职安全管理人员；

（五）有符合国家规定的危险化学品事故应急预案和必要的应急救援器材、设备；

（六）法律、法规规定的其他条件。

第三十五条　从事剧毒化学品、易制爆危险化学品经营的企业，应当向所在地设区的市级人民政府安全生产监督管理部门提出申请，从事其他危险化学品经营的企业，应当向所在地县级人民政府安全生产监督管理部门提出申请（有储存设施的，应当向所在地设区的市级人民政府安全生产监督管理部门提出申请）。申请人应当提交其符合本条例第三十四条规定条件的证明材料。设区的市级人民政府安全生产监督管理部门或者县级人民政府安全生产监督管理部门应当依法进行审查，并对申请人的经营场所、储存设施进行现场核查，自收到证明材料之日起30日内作出批准或者不予批准的决定。予以批准的，颁发危险化学品经营许可证；不予批准的，书面通知申请人并说明理由。

设区的市级人民政府安全生产监督管理部门和县级人民政府安全生产监督管理部门应当将其颁发危险化学品经营许可证的情况及时向同级环境保护主管部门和公安机关通报。

申请人持危险化学品经营许可证向工商行政管理部门办理登记手续后，方可从事危险化学品经营活动。法律、行政法规或者国务院规定经营危险化学品还需要经其他有关部门许可的，申请人向工商行政管理部门办理登记手续时还应当持相应的许可证件。

第三十六条　危险化学品经营企业储存危险化学品的，应当遵守本条例第二章关于储存危险化学品的规定。危险化学品商店内只能存放民用小包装的危险化学品。

第三十七条　危险化学品经营企业不得向未经许可从事危险化学品生产、经营活动的企业采购危险化学品，不得经营没有化学品安全技术说明书或者化学品安全标签的危险化学品。

第三十八条　依法取得危险化学品安全生产许可证、危险化学品安全使用许可证、危险化学品经营许可证的企业，凭相应的许可证件购买剧毒化学品、易制爆危险化学品。民用爆炸物品生产企业凭民用爆炸物品生产许可证购买易制爆危险化学品。

前款规定以外的单位购买剧毒化学品的，应当向所在地县级人民政府公安机关申请取得剧毒化学品购买许可证；购买易制爆危险化学品的，应当持本单位出具的合法用途说明。

个人不得购买剧毒化学品（属于剧毒化学品的农药除外）和易制爆危险化学品。

第三十九条　申请取得剧毒化学品购买许可证，申请人应当向所在地县级人民政府公安机关提交下列材料：

（一）营业执照或者法人证书（登记证书）的复印件；

（二）拟购买的剧毒化学品品种、数量的说明；

（三）购买剧毒化学品用途的说明；

（四）经办人的身份证明。

县级人民政府公安机关应当自收到前款规定的材料之日起3日内，作出批准或者不予批准的决定。予以批准的，颁发剧毒化学品购买许可证；不予批准的，书面通知申请人并说明理由。

剧毒化学品购买许可证管理办法由国务院公安部门制定。

第四十条　危险化学品生产企业、经营企业销售剧毒化学品、易制爆危险化学品，应当查验本条例第三十八条第一款、第二款规定的相关许可证件或者证明文件，不得向不具有相关许可证件或者证明文件的单位销售剧毒化学品、易制爆危险化学品。对持剧毒化学品购买许可证购买剧毒化学品的，应当按照许可证载明的品种、数量销售。

禁止向个人销售剧毒化学品（属于剧毒化学品的农药除外）和易制爆危险化学品。

第四十一条　危险化学品生产企业、经营企业销售剧毒化学品、易制爆危险化学品，应当如实记录购买单位的名称、地址、经办人的姓名、身份证号码以及所购买的剧毒化学品、易制爆危险化学品的品种、数量、用途。销售记录以及经办人的身份证明复印件、相关许可证件复印件或者证明文件的保存期限不得少于1年。

剧毒化学品、易制爆危险化学品的销售企业、购买单位应当在销售、购买后5日内，将所销售、购买的剧毒化学品、易制爆危险化学品的品种、数量以及流向信息报所在地县级人民政府公安机关备案，并输入计算机系统。

第四十二条　使用剧毒化学品、易制爆危险化学品的单位不得出借、转让其购买的剧毒化学品、易制爆危险化学品；因转产、停产、搬迁、关闭等确需转让的，应当向具有本条例第三十八条第一款、第二款规定的相关许可证件或者证明文件的单位转让，并在转让后将有关情况及时向所在地县级人民政府公安机关报告。

第五章　　运　输　安　全

第四十三条　从事危险化学品道路运输、水路运输的,应当分别依照有关道路运输、水路运输的法律、行政法规的规定,取得危险货物道路运输许可、危险货物水路运输许可,并向工商行政管理部门办理登记手续。

危险化学品道路运输企业、水路运输企业应当配备专职安全管理人员。

第四十四条　危险化学品道路运输企业、水路运输企业的驾驶人员、船员、装卸管理人员、押运人员、申报人员、集装箱装箱现场检查员应当经交通运输主管部门考核合格,取得从业资格。具体办法由国务院交通运输主管部门制定。

危险化学品的装卸作业应当遵守安全作业标准、规程和制度,并在装卸管理人员的现场指挥或者监控下进行。水路运输危险化学品的集装箱装箱作业应当在集装箱装箱现场检查员的指挥或者监控下进行,并符合积载、隔离的规范和要求;装箱作业完毕后,集装箱装箱现场检查员应当签署装箱证明书。

第四十五条　运输危险化学品,应当根据危险化学品的危险特性采取相应的安全防护措施,并配备必要的防护用品和应急救援器材。

用于运输危险化学品的槽罐以及其他容器应当封口严密,能够防止危险化学品在运输过程中因温度、湿度或者压力的变化发生渗漏、洒漏;槽罐以及其他容器的溢流和泄压装置应当设置准确、起闭灵活。

运输危险化学品的驾驶人员、船员、装卸管理人员、押运人员、申报人员、集装箱装箱现场检查员,应当了解所运输的危险化学品的危险特性及其包装物、容器的使用要求和出现危险情况时的应急处置方法。

第四十六条　通过道路运输危险化学品的,托运人应当委托依法取得危险货物道路运输许可的企业承运。

第四十七条　通过道路运输危险化学品的,应当按照运输车辆的核定载质量装载危险化学品,不得超载。

危险化学品运输车辆应当符合国家标准要求的安全技术条件,并按照国家有关规定定期进行安全技术检验。

危险化学品运输车辆应当悬挂或者喷涂符合国家标准要求的警示标志。

第四十八条　通过道路运输危险化学品的,应当配备押运人员,并保证所运输的危险化学品处于押运人员的监控之下。

运输危险化学品途中因住宿或者发生影响正常运输的情况,需要较长时间停车的,驾驶人员、押运人员应当采取相应的安全防范措施;运输剧毒化学品或者易制爆危险化学品的,还应当向当地公安机关报告。

第四十九条　未经公安机关批准,运输危险化学品的车辆不得进入危险化学品运输车辆限制通行的区域。危险化学品运输车辆限制通行的区域由县级人民政府公安机关划定,并设置明显的标志。

第五十条　通过道路运输剧毒化学品的,托运人应当向运输始发地或者目的地县级人民政府公安机关申请剧毒化学品道路运输通行证。

申请剧毒化学品道路运输通行证，托运人应当向县级人民政府公安机关提交下列材料：

（一）拟运输的剧毒化学品品种、数量的说明；

（二）运输始发地、目的地、运输时间和运输路线的说明；

（三）承运人取得危险货物道路运输许可、运输车辆取得营运证以及驾驶人员、押运人员取得上岗资格的证明文件；

（四）本条例第三十八条第一款、第二款规定的购买剧毒化学品的相关许可证件，或者海关出具的进出口证明文件。

县级人民政府公安机关应当自收到前款规定的材料之日起 7 日内，作出批准或者不予批准的决定。予以批准的，颁发剧毒化学品道路运输通行证；不予批准的，书面通知申请人并说明理由。

剧毒化学品道路运输通行证管理办法由国务院公安部门制定。

第五十一条　剧毒化学品、易制爆危险化学品在道路运输途中丢失、被盗、被抢或者出现流散、泄漏等情况的，驾驶人员、押运人员应当立即采取相应的警示措施和安全措施，并向当地公安机关报告。公安机关接到报告后，应当根据实际情况立即向安全生产监督管理部门、环境保护主管部门、卫生主管部门通报。有关部门应当采取必要的应急处置措施。

第五十二条　通过水路运输危险化学品的，应当遵守法律、行政法规以及国务院交通运输主管部门关于危险货物水路运输安全的规定。

第五十三条　海事管理机构应当根据危险化学品的种类和危险特性，确定船舶运输危险化学品的相关安全运输条件。

拟交付船舶运输的化学品的相关安全运输条件不明确的，应当经国家海事管理机构认定的机构进行评估，明确相关安全运输条件并经海事管理机构确认后，方可交付船舶运输。

第五十四条　禁止通过内河封闭水域运输剧毒化学品以及国家规定禁止通过内河运输的其他危险化学品。

前款规定以外的内河水域，禁止运输国家规定禁止通过内河运输的剧毒化学品以及其他危险化学品。

禁止通过内河运输的剧毒化学品以及其他危险化学品的范围，由国务院交通运输主管部门会同国务院环境保护主管部门、工业和信息化主管部门、安全生产监督管理部门，根据危险化学品的危险特性、危险化学品对人体和水环境的危害程度以及消除危害后果的难易程度等因素规定并公布。

第五十五条　国务院交通运输主管部门应当根据危险化学品的危险特性，对通过内河运输本条例第五十四条规定以外的危险化学品（以下简称通过内河运输危险化学品）实行分类管理，对各类危险化学品的运输方式、包装规范和安全防护措施等分别作出规定并监督实施。

第五十六条　通过内河运输危险化学品，应当由依法取得危险货物水路运输许可的水路运输企业承运，其他单位和个人不得承运。托运人应当委托依法取得危险货物水路运输许可的水路运输企业承运，不得委托其他单位和个人承运。

第五十七条　通过内河运输危险化学品，应当使用依法取得危险货物适装证书的运输船舶。水路运输企业应当针对所运输的危险化学品的危险特性，制定运输船舶危险化学品事故应急救援预案，并为运输船舶配备充足、有效的应急救援器材和设备。

通过内河运输危险化学品的船舶，其所有人或者经营人应当取得船舶污染损害责任保险证书或者财务担保证明。船舶污染损害责任保险证书或者财务担保证明的副本应当随船携带。

第五十八条　通过内河运输危险化学品，危险化学品包装物的材质、型式、强度以及包装方法应当符合水路运输危险化学品包装规范的要求。国务院交通运输主管部门对单船运输的危险化学品数量有限制性规定的，承运人应当按照规定安排运输数量。

第五十九条　用于危险化学品运输作业的内河码头、泊位应当符合国家有关安全规范，与饮用水取水口保持国家规定的距离。有关管理单位应当制定码头、泊位危险化学品事故应急预案，并为码头、泊位配备充足、有效的应急救援器材和设备。

用于危险化学品运输作业的内河码头、泊位，经交通运输主管部门按照国家有关规定验收合格后方可投入使用。

第六十条　船舶载运危险化学品进出内河港口，应当将危险化学品的名称、危险特性、包装以及进出港时间等事项，事先报告海事管理机构。海事管理机构接到报告后，应当在国务院交通运输主管部门规定的时间内作出是否同意的决定，通知报告人，同时通报港口行政管理部门。定船舶、定航线、定货种的船舶可以定期报告。

在内河港口内进行危险化学品的装卸、过驳作业，应当将危险化学品的名称、危险特性、包装和作业的时间、地点等事项报告港口行政管理部门。港口行政管理部门接到报告后，应当在国务院交通运输主管部门规定的时间内作出是否同意的决定，通知报告人，同时通报海事管理机构。

载运危险化学品的船舶在内河航行，通过过船建筑物的，应当提前向交通运输主管部门申报，并接受交通运输主管部门的管理。

第六十一条　载运危险化学品的船舶在内河航行、装卸或者停泊，应当悬挂专用的警示标志，按照规定显示专用信号。

载运危险化学品的船舶在内河航行，按照国务院交通运输主管部门的规定需要引航的，应当申请引航。

第六十二条　载运危险化学品的船舶在内河航行，应当遵守法律、行政法规和国家其他有关饮用水水源保护的规定。内河航道发展规划应当与依法经批准的饮用水水源保护区划定方案相协调。

第六十三条　托运危险化学品的，托运人应当向承运人说明所托运的危险化学品的种类、数量、危险特性以及发生危险情况的应急处置措施，并按照国家有关规定对所托运的危险化学品妥善包装，在外包装上设置相应的标志。

运输危险化学品需要添加抑制剂或者稳定剂的，托运人应当添加，并将有关情况告知承运人。

第六十四条　托运人不得在托运的普通货物中夹带危险化学品，不得将危险化学品匿报或者谎报为普通货物托运。

任何单位和个人不得交寄危险化学品或者在邮件、快件内夹带危险化学品，不得将危险化学品匿报或者谎报为普通物品交寄。邮政企业、快递企业不得收寄危险化学品。

对涉嫌违反本条第一款、第二款规定的，交通运输主管部门、邮政管理部门可以依法开拆查验。

第六十五条　通过铁路、航空运输危险化学品的安全管理，依照有关铁路、航空运输的法律、行政法规、规章的规定执行。

第六章　危险化学品登记与事故应急救援

第六十六条　国家实行危险化学品登记制度，为危险化学品安全管理以及危险化学品事故预防和应急救援提供技术、信息支持。

第六十七条　危险化学品生产企业、进口企业，应当向国务院安全生产监督管理部门负责危险化学品登记的机构（以下简称危险化学品登记机构）办理危险化学品登记。

危险化学品登记包括下列内容：

（一）分类和标签信息；

（二）物理、化学性质；

（三）主要用途；

（四）危险特性；

（五）储存、使用、运输的安全要求；

（六）出现危险情况的应急处置措施。

对同一企业生产、进口的同一品种的危险化学品，不进行重复登记。危险化学品生产企业、进口企业发现其生产、进口的危险化学品有新的危险特性的，应当及时向危险化学品登记机构办理登记内容变更手续。

危险化学品登记的具体办法由国务院安全生产监督管理部门制定。

第六十八条　危险化学品登记机构应当定期向工业和信息化、环境保护、公安、卫生、交通运输、铁路、质量监督检验检疫等部门提供危险化学品登记的有关信息和资料。

第六十九条　县级以上地方人民政府安全生产监督管理部门应当会同工业和信息化、环境保护、公安、卫生、交通运输、铁路、质量监督检验检疫等部门，根据本地区实际情况，制定危险化学品事故应急预案，报本级人民政府批准。

第七十条　危险化学品单位应当制定本单位危险化学品事故应急预案，配备应急救援人员和必要的应急救援器材、设备，并定期组织应急救援演练。

危险化学品单位应当将其危险化学品事故应急预案报所在地设区的市级人民政府安全生产监督管理部门备案。

第七十一条　发生危险化学品事故，事故单位主要负责人应当立即按照本单位危险化学品应急预案组织救援，并向当地安全生产监督管理部门和环境保护、公安、卫生主管部门报告；道路运输、水路运输过程中发生危险化学品事故的，驾驶人员、船员或者押运人员还应当向事故发生地交通运输主管部门报告。

第七十二条　发生危险化学品事故，有关地方人民政府应当立即组织安全生产监督管理、环境保护、公安、卫生、交通运输等有关部门，按照本地区危险化学品事故应急预案组织实施救援，不得拖延、推诿。

有关地方人民政府及其有关部门应当按照下列规定，采取必要的应急处置措施，减少事故损失，防止事故蔓延、扩大：

（一）立即组织营救和救治受害人员，疏散、撤离或者采取其他措施保护危害区域内的其他人员；

（二）迅速控制危害源，测定危险化学品的性质、事故的危害区域及危害程度；

（三）针对事故对人体、动植物、土壤、水源、大气造成的现实危害和可能产生的危害，迅速采取封闭、隔离、洗消等措施；

（四）对危险化学品事故造成的环境污染和生态破坏状况进行监测、评估，并采取相应的环境污染治理和生态修复措施。

第七十三条 有关危险化学品单位应当为危险化学品事故应急救援提供技术指导和必要的协助。

第七十四条 危险化学品事故造成环境污染的，由设区的市级以上人民政府环境保护主管部门统一发布有关信息。

第七章 法律责任

第七十五条 生产、经营、使用国家禁止生产、经营、使用的危险化学品的，由安全生产监督管理部门责令停止生产、经营、使用活动，处 20 万元以上 50 万元以下的罚款，有违法所得的，没收违法所得；构成犯罪的，依法追究刑事责任。

有前款规定行为的，安全生产监督管理部门还应当责令其对所生产、经营、使用的危险化学品进行无害化处理。

违反国家关于危险化学品使用的限制性规定使用危险化学品的，依照本条第一款的规定处理。

第七十六条 未经安全条件审查，新建、改建、扩建生产、储存危险化学品的建设项目的，由安全生产监督管理部门责令停止建设，限期改正；逾期不改正的，处 50 万元以上 100 万元以下的罚款；构成犯罪的，依法追究刑事责任。

未经安全条件审查，新建、改建、扩建储存、装卸危险化学品的港口建设项目的，由港口行政管理部门依照前款规定予以处罚。

第七十七条 未依法取得危险化学品安全生产许可证从事危险化学品生产，或者未依法取得工业产品生产许可证从事危险化学品及其包装物、容器生产的，分别依照《安全生产许可证条例》、《中华人民共和国工业产品生产许可证管理条例》的规定处罚。

违反本条例规定，化工企业未取得危险化学品安全使用许可证，使用危险化学品从事生产的，由安全生产监督管理部门责令限期改正，处 10 万元以上 20 万元以下的罚款；逾期不改正的，责令停产整顿。

违反本条例规定，未取得危险化学品经营许可证从事危险化学品经营的，由安全生产监督管理部门责令停止经营活动，没收违法经营的危险化学品以及违法所得，并处 10 万元以上 20 万元以下的罚款；构成犯罪的，依法追究刑事责任。

　　第七十八条　有下列情形之一的，由安全生产监督管理部门责令改正，可以处 5 万元以下的罚款；拒不改正的，处 5 万元以上 10 万元以下的罚款；情节严重的，责令停产停业整顿：

　　（一）生产、储存危险化学品的单位未对其铺设的危险化学品管道设置明显的标志，或者未对危险化学品管道定期检查、检测的；

　　（二）进行可能危及危险化学品管道安全的施工作业，施工单位未按照规定书面通知管道所属单位，或者未与管道所属单位共同制定应急预案、采取相应的安全防护措施，或者管道所属单位未指派专门人员到现场进行管道安全保护指导的；

　　（三）危险化学品生产企业未提供化学品安全技术说明书，或者未在包装（包括外包装件）上粘贴、拴挂化学品安全标签的；

　　（四）危险化学品生产企业提供的化学品安全技术说明书与其生产的危险化学品不相符，或者在包装（包括外包装件）粘贴、拴挂的化学品安全标签与包装内危险化学品不相符，或者化学品安全技术说明书、化学品安全标签所载明的内容不符合国家标准要求的；

　　（五）危险化学品生产企业发现其生产的危险化学品有新的危险特性不立即公告，或者不及时修订其化学品安全技术说明书和化学品安全标签的；

　　（六）危险化学品经营企业经营没有化学品安全技术说明书和化学品安全标签的危险化学品的；

　　（七）危险化学品包装物、容器的材质以及包装的型式、规格、方法和单件质量（重量）与所包装的危险化学品的性质和用途不相适应的；

　　（八）生产、储存危险化学品的单位未在作业场所和安全设施、设备上设置明显的安全警示标志，或者未在作业场所设置通信、报警装置的；

　　（九）危险化学品专用仓库未设专人负责管理，或者对储存的剧毒化学品以及储存数量构成重大危险源的其他危险化学品未实行双人收发、双人保管制度的；

　　（十）储存危险化学品的单位未建立危险化学品出入库核查、登记制度的；

　　（十一）危险化学品专用仓库未设置明显标志的；

　　（十二）危险化学品生产企业、进口企业不办理危险化学品登记，或者发现其生产、进口的危险化学品有新的危险特性不办理危险化学品登记内容变更手续的。

　　从事危险化学品仓储经营的港口经营人有前款规定情形的，由港口行政管理部门依照前款规定予以处罚。储存剧毒化学品、易制爆危险化学品的专用仓库未按照国家有关规定设置相应的技术防范设施的，由公安机关依照前款规定予以处罚。

　　生产、储存剧毒化学品、易制爆危险化学品的单位未设置治安保卫机构、配备专职治安保卫人员的，依照《企业事业单位内部治安保卫条例》的规定处罚。

　　第七十九条　危险化学品包装物、容器生产企业销售未经检验或者经检验不合格的危险化学品包装物、容器的，由质量监督检验检疫部门责令改正，处 10 万元以上 20 万元以下的罚款，有违法所得的，没收违法所得；拒不改正的，责令停产停业整顿；构成犯罪的，依法追究刑事责任。

　　将未经检验合格的运输危险化学品的船舶及其配载的容器投入使用的，由海事管理机构依照前款规定予以处罚。

第八十条　生产、储存、使用危险化学品的单位有下列情形之一的，由安全生产监督管理部门责令改正，处 5 万元以上 10 万元以下的罚款；拒不改正的，责令停产停业整顿直至由原发证机关吊销其相关许可证件，并由工商行政管理部门责令其办理经营范围变更登记或者吊销其营业执照；有关责任人员构成犯罪的，依法追究刑事责任：

（一）对重复使用的危险化学品包装物、容器，在重复使用前不进行检查的；

（二）未根据其生产、储存的危险化学品的种类和危险特性，在作业场所设置相关安全设施、设备，或者未按照国家标准、行业标准或者国家有关规定对安全设施、设备进行经常性维护、保养的；

（三）未依照本条例规定对其安全生产条件定期进行安全评价的；

（四）未将危险化学品储存在专用仓库内，或者未将剧毒化学品以及储存数量构成重大危险源的其他危险化学品在专用仓库内单独存放的；

（五）危险化学品的储存方式、方法或者储存数量不符合国家标准或者国家有关规定的；

（六）危险化学品专用仓库不符合国家标准、行业标准的要求的；

（七）未对危险化学品专用仓库的安全设施、设备定期进行检测、检验的。

从事危险化学品仓储经营的港口经营人有前款规定情形的，由港口行政管理部门依照前款规定予以处罚。

第八十一条　有下列情形之一的，由公安机关责令改正，可以处 1 万元以下的罚款；拒不改正的，处 1 万元以上 5 万元以下的罚款：

（一）生产、储存、使用剧毒化学品、易制爆危险化学品的单位不如实记录生产、储存、使用的剧毒化学品、易制爆危险化学品的数量、流向的；

（二）生产、储存、使用剧毒化学品、易制爆危险化学品的单位发现剧毒化学品、易制爆危险化学品丢失或者被盗，不立即向公安机关报告的；

（三）储存剧毒化学品的单位未将剧毒化学品的储存数量、储存地点以及管理人员的情况报所在地县级人民政府公安机关备案的；

（四）危险化学品生产企业、经营企业不如实记录剧毒化学品、易制爆危险化学品购买单位的名称、地址、经办人的姓名、身份证号码以及所购买的剧毒化学品、易制爆危险化学品的品种、数量、用途，或者保存销售记录和相关材料的时间少于 1 年的；

（五）剧毒化学品、易制爆危险化学品的销售企业、购买单位未在规定的时限内将所销售、购买的剧毒化学品、易制爆危险化学品的品种、数量以及流向信息报所在地县级人民政府公安机关备案的；

（六）使用剧毒化学品、易制爆危险化学品的单位依照本条例规定转让其购买的剧毒化学品、易制爆危险化学品，未将有关情况向所在地县级人民政府公安机关报告的。

生产、储存危险化学品的企业或者使用危险化学品从事生产的企业未按照本条例规定将安全评价报告以及整改方案的落实情况报安全生产监督管理部门或者港口行政管理部门备案，或者储存危险化学品的单位未将其剧毒化学品以及储存数量构成重大危险源的其他危险化学品的储存数量、储存地点以及管理人员的情况报安全生产监督管理部门或者港口行政管理部门备案的，分别由安全生产监督管理部门或者港口行政管理部门依照前款规定予以处罚。

生产实施重点环境管理的危险化学品的企业或者使用实施重点环境管理的危险化学品从事生产的企业未按照规定将相关信息向环境保护主管部门报告的，由环境保护主管部门依照本条第一款的规定予以处罚。

第八十二条　生产、储存、使用危险化学品的单位转产、停产、停业或者解散，未采取有效措施及时、妥善处置其危险化学品生产装置、储存设施以及库存的危险化学品，或者丢弃危险化学品的，由安全生产监督管理部门责令改正，处 5 万元以上 10 万元以下的罚款；构成犯罪的，依法追究刑事责任。

生产、储存、使用危险化学品的单位转产、停产、停业或者解散，未依照本条例规定将其危险化学品生产装置、储存设施以及库存危险化学品的处置方案报有关部门备案的，分别由有关部门责令改正，可以处 1 万元以下的罚款；拒不改正的，处 1 万元以上5 万元以下的罚款。

第八十三条　危险化学品经营企业向未经许可违法从事危险化学品生产、经营活动的企业采购危险化学品的，由工商行政管理部门责令改正，处 10 万元以上 20 万元以下的罚款；拒不改正的，责令停业整顿直至由原发证机关吊销其危险化学品经营许可证，并由工商行政管理部门责令其办理经营范围变更登记或者吊销其营业执照。

第八十四条　危险化学品生产企业、经营企业有下列情形之一的，由安全生产监督管理部门责令改正，没收违法所得，并处 10 万元以上 20 万元以下的罚款；拒不改正的，责令停产停业整顿直至吊销其危险化学品安全生产许可证、危险化学品经营许可证，并由工商行政管理部门责令其办理经营范围变更登记或者吊销其营业执照：

（一）向不具有本条例第三十八条第一款、第二款规定的相关许可证件或者证明文件的单位销售剧毒化学品、易制爆危险化学品的；

（二）不按照剧毒化学品购买许可证载明的品种、数量销售剧毒化学品的；

（三）向个人销售剧毒化学品（属于剧毒化学品的农药除外）、易制爆危险化学品的。

不具有本条例第三十八条第一款、第二款规定的相关许可证件或者证明文件的单位购买剧毒化学品、易制爆危险化学品，或者个人购买剧毒化学品（属于剧毒化学品的农药除外）、易制爆危险化学品的，由公安机关没收所购买的剧毒化学品、易制爆危险化学品，可以并处 5000 元以下的罚款。

使用剧毒化学品、易制爆危险化学品的单位出借或者向不具有本条例第三十八条第一款、第二款规定的相关许可证件的单位转让其购买的剧毒化学品、易制爆危险化学品，或者向个人转让其购买的剧毒化学品（属于剧毒化学品的农药除外）、易制爆危险化学品的，由公安机关责令改正，处 10 万元以上 20 万元以下的罚款；拒不改正的，责令停产停业整顿。

第八十五条　未依法取得危险货物道路运输许可、危险货物水路运输许可，从事危险化学品道路运输、水路运输的，分别依照有关道路运输、水路运输的法律、行政法规的规定处罚。

第八十六条　有下列情形之一的，由交通运输主管部门责令改正，处 5 万元以上 10

万元以下的罚款；拒不改正的，责令停产停业整顿；构成犯罪的，依法追究刑事责任：

（一）危险化学品道路运输企业、水路运输企业的驾驶人员、船员、装卸管理人员、押运人员、申报人员、集装箱装箱现场检查员未取得从业资格上岗作业的；

（二）运输危险化学品，未根据危险化学品的危险特性采取相应的安全防护措施，或者未配备必要的防护用品和应急救援器材的；

（三）使用未依法取得危险货物适装证书的船舶，通过内河运输危险化学品的；

（四）通过内河运输危险化学品的承运人违反国务院交通运输主管部门对单船运输的危险化学品数量的限制性规定运输危险化学品的；

（五）用于危险化学品运输作业的内河码头、泊位不符合国家有关安全规范，或者未与饮用水取水口保持国家规定的安全距离，或者未经交通运输主管部门验收合格投入使用的；

（六）托运人不向承运人说明所托运的危险化学品的种类、数量、危险特性以及发生危险情况的应急处置措施，或者未按照国家有关规定对所托运的危险化学品妥善包装并在外包装上设置相应标志的；

（七）运输危险化学品需要添加抑制剂或者稳定剂，托运人未添加或者未将有关情况告知承运人的。

第八十七条　有下列情形之一的，由交通运输主管部门责令改正，处10万元以上20万元以下的罚款，有违法所得的，没收违法所得；拒不改正的，责令停产停业整顿；构成犯罪的，依法追究刑事责任：

（一）委托未依法取得危险货物道路运输许可、危险货物水路运输许可的企业承运危险化学品的；

（二）通过内河封闭水域运输剧毒化学品以及国家规定禁止通过内河运输的其他危险化学品的；

（三）通过内河运输国家规定禁止通过内河运输的剧毒化学品以及其他危险化学品的；

（四）在托运的普通货物中夹带危险化学品，或者将危险化学品谎报或者匿报为普通货物托运的。

在邮件、快件内夹带危险化学品，或者将危险化学品谎报为普通物品交寄的，依法给予治安管理处罚；构成犯罪的，依法追究刑事责任。

邮政企业、快递企业收寄危险化学品的，依照《中华人民共和国邮政法》的规定处罚。

第八十八条　有下列情形之一的，由公安机关责令改正，处5万元以上10万元以下的罚款；构成违反治安管理行为的，依法给予治安管理处罚；构成犯罪的，依法追究刑事责任：

（一）超过运输车辆的核定载质量装载危险化学品的；

（二）使用安全技术条件不符合国家标准要求的车辆运输危险化学品的；

（三）运输危险化学品的车辆未经公安机关批准进入危险化学品运输车辆限制通行的区域的；

（四）未取得剧毒化学品道路运输通行证，通过道路运输剧毒化学品的。

第八十九条　有下列情形之一的，由公安机关责令改正，处1万元以上5万元以下的罚款；构成违反治安管理行为的，依法给予治安管理处罚：

（一）危险化学品运输车辆未悬挂或者喷涂警示标志，或者悬挂或者喷涂的警示标志不符合国家标准要求的；

（二）通过道路运输危险化学品，不配备押运人员的；

（三）运输剧毒化学品或者易制爆危险化学品途中需要较长时间停车，驾驶人员、押运人员不向当地公安机关报告的；

（四）剧毒化学品、易制爆危险化学品在道路运输途中丢失、被盗、被抢或者发生流散、泄露等情况，驾驶人员、押运人员不采取必要的警示措施和安全措施，或者不向当地公安机关报告的。

第九十条　对发生交通事故负有全部责任或者主要责任的危险化学品道路运输企业，由公安机关责令消除安全隐患，未消除安全隐患的危险化学品运输车辆，禁止上道路行驶。

第九十一条　有下列情形之一的，由交通运输主管部门责令改正，可以处1万元以下的罚款；拒不改正的，处1万元以上5万元以下的罚款：

（一）危险化学品道路运输企业、水路运输企业未配备专职安全管理人员的；

（二）用于危险化学品运输作业的内河码头、泊位的管理单位未制定码头、泊位危险化学品事故应急救援预案，或者未为码头、泊位配备充足、有效的应急救援器材和设备的。

第九十二条　有下列情形之一的，依照《中华人民共和国内河交通安全管理条例》的规定处罚：

（一）通过内河运输危险化学品的水路运输企业未制定运输船舶危险化学品事故应急救援预案，或者未为运输船舶配备充足、有效的应急救援器材和设备的；

（二）通过内河运输危险化学品的船舶的所有人或者经营人未取得船舶污染损害责任保险证书或者财务担保证明的；

（三）船舶载运危险化学品进出内河港口，未将有关事项事先报告海事管理机构并经其同意的；

（四）载运危险化学品的船舶在内河航行、装卸或者停泊，未悬挂专用的警示标志，或者未按照规定显示专用信号，或者未按照规定申请引航的。

未向港口行政管理部门报告并经其同意，在港口内进行危险化学品的装卸、过驳作业的，依照《中华人民共和国港口法》的规定处罚。

第九十三条　伪造、变造或者出租、出借、转让危险化学品安全生产许可证、工业产品生产许可证，或者使用伪造、变造的危险化学品安全生产许可证、工业产品生产许可证的，分别依照《安全生产许可证条例》、《中华人民共和国工业产品生产许可证管理条例》的规定处罚。

伪造、变造或者出租、出借、转让本条例规定的其他许可证，或者使用伪造、变造的本条例规定的其他许可证的，分别由相关许可证的颁发管理机关处10万元以上20万元以下的罚款，有违法所得的，没收违法所得；构成违反治安管理行为的，依法给予治安管理处罚；构成犯罪的，依法追究刑事责任。

第九十四条　危险化学品单位发生危险化学品事故，其主要负责人不立即组织救援或者不立即向有关部门报告的，依照《生产安全事故报告和调查处理条例》的规定处罚。

危险化学品单位发生危险化学品事故，造成他人人身伤害或者财产损失的，依法承担赔偿责任。

第九十五条　发生危险化学品事故，有关地方人民政府及其有关部门不立即组织实施救援，或者不采取必要的应急处置措施减少事故损失，防止事故蔓延、扩大的，对直接负责的主管人员和其他直接责任人员依法给予处分；构成犯罪的，依法追究刑事责任。

第九十六条　负有危险化学品安全监督管理职责的部门的工作人员，在危险化学品安全监督管理工作中滥用职权、玩忽职守、徇私舞弊，构成犯罪的，依法追究刑事责任；尚不构成犯罪的，依法给予处分。

第八章　附　则

第九十七条　监控化学品、属于危险化学品的药品和农药的安全管理，依照本条例的规定执行；法律、行政法规另有规定的，依照其规定。

民用爆炸物品、烟花爆竹、放射性物品、核能物质以及用于国防科研生产的危险化学品的安全管理，不适用本条例。

法律、行政法规对燃气的安全管理另有规定的，依照其规定。

危险化学品容器属于特种设备的，其安全管理依照有关特种设备安全的法律、行政法规的规定执行。

第九十八条　危险化学品的进出口管理，依照有关对外贸易的法律、行政法规、规章的规定执行；进口的危险化学品的储存、使用、经营、运输的安全管理，依照本条例的规定执行。

危险化学品环境管理登记和新化学物质环境管理登记，依照有关环境保护的法律、行政法规、规章的规定执行。危险化学品环境管理登记，按照国家有关规定收取费用。

第九十九条　公众发现、捡拾的无主危险化学品，由公安机关接收。公安机关接收或者有关部门依法没收的危险化学品，需要进行无害化处理的，交由环境保护主管部门组织其认定的专业单位进行处理，或者交由有关危险化学品生产企业进行处理。处理所需费用由国家财政负担。

第一百条　化学品的危险特性尚未确定的，由国务院安全生产监督管理部门、国务院环境保护主管部门、国务院卫生主管部门分别负责组织对该化学品的物理危险性、环境危害性、毒理特性进行鉴定。根据鉴定结果，需要调整危险化学品目录的，依照本条例第三条第二款的规定办理。

第一百零一条　本条例施行前已经使用危险化学品从事生产的化工企业，依照本条例规定需要取得危险化学品安全使用许可证的，应当在国务院安全生产监督管理部门规定的期限内，申请取得危险化学品安全使用许可证。

第一百零二条　本条例自 2011 年 12 月 1 日起施行。

索 引